TRIZ를 활용한 창의적 문제해결방법

| 전영록 지음 |

GS인터비전

머리말

공학은 인간의 요구를 만족시키는 것을 목적으로 과학적 지식과 기술을 혁신적이고 방법론적 접근법을 적용하여 장치, 시스템, 프로세스를 만드는 것으로 정의한다. 따라서 공학을 배우고 사회에 진출하는 엔지니어는 전공분야에서 공학을 실천, 즉 공학문제를 해결할 수 있어야 한다.

'원하는 것(To be)'과 '현실(As is)' 간의 차이를 문제로 정의한다. 특히, 공학분야에서 발생하는 문제를 공학문제라 한다. 엔지니어는 공학문제를 창의적으로 해결한다. 창의적으로 문제를 해결한 결과물을 공개한 것이 특허(patent)이다. 공학문제를 해결하는 과정에서 엔지니어는 많은 난관에 봉착하게 되며, 이러한 난관을 극복하기 위해서는 창의적으로 아이디어를 발상해야 한다.

'창의성'은 교육뿐만 아니라 사회의 전 영역에서 강조하고 있는 화두이다. 기업인, 정치인, 공무원, 대학교수, 초등·중·고등학교뿐만 아니라 유치원 선생님들도 모두 창의성을 갖춘 인재 양성의 중요성을 강조하고 있다. 창의성을 갖춘 인재는 어떤 모습인가? 노벨상을 받는 저명한 과학자인가? 아니면 생활 속에서 문제를 찾아 해결할 수 있는 능력을 갖춘 사람인가? 에디슨은 "천재는 1%의 영감과 99%의 노력의 산물이다."라고 했다. 이 말의 의미는 "영감(靈感)이 1%만 있더라도 99%의 노력이 있다면 가능하게 할 수 있다."라고 한다. 누구나 에디슨과 같은 훌륭한 발명가가 될 수 있으나 에디슨에 버금가는 노력하지 않거나 방법을 모르기 때문에 되지 못하는 것이다.

트리즈(TRIZ)는 "발명하는 방법" 또는 "창조하는 방법"이다. 트리즈는 발명을 영감이라는 천재의 영역에서 과학기술의 영역으로 옮겨온 것으로 과학기술의 지식을 활용하여 천재가 아니더라도 발명을 용이하게 할 수 있도록 하는 기법이다. 과학기술에 대한 기초 지식을 갖추고 트리즈기법을 활용하면 무궁무진한 창조의 세계를 열 수 있을 것이다.

이 책에서는 공학문제를 창의적으로 해결하는 방법인 트리즈에 대해서 다루고 있다. 제1장에서는 공학문제의 특성과 해결과정에 대해서 다루고, 제2장에서는 공학문제를 도출하는 방법에 대해서 다룬다. 특히, SWOT분석과 품질기능전개(QFD)는 실무에서 자주 사용하는 도구이다. 제3장에서는 트리즈 이전의 각종의 아이디어발상법에 대해서 다룬다. 브레인스토밍을 비롯하여 각종의 방법들을 체계적으로 정리하고 있다.

이 책에서 다루는 핵심 주제인 트리즈는 제4장에서부터 시작한다. 제4장에서는 트리즈의 핵심개념과 문제해결프로세스에 대해서 설명한다. 제5장에서는 트리즈의 핵심개념인 모순과 모순해결방법에 대해서 다룬다. 제6장에서는 기술모순의 해결방법으로 알려진 발명원리에 대해서 상세히 다룬다. 제7장에서는 물질-장 분석과 표준해 그리고 자원의 활용에 대해서 소개한다. 제8장에서는 기술시스템의 진화법칙과 기술진화라인에 대해서 다룬다. 제9장에서는 트리밍, 멀티스크린, 현명소인모형, 아리즈(ARIZ) 그리고 트리즈 알고리즘을 컴퓨터소프트웨어로 구현한 응용소프트웨어에 대해서 소개한다.

이 책은 공과대학에서 문제해결능력 향상을 위한 교과목에 적합하도록 개발하였다. 그러나 산업체에서 신제품개발이나 식스시그마 추진 담당자들도 참고서적으로 활용할 수 있을 것이다. 책의 집필과정에서 여러 종류의 트리즈 관련 서적을 참고하였으나 트리즈에 대한 이해의 부족으로 충분히 설명하지 못한 부분들이 있음을 넓은 마음으로 이해해 주기 바랍니다.

마지막으로 이 책의 출판에 많은 도움을 주신 GS인터비전 송기수 대표님과 편집에 수고하신 관계자 여러분께 감사의 마음을 전합니다. 사랑하는 가족이 있어서 즐겁게 글을 쓸 수 있었습니다. 사진을 즐기는 제확이, 음악을 즐기는 성훈이, 언제나 곁에서 행복 에너지를 충전해 주는 아내 현이에게 사랑의 마음을 전합니다.

2010년 12월

전 영 록

차 례

Chapter 1

공학과 공학문제

1.1 공학의 정의

1.2 공학설계프로세스

1.3 공학문제의 도출

1.4 공학문제의 유형 : 예측, 설명, 발명

1.5 프로젝트 제안서의 작성

학습 목표

1. 공학을 정의할 수 있다.
2. 공학문제해결프로세스를 설명할 수 있다.
3. 공학문제의 도출 배경에 대해서 설명할 수 있다.
4. 프로젝트 제안서가 담아야한 주요 내용은 설명할 수 있다.

1.1 공학의 정의1)

엔지니어는 인류의 안전, 건강, 복지 향상을 위해 문제를 설정하고, 과학과 기술을 적용하여 해결한다. 미국공학기술인증원(ABET, Accreditation Board for Engineering and Technology, Inc.)에서는 공학을 "인류의 이익을 위해 연구, 경험, 실무를 통해 습득한 수학과 과학의 지식을 적용하여 재료와 자연의 힘을 경제적으로 활용하는 방법을 개발하는 직업"으로 정의하고 있다. 또한 엔지니어의 실제 활동에 근거하여 "공학은 인간의 요구를 만족시키기 위해 과학적 지식과 기술을 혁신적이고 방법론적 접근법을 적용하여 장치, 시스템, 프로세스를 만드는 것"으로 정의하기도 한다.

두 정의 모두에서 강조하고 있는 점은 공학이 단순한 "발명하는 것"을 뜻하지 않는다는 것이다. 비록 공학과 발명은 모두 새로운 장치나 프로세스를 만드는 것으로 결과가 나타나지만 공학과 발명은 다소 미묘한 차이가 있다. 첫째, 발명가는 특허 출원이 가능한 새로운 아이디어를 개발하는 것을 목표로 하는 반면에 엔지니어는 가능한 최적의 방법으로 특정의 기술적 문제를 해결하는 것을 목표로 한다. 문제 해결에 사용한 방법이 새로운 것이나 특허 출원이 가능한가 여부에는 큰 관심이 없다. 다시 말해, 공학의 목적은 발명의 목적과 다르다. 둘째로, 엔지니어는 과학적 지식을 적용하고 방법론적 접근법에 따라 설계를 개발하지만 발명가는 이러한 과정을 따르지 않아도 된다.

엔지니어가 발명가이거나 발명가가 방법론적 접근법을 따르고 과학적 지식을 가지고 있는 경우가 많다. 그렇지만 엔지니어는 항상 방법론적 접근법에 따라 업무를 추진하고 필요한 경우에 과학적 원리를 적용할 수 있어야 한다.

산업체를 대표하는 사람들을 대상으로 엔지니어가 갖추어야 할 속성의 중요도 순위를 매기도록 하는 설문조사를 하였다. 이 조사 결과에서 나타난 엔지니어가 갖추어야 할 속성들의 우선순위는 다음과 같았다.

1. **문제해결에 관한 지식과 능력** 엔지니어는 문제를 찾고 정의할 수 있어야 하고, 설계대안들을 개발할 수 있어야 하며, 채택된 설계안을 구현할 수 있어야 한다.
2. **효과적인 의사소통에 관한 지식과 능력** 엔지니어는 자신의 생각을 글과 말을 사용하여 효과적으로 전달할 수 있어야 한다.

---

1) 이 장의 내용은 전영록 외 5인, 공학설계, 교보문고(2009)의 제1장에서 인용한 것임.

3. **높은 수준의 윤리적, 전문가적 행동** 엔지니어는 윤리적 문제를 인식하고 해결할 수 있어야 하며, 모든 상황에서 항상 전문가적 태도로 행동해야 한다.
4. **열린 사고방식과 긍정적인 태도** 문제를 성공적으로 해결하기 위해서는 문제를 해결 할 수 있다는 긍정적인 태도를 가져야 한다.
5. **수학과 과학의 능숙** 엔지니어는 수학적 기법과 과학적 지식을 능숙하게 활용할 수 있어야 한다.
6. **전문분야의 기술력** 엔지니어는 과제를 수행하는데 필요한 전공분야의 전문 기술을 확보하고 있어야 한다.
7. **평생학습 동기 유지** 기술과 과학 지식이 급속히 팽창함에 따라 엔지니어는 자기 전문분야의 새로운 기술과 지식을 지속적으로 학습하려는 의지를 가져야 한다.
8. **비즈니스 전략과 경영실무지식** 엔지니어가 사업에서 성공하기 위해서는 비즈니스 전략과 경영실무에 대해서 잘 알고 있어야 한다.
9. **컴퓨터 활용능력** 엔지니어가 컴퓨터를 다양한 응용분야에 적용하기 위해서는 최신의 컴퓨터 기술에 익숙해야 한다.
10. **세계 각국의 다양한 정세와 문화에 대한 이해** 세계 각국의 전문가들과의 상호협력을 위해서는 세계 각국의 문화적 차이를 이해하는 것이 중요하다.

공학은 서비스 직업이다. 모든 공학 제품과 프로세스는 사람들의 요구에 대한 반응으로 만드는 것이다. 공학적 사고와 노력의 많은 부분은 휠체어와 같이 평범한 제품의 기능을 개선하는데 중점을 두고 있다. 공학 관련 직업을 가진 사람들은 다른 사람들이 더 안전하고, 더 행복하며 생산적인 생활을 할 수 있도록 돕는다.

공학은 초점을 맞추는 적용영역의 주 관심사에 따라 다수의 학문분야로 나눌 수 있다. 예를 들어, 농업엔지니어는 식품과 섬유산업에 관심을 가진다. 수확기, 우유가공기, 파종기 및 기타의 농기계를 사용하여 보다 효과적이고 경제적인 방법으로 식량을 생산, 가공, 분배하는 방법을 다룬다. 화학엔지니어는 재료의 가공, 제조업과 연관이 있다. 이 분야에서는 연료, 플라스틱, 살충제, 도료, 시멘트 및 기타의 물질들을 개발한다(물의 활용과 환경공해 감소 또한 이 분야의 주요 관심분야 임). 토목엔지니어는 구조학, 측량학, 수력학 지식을 활용하여 댐, 터널, 다리, 도로와 기타의 대형 시스템을 설계하고 건설한다. 전기엔지니어는 전기에너지의 생산과 분배, 통신 시스템, 컴퓨터 기술을 이용하는 더 나은 방법을 개발한다. 산업엔지니어는 재료, 사람, 시스템을 통합하여 고품질의 제품과 서비스를 안전하고 생산성이 있으며, 편안하고, 능률적인 방법으로 생산하는 시스템을 만든다. 기계엔지니어는 엔진, 항공기, 자동차, 펌프, 냉장고, 태양열 에너지 시스템과 같은 제품을 생산하고 설계하는 일에 종사한다. 엔지니어는 각각의 학문분야에서 고객의 삶의 질을 개선하기 위해 노력한다는 것을 알 수 있다.

앞서 언급한 것 외에 더 전문적인 학문 분야로써 항공공학, 생체공학, 컴퓨터공학, 환경공학, 제조공학, 핵공학, 석유공학, 시스템 공학 등이 있다.

공학 문제는 보통 몇 개의 공학 분야가 공통으로 연관되어 있다. 실행 가능한 해결방안을 설계하고 개발하기 위해서는 여러 분야의 전문지식을 활용해야 한다. 엔지니어는 자기 혼자 또는 자기 분야의 사람들만으로 일하는 경우는 드물다. 그러므로 엔지니어는 다른 학문분야의 전문가들과 의사소통을 하고 함께 일하는데 필요한 능력을 갖추어야 한다.

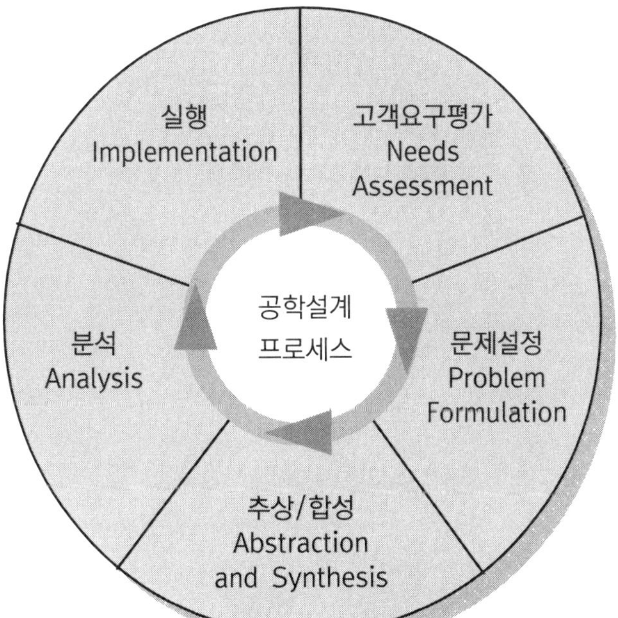

그림 1.1 공학설계프로세스

1.2 공학설계프로세스

수학자, 물리학자, 화학자 등의 과학자는 연구하는 문제의 유일한 해(정답)를 찾기 위해 노력한다. 과학자들이 관심을 갖고 있는 문제는 대개 단 한 개의 정답이 있다. 그러나 엔지니어가 다루는 문제는 실행 가능한 해결방안이 다수 개 존재할 수 있으며, 이들 중에서 최적의 해를 찾는다.

최적해를 찾기 위해서는 다수 개의 실행 가능한 해결방안들을 개발해야 한다. 이 작업을 효과적이고 능률적으로 수행하기 위해서는 "공학설계프로세스"로 알려져 있는 절차를 따르는 것이 좋다. 그림 1.1은 공학설계프로세스를 다섯 개의 주요 단계로 구분하여 나타낸 것이다.

1. **고객요구평가**(Needs Assessment) : 고객요구평가를 통해 문제해결방안 개발의 필요성을 명확하게 한다. 문제해결을 통해 달성해야 하는 목표를 명확하게 한다. 고객과의 인터뷰, 초점그룹 면담, 기존 제품에 대한 조사 등의 방법을 활용할 수 있다. 고객요구를 구체화하고 우선순위를 매기기 위해서는 품질기능전개(QFD, quality function deployment)나 카노모형(KANO model) 등의 기법을 활용할 수 있다.

2. **문제 설정**(Problem Formulation) : 문제를 구체적으로 설정한다. 고객요구기능을 중심으로 문제를 정의하고, 요구기능별로 설계목표를 정한다. 설계목표별로 설계명세를 정하고, 필요한 시간, 자금, 인력 등의 자원계획을 수립한다. 또한 설계목표의 우선순위를 정하고, 중요한 설계목표에 역량을 집중한다. 물론 최종의 설계안은 모든 설계목표를 만족시켜야 한다.

3. **추상과 합성**(Abstraction and Synthesis) : 문제를 요구기능 중심으로 분할하고, 분할한 문제에 대해서 추상적인 컨셉트 또는 접근법을 개발한다(추상). 그런 다음에 추상적인 컨셉트 또는 접근법들을 종합하여 설계대안들을 생성한다(합성). 이 단계에서는 해당 문제와 관련이 있는 문제의 해결방안, 관련된 경험, 관련 있는 이론, 현 문제와 동일한 유형의 문제를 해결하는 기본적인 접근법들을 파악한다. 개개의 설계목표 달성을 위한 아이디어들을 조합하여 종합 해결 대안을 생성한다.

4. **분석(Analysis)** : 설계대안들을 비교하고 평가한다. 설계대안들을 비교하기 위한 객관적 평가기준을 설정한다. 이 단계에서는 설계를 객관적으로 보려고 노력하고 결점과 단점(강점뿐만 아니라)을 파악해야 한다. 또한 각 설계 대안의 제작 및 실행 관련된 요구사항도 고려해야 한다. 안전, 환경책임 등과 관련하여 윤리적 문제는 없는지 확인하는 등의 분석을 수행한다. 설계대안 중에서 최적의 설계솔루션을 선택하고, 이 설계를 수정하고 개량한다.

5. **실행(Implementation)** : 최종의 솔루션을 개발하여 사용자에게 공급한다. 설계 프로토타입을 제작, 시험, 평가를 성공적으로 수행한 후에 완성품 생산(full production)으로 진행한다. 사용자 집단에게 제품을 공급하고, 차세대 설계를 위한 피드백을 받는다.

1.3 공학문제의 도출

엔지니어는 실제 문제 – 인류의 이익을 위해 해결할 필요성이 있는 문제– 의 해결방안을 개발한다. 공학설계프로세스의 첫 단계는 해결방안이 만족시켜야 하는 구체적인 요구 사항을 확인하는 것이다. 신제품이나 기존 제품의 재설계는 고객의 요구를 충족시킨 결과물이다. 고객의 요구는 다음의 상황에서 발생한다.

- **공공의 건강, 안전, 삶의 질에 대한 관심**
- **기존 제품의 재설계 필요성 인식** : (a) 신기술과 신제조법을 도입하여 기존 설계나 제조방법의 단점을 제거; (b) 소비자의 요구 변화를 더 잘 만족시킴; (c) 시장 경쟁에 반응하여 제품의 상업적 생존능력의 증가; (d) 비용 감소
- **설계엔지니어가 특정의 작업을 수행하는 과정**에서(또는 이 작업을 수행하는 동안에 다른 사람을 관찰하면서) 기존의 제품보다 더 쉽고, 더 정확하고, 더 효율적이고, 자원의 낭비가 적게 되도록 하는 등 성능을 개선할 수 있을 것으로 예상하는 새로운 해결방안이나 기술을 획득한 경우

새롭고 개선된 제품과 시스템의 개발 기회는 끝이 없다. 엔지니어에게 필요한 것은 우리 이웃과 우리를 둘러싸고 있는 세계의 채워지지 않은 고객의 요구를 파악하고 이를 해결하는 것이다.

1.3.1 안전과 삶의 질 향상

공공의 건강과 안전의 보호, 삶의 질 개선을 위해 혁신적인 설계가 필요하다.

▶ 예 1.1 타자기의 발명

타자기는 사랑했던 한 사람의 삶의 질을 개선하기 위해서 개발된 설계 예이다. 타자기는 맹인을 위한 점자 인쇄를 위해 고안되었다. 1808년 투로(Pellegrini Turro)는 사랑하는 여인 프란토니(Countess Caroline Frantoni)를 위해 타자기를 개발했다. 프란토니는 맹인이었다.

투로는 그녀와 의사소통을 하기 위해 기계를 개발하였다. 그러나 유감스럽게도 투로와 프란토니가 1808년에서 1810년 사이에 주고받았던 16장의 편지는 있으나 투로가 개발한 타자기에 대해서는 알려진 것이 없다. 이탈리아 레기오(Reggio)에서 소장하고 있는 이 편지는 누군가의 현실적 요구를 만족시키기 위해 사랑과 애정으로 생성한 기술 혁신의 증거이다.

1.3.2 기존 제품이나 시스템의 개선

기존의 제품 또는 프로세스를 개량하여 더 효과적이고 상업적 경쟁력을 유지하도록 할 필요성이 있을 수 있다.

▶ 예 1.2 심실세동기

명백한 약점이나 단점을 갖고 있는 제품이나 시스템의 개선은 수행 가치가 있다. 대부분의 공학 제품과 특허를 받은 설계는 이 범주에 속한다.

심실제세동기는 심장이 선천적인 리듬을 갑자기 잃는 심실세동(ventricular fibrillation)을 극복하는데 사용된다. 심장의 동방결절[2](洞房結節, sinoatrial node)은 심방과 심실의 수축을 동기화시킨다. 심실과 심방의 동기화에 문제가 발생하면 심장이 혈액을 온 몸으로 공급할 수 없어 사망에 이르게 된다. 심실제세동기는 심장에 전기쇼크를 주어 이 시스템이 다시 동기화되도록 한다.

초창기의 교류 심실제세동기(1948년 실험용으로 처음 사용)는 병원에 정전 사고가 발생하는 경우에 전력을 공급하지 못하는 위험요소를 갖고 있었다. 1959년 심장계통 외과의사인 에드마크(Dr. Karl William Edmark)는 교류 심실제세동기의 이 위험요소를 제거하기 위해 직류심실제세동기의 개발에 착수했다. 1961년 에드마크가 개발한 직류심실제세동기를 사용하여 12살 여자아이의 심장수술에 성공하여 어린 아이의 소중한 생명을 구했다.

1.3.3 상업적 동기

기업이나 개인의 상업적 요구에 의해 신제품을 개발할 수 있다. 이런 유형의 제품은 반드시 고객의 요구(즉, 시장의 요구)를 반영한 것이어야 한다. 그렇지 않은 경우에는 대부분 실패한다.

▶ 예 1.3 퀵락클로저[3]

1952년 팩스톤(Floyd Paxton)은 나무 상자에 못을 박는 장비를 생산하는 기업을 운영하고 있었으나 골판지 상자가 나무 상자의 대용물로 사용됨에 따라 판매량의 감소를 예측하고 있었다. 팩스톤은 회사의 생존을 위해 향후 제조 판매할 새로운 제품 아이디어를 찾고 있었다.

2) 심장의 수축을 시작하는 충동(衝動)을 일으키고 심박(心拍)의 조정 작용을 함
3) 현재 식빵봉지를 묶는데 사용하고 있음

지역의 농산물업체인 퍼시픽청과물사는 과일을 비닐봉지에 넣고 고무밴드로 묶는 방법으로 포장하여 저장하고 있었다. 퍼시픽청과물사의 소유주는 팩스톤에게 비닐봉지를 묶는 새로운 방법을 개발하면 상업적으로 성공할 수 있을 것이라고 제안하였다. 기존의 다른 도구인 꼬인 철사와 테이프는 쉽게 부러지거나 반복해서 사용할 수 없으며, 고무밴드는 사용에 불편한 면이 있었다.

팩스톤은 플렉시유리(plexiglass)를 사용하여 퀵락클로저의 모형을 만들었다. 그리고 퀵락클로저의 제조를 위한 기계를 설계 · 제작하였다. 많은 식품 생산업체가 봉지를 묶는데 이 제품을 사용하게 됨에 따라 어디에서나 쉽게 볼 수 있는 것이 되었다. 50년 이상이 지난 지금도 비닐봉지를 묶는 도구로 퀵락이 매우 널리 사용되고 있다.

1.3.4 개인적 경험

기술의 새로운 응용에 대한 요구는 생활 속에서 발생한 사건을 통해 나타나기도 한다. 다음의 예를 살펴보자.

▶ 예 1.4 스키화

1937년 스키 챔피언 뱀(Hjalmar Hvam)은 크레바스(crevasse)를 뛰어 넘은 다음에 스키에서 발을 빼지 못하여 다리가 골절되었다. 이를 계기로 그는 세계 최초의 신속 이탈 스키바인딩의 설계에 착수했다. 이 스키바인딩은 오른쪽이나 왼쪽 측면으로부터 힘이 인가되면 Y자 모양의 금속 앞닫이(toepiece)가 회전하여 부츠의 바인딩이 풀어지고, 그렇지 않으면 스프링이 부츠를 지탱하도록 설계했다. 또한 스키를 잃어버리지 않도록 가죽끈이 스키를 발뒤꿈치에서 계속 붙들고 있다. 뱀은 1939년 이 설계의 특허를 받았다. 한 사람의 스키어가 필요성을 인지하고 간단하지만 창조적인 솔루션을 개발함으로써 헤아릴 수 없이 많은 스키어들을 부상으로부터 구했다.

1.3.5 과학적 진보로부터의 기회

기술의 진보와 과학적 발견이 새로운 공학 제품 설계의 기회를 제공한다.

▶ 예 1.5 에어컨 발명

인간은 기온이 20~25℃일 때 안락함을 느낀다(습도는 35~70% 사이의 값). 이와 같은 안락함을 제공하기 위해 여러 가지 방법으로 공기 냉각을 시도하였다. 고대에는 출입구나 창문 위에 젖은 매트를 걸어 두고 공기가 젖은 매트를 통과하면서 증발하도록 하여 공기를 냉각시켰다. 20세기 초반에 이르기까지 이와 같은 유형의 공기냉각시스템이 카네기홀과 뉴욕 증권거래소에 설치되어 있었다.

1902년 기계공학 엔지니어인 케리어(Willis H Carrier)는 칼라인쇄에 유해한 작용을 하는 습기의 제거 방법을 찾고 있었다. 케리어는 차가운 공기가 따뜻한 공기로부터 습기를 흡수한다는 것을 발견하고, 분사하는 물의 온도를 조절하여 방 내부의 상대습도를 간단히 제어하는 냉각수분사시스템을 설계하였다.

케리어는 건습구(psychrometry)과학 - 공기 중의 수증기의 측정 - 의 연구를 계속하여 1911년 완전한 에어컨시스템을 설계하였다. 그 후 에어컨은 많은 공공시설에 설치되었다. 극장과 백화점(1919년), 고층빌딩(1929년), 철도기관차(1931년), 자동차(1939년 팩커드(Packard)로부터 시작), 그레이하운드버스(1940년). 1930년대에 슐츠(H. H. Schultz)와 숴먼(J. Q. Shermam)은 개별 룸 에어컨을 개발하였다.

초창기 에어컨시스템에서는 암모니아를 냉매로 사용했다. 그러나 암모니아는 부식성이 강하고 불쾌하여 프레온으로 대체되었다. 무독성이며 불연성인 불화탄소(fluorocarbon)는 1930년 미저레이(Thomas Midgley, Jr.)가 발견하였다. 그렇지만 불화탄소 상태의 프레온이 대기 중에 방출되면 오존층이 파괴되는 위험에 처할 수 있다. 에어컨시스템의 새로운 개선이 필요하게 되었다.

1.4 공학문제의 유형 : 예측, 설명, 발명

문제의 유형에 따라 해결방안을 찾는 방법이 다르다. 패너스(Parnes, 1967)[4]는 문제를 다음의 세 가지 유형으로 분류하고 있다.

- **예측문제**(problem of prediction) 수식, 물리법칙, 데이터분석도구 등을 이용하여 시스템의 움직임의 결과를 계산하거나 예측하는 문제(예, 인공위성의 낙하방향과 재진입 속도 결정 문제).
- **해석문제**(problem of explanation) 현상이나 관찰한 움직임의 원인을 찾는 문제(예, 인공위성 조기낙하의 원인탐색 문제).
- **발명문제**(problem of invention) 문제에 대한 새롭고 효과적인 솔루션을 개발하는 문제(예, 인공위성의 조기낙하를 예방하는 방법의 개발 문제).

엔지니어는 문제를 위의 세 가지 유형 중의 하나로 분류한 다음에 해결방안을 개발하는데 필요한 데이터, 물리법칙 등의 정보를 수집한다. 경우에 따라서는 예측, 해석, 발명문제가 결합된 형태일 수도 있다. 예를 들어, 인공위성의 낙하를 예방하는 방법(발명문제)을 찾기 위해서는 먼저 비행고장의 원인(해석문제)을 결정해야 한다.

1.5 프로젝트 제안서의 작성

프로젝트의 실행을 위해서는 노력, 시간, 자금의 투자가 필요하다. 엔지니어는 투자의 타당성을 경영진에게 보여야 한다. 프로젝트제안서는 엔지니어가 경영자에게 프로젝트 수행의 정당성을 보이는 기록이다. 또한 프로젝트제안서를 작성하는 과정에서 문제를 더 정확하게 설정할 수 있다.

프로젝트제안서는 엔지니어가 (a) 문제해결의 필요성을 정당화하고; (b) 이런 필요성

4) Parnes, S.J., *Creative Behavior Guidebook*, New York: Scribner's, 1967.

을 상세하고 정확하게 표현하는 기회이다. 프로젝트제안서는 공식적인 것(즉, 작성하여 경영자, 의뢰한 회사, 외부의 투자 대리인에게 제출)일 수도 있고, 비공식적인 것(예, 설계팀이 수행해야 할 작업과 해당 작업을 하는 이유에 대한 이해를 증진시키기 위해 설계팀 내부용으로 사용하기 위한 준비)일 수도 있다.

문제의 해결방안을 개발하는 이유가 명백한 경우도 있다. 문제를 해결해야 하는 정당성이 경영진으로부터 직접 내려올 경우도 있다. 프로젝트의 수행 이유나 프로젝트의 출처가 무엇이든지 간에 엔지니어는 프로젝트 제안서를 통해 문제 해결방안 개발의 필요성을 구체적이고 명확한 용어로 정당성을 입증해야 한다.

프로젝트제안서는 수행할 작업에 대해서 왜? 누구를 위해서? 어디서 사용하며? 어떤 방법으로? 언제까지? 얻는 것은 무엇? 얼마의 비용으로?에 대한 응답을 담아야 한다. 프로젝트제안서는 다음의 내용으로 구성하는 것이 효과적이다.

1. **설계목표** : 성공적으로 프로젝트를 완료했을 때 달성하게 되는 상세한 목표를 명확하고 간략한 형태로 기술해야 한다. 해결방안의 필요성을 자명한 것으로 간주해서는 안 된다. 기능에 초점을 맞추어 설계목표를 기술해야 한다. 해결방안이 수행해야 하는 핵심적인 기능은 무엇인가?라는 질문에 답하는 것이어야 한다.

2. **배경정보** : 제안서를 검토하는 사람이 설계를 사용할 사람과 사용 환경에 대해서 이해할 수 있도록 프로젝트와 관련된 배경정보를 기술해야 한다. 프로젝트와 관련이 있는 문제의 기존의 해결방안에 대해서 설명하고 평가·분석한다. 또한 프로젝트에 참여하는 엔지니어들이 해당 프로젝트에 대해 넓고 깊은 이해와 지식을 갖고 있다는 것을 입증해야 한다.

3. **연구방법 및 추진일정** : 이 부분에서는 해결방안을 설계하고 개발하는데 사용할 접근법에 대해서 기술해야 한다. 수행할 세부 작업과 담당자를 결정해야 한다. 각 작업의 기대완수시간에 대한 일정을 간트차트(Gantt chart)와 같은 그래픽 형태로 작성하여 제시한다. 그림 1.2와 같은 간트차트는 수행해야 할 세부작업, 작업들 간의 상호 의존 관계(즉, 일부 작업은 동시에 수행될 수 있는 반면에 어떤 작업은 순차적으로 수행되어야 함), 기대완수날짜를 나타내는데 사용한다. 간트차트의 수평축은 시간구간을 나타내고, 수직방향은 수행해야 할 활동들을 나타낸다. 각 활동별로 기

대 소요시간과 실제 소요된 시간을 서로 다른 유형의 막대로 표시하여 진척상황을 명확하게 이해하도록 한다. 이정표가 되는 시점(milestone points)을 기호로 나타낼 수 있으며, 순차적 관련이 있는 작업은 화살선으로 나타낼 수 있다. 그림 1.2의 간트차트는 초기 단계의 대부분의 활동과 이정표가 되는 시점이 일정보다 늦게 수행되고 있다는 것을 볼 수 있다. 간트차트는 미수행된 작업이 프로젝트 일정지연에 주는 영향을 평가하는데 활용할 수 있다.

간트차트는 프로젝트 팀의 각 구성원에게 할당된 작업을 나타내는데 사용된다. 이와 같은 차트에 포함되든 다른 표에 포함되든지 간에 팀의 모든 구성원은 연락처, 책임을 맡고 있는 중요 분야, 소속부서에 대한 정보를 제공해야 한다.

이 부하면 성공적으로 문제를 해결할 수 있다는 것을 경영자와 다른 검토자에게 보여 주어야 한다.

4. **기대효과** : 다음에는 프로젝트를 성공적으로 완수했을 때의 기대하는 효과를 기술하여야 한다. 성과물이 추상적인 것(예, 보고서의 형식으로 된 권고사항)인가? 아니면 구체적인 것(예, 제조한 제품)인가? 또한 성과물에 따른 기대 이익과 잠재 위험도(risk)를 서술해야 한다. 물론 기대이익은 위험도를 능가해야 프로젝트의 수행하는 가치가 있다.

5. **프로젝트 수행비용** : 마지막으로 과제수행에 필요한 비용을 제시해야 한다. 노동비, 재료비, 설비비 및 프로젝트의 경제적 실행가능성에 영향을 주는 기타 요인들을 포함시키고 과제수행의 정당성을 입증한다.

프로젝트제안서는 명확하고 정확하게 작성해야 한다. 또한 간략하되 완전해야 한다. 엔지니어는 프로젝트와 관련된 모든 요소에 대해서 설명해야 한다(프로젝트의 예상 비용).

프로젝트제안서는 계획이다. 프로젝트제안서는 엔지니어와 경영자가 문제를 해결해야 하는 이유, 해결방안의 개발을 위해 수행해야 하는 것, 이들 작업을 달성하는 방법, 작업에 투입해야 하는 투자금액에 대한 서로의 이해를 높이는데 도움이 된다. 프로젝트제안서는 설계프로젝트를 정당화하고 구조화하기 위한 것이다.

프로젝트를 수행하는 도중에 제안서 준비 시점에서 예견하지 못했던 측면(예, 새로운 정보, 기술적 어려움, 지원 부문의 문제)의 문제를 처리하기 위해서 원래의 계획을 수

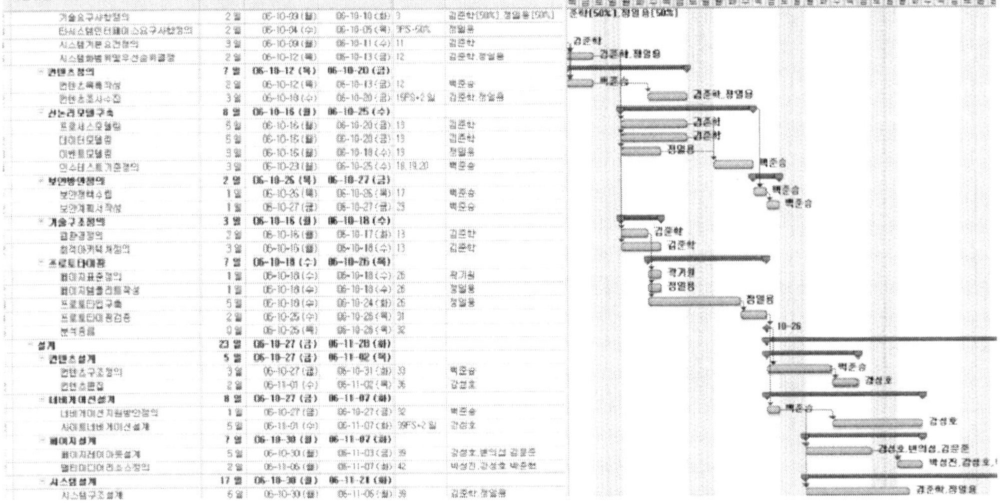

그림 1.2 간트차트의 예

정해야 하는 상황도 발생한다. 프로젝트제안서가 과제에 대해 완벽하게 설명하지 못하더라도 엔지니어는 책임을 맡고 있는 작업의 완수를 위한 지침으로 이를 활용한다.

프로젝트제안서는 과제의 수행을 재정적으로 지원하는 기관의 고유양식에 맞추어 작성해야 하는 경우가 많다. 그러나 대부분의 양식에서는 위에서 설명한 내용을 반드시 포함하도록 하고 있다.

연습문제

1.1 공학은 여러 가지 방법으로 삶의 질을 개선하였다. 다음의 각 분야에서 구체적인 공학적 공헌(예, 관개방법, 하수처리시스템, 특정의 유형의 수확기와 같은 제품, 시스템 또는 프로세스)에 대한 예를 조사하라.

a. 에너지절약, b. 환경보호, c. 식량생산, d. 통신, e. 운송,
e. 주거, f. 건강

이 과제를 수행할 때 다음의 사항을 따르라.

가. 해당 문제를 해결해야 했던 이유(needs)를 설명하라.

나. 문제에 대한 해결방안으로 개발한 설계에 대해서 설명하라(필요한 경우에 스케치를 사용하라).

다. 귀하가 선택한 공헌에 기여한 개인과 이와 관련된 특정의 공학(예, 화학공학, 도시공학, 산업공학, 기계공학)은 무엇인가?

라. 이 공헌의 역사적 발전을 현재의 최종 설계에 이전의 솔루션들을 포함하여 표로 나타내어라.

마. 모든 참고문헌들을 나열하라.

1.2 다음의 물음에 답하여라.

가. 수 년에 걸쳐 몇 번의 재설계를 경험한 제품 하나를 선택하라. 이 제품의 초기 설계를 조사하여 설계 개선을 통해 나타난 제품의 변경 내용을 표로 작성하라(변경이 발생한 연도와 내용을 연도순으로 작성함).

나. 이들 변경내용을 중요한 순서대로 목록을 작성하라.

다. 매긴 우선순위에 대한 이유를 설명하라. 즉, 어떤 변경이 다른 것보다 더 중요하다고 진술한 이유.

1.3 1984년 일본의 마쯔시다사에서 처음으로 개발한 무자판(keyless) 타자기에 대한 보고서를 작성하라. 이 제품의 설계와 다른 무자판 또는 접촉감응(touch-sensitive)시스템과 관련시켜 비교하라.

1.4 쌍극자(bipolar)와 FET(Field Effect Transistor)의 설계를 포함한 트랜지스터의 발전에 대한 보고서를 작성하라. 전자시스템에서의 이 장비의 영향에 대해 논의하라.

1.5 아래 제품 중의 하나에 대해서 세 개의 서로 다른 설계 대안을 비교하라.

- 토스터(toasters)
- CD 플레이어
- 차고 문 개폐기
- 진공청소기
- 러닝슈즈(running shoes)
- 자전거 헬멧
- 운동기구
- 책가방

각 설계의 상대적 장점을 논의하라(수행도, 비용, 내구성, 미적 감각, 작동 용이성, 보전, 기타 요인의 관점에서). (힌트 : 상용 제품을 평가·비교한 소비자보고서 또는 유사한 출판물이 이 과제물을 수행하는데 도움이 될 것이다.)

1.6 귀하가 잘 알고 있는 일용품(예, 신발, 안경, 포커 등)을 대상으로 해당 제품의 발전역사를 조사하라.

Chapter 2

문제탐색과 해결

학습 목표

1. 품질기능전개의 적용방법을 설명할 수 있다.
2. 품질기능전개를 활용하여 고객요구를 공학문제로 설정할 수 있다.
3. SWOT분석법을 전략기획에 활용할 수 있다.
4. 문제의 대응방안에 대해서 설명할 수 있다.

2.1 품질기능전개

품질기능전개(quality function deployment: QFD)는 고객의 요구를 상품의 품질특성에 반영하는 기법으로 1970년대 초반 일본 미쓰비시 중공업의 고베 조선소에서 처음 사용되기 시작했다. QFD기법은 제조업에서 개발되어 제품의 설계와 부품공정 및 제조공정 설계에 주로 사용되었다. 1980년대 후반부터는 사무 간접부문이나 금융 및 서비스업과 같은 비제조업 분야에서도 QFD를 활발히 활용하고 있다.

2.1.1 품질주택

QFD기법에서는 그림 2.1과 같은 품질주택(HOQ) 혹은 품질표라고 불리는 도표를 사용하여 고객의 요구속성을 제품설계에 반영하도록 한다. 품질주택의 각 구성요소에 대해서 살펴보자.

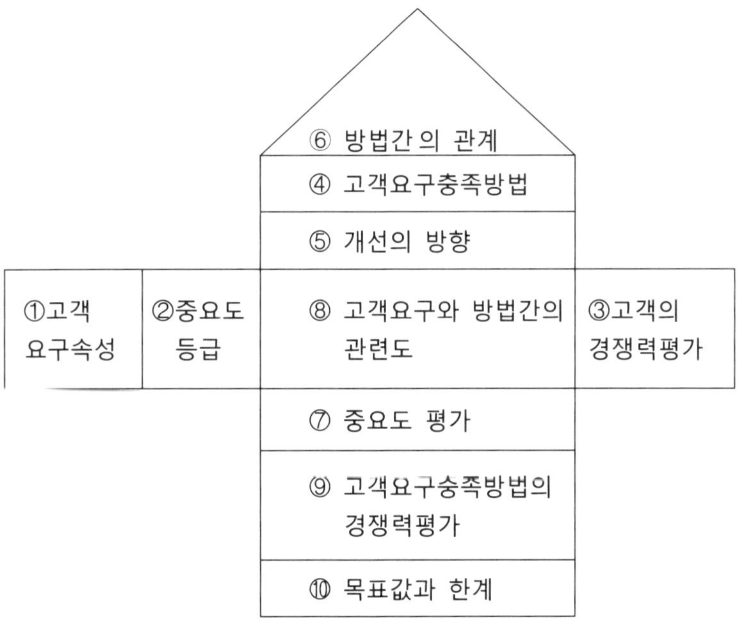

그림 2.1 품질주택(HOQ)의 구성

● 고객속성 - WHATs

고객속성은 고객의 요구속성으로 설문조사, 개별면담 혹은 브레인스토밍 방법 등을 통하여 얻는 고객의 소리(voice of customer)를 종합하여 얻는다. 대부분의 고객들은 다차원적인 요구를 동시에 만족시켜 줄 것을 애매한 표현을 사용하여 제시한다.

친화도(Affinity diagram)이나 수형도(Tree diagram)를 사용하여 이런 유형의 고객요구를 정리한다. 예를 들어, "스타일리시(stylish)"하거나 "쿨(cool)"한 제품이라고 하는 경우에 "쿨(cool)"한 것은 매우 바람직한 속성이지만 사람 마다 다양한 해서을 할 수 있으므로 직접적으로 이를 반영할 수 없다. 법적 요구사항, 안전 요구사항 또는 내부의 요구사항도 고객속성 중의 하나로 취급한다. 고객속성은 무엇에 해당하는 것으로 'WHATs'로 표기하기도 한다. 그림 2.1의 ①부분에 반영할 고객속성을 기입한다. 고객속성은 카노모형(Kano model)을 사용하여 특성을 분류할 수 있다. 카노모형에 대해서는 2.1.3절에서 설명한다.

● 고객속성의 중요도

각각의 WHATs에 대해서 중요도를 결정하여 ②에 기입한다. QFD기법에서는 요구사항의 상대적 중요성을 정리하여 제품 설계에 반영하므로 고객속성의 중요도는 QFD의 최종 결과에 큰 영향을 미친다.

중요도는 1에서 5까지의 등급을 많이 사용한다. 폭이 넓은 등급체계를 사용하고자 할 때는 1에서 9까지의 9단계 등급을 사용하기도 한다. 고객속성의 중요도 결정단계에서는 기업의 경영전략을 비롯하여 고객요구사항들의 특성, 고객의 요구사항을 만족시켜 줄 수 있는 기업의 내부역량 등을 고려하여 신중히 결정해야 한다.

● 고객 경쟁력 평가

고객 경쟁력은 상품의 품질이나 서비스에 대한 고객의 인식도를 의미한다. 주어진 고객속성에 대하여 경쟁사와 자사 상품의 경쟁력을 평가하여 품질주택의 ③번 위치에 기입한다.

①번 항목의 고객속성에 대하여 자사 상품이나 서비스의 만족도를 조사한다. 조사할 때는 아주 만족하는 경우에는 5, 매우 불만족하는 경우에는 1로 하는 5등급 척도를 사

용한다. 이때 경쟁상대에 있는 다른 회사의 만족도도 동시에 조사하여 경쟁사와의 비교가 가능하도록 한다. 고객요구사항을 조사할 때 고객경쟁력도 함께 조사하는 것이 편하다. 고객경쟁력 평가결과에 따라 ②번 항목에서 이미 평가한 고객속성의 중요도를 재평가하여 변경할 수도 있으며, 새로운 고객속성을 추가할 수도 있다.

- **고객속성 충족방법 – HOWs**

①번 항목의 고객속성을 충족시킬 수 있는 회사 혹은 담당 부서의 방법을 파악하여 ④번 항목에 기입한다. 이것은 ①의 WHATs를 충족시키는 방법으로 'HOWs'라 하기도 한다. 이 단계에서는 회사의 축적된 지식과 노하우를 이용해야 하며, 회사의 모든 부서의 관련자들이 함께 토의하여 HOWs를 개발한다.

- **목표설정**

⑤번의 위치에 각각의 HOWs에 대한 목표를 설정하여 기입한다. 목표는 구체적인 값으로 명시할 수도 있으며, 최대화(증가) 혹은 최소화(감소)시킨다는 기호(증가:↑, 감소:↓)를 표시할 수도 있다. 목표값이나 목표의 방향을 설정할 할 수 없는 경우에는 표시하지 않아도 무방하다.

- **방법 간의 관계**

품질주택 지붕에 해당하는 ⑥번 위치에는 ④번 항목에서 제시한 HOWs 간의 연관관계를 분석하여 기호로 표시한다. 두 가지 방법 간에는 상호 부정적인 관계(하나를 좋게 하면 다른 하나는 나빠지는 관계)가 될 수도 있고, 긍정적인 관계(하나를 좋게 하면 다른 하나도 좋아지는 관계)가 될 수도 있다. 두 방법 간의 관계는 표 2.1의 기호를 사용하여 나타낸다.

긍정적인 관계는 두 방법이 협력관계에 있음을 의미하고 부정적인 관계는 두 방법이 상충됨을 의미한다. 두 방법 간의 부정적인 관계가 생기면 방법들을 타협(trade-off)하거나 창의적인 새로운 방법을 찾아야 한다(제5장 모순표 활용 참고).

표 2.1 방법 간의 상호관계를 나타내는 기호

기 호	관 계
++	강한 긍정적 관계
+	긍정적 관계
-	부정적 관계
- -	강한 부정적 관계

표 2.2 고객속성과 방법 간의 관련도 평가

기호	관계	관계등급
◉	강한 관계	9
○	보통 관계	3
△	약한 관계	1

● 고객속성 충족방법의 경쟁력 및 가능성 평가

④번 항목에서 제시한 방법들에 대한 경쟁력을 평가한다. 일반적으로 1에서 5까지의 등급을 사용하여 평가한다. 경쟁력 평가의 아랫부분에는 각 방법의 실현 가능성(혹은 난이도)을 평가하여 기입한다. 실현가능성이 아주 낮은 경우에는 1등급, 아주 높은 경우에는 5등급의 척도를 사용하는 것이 일반적이다.

● 고객속성과 방법 간의 관계

①번 항목에서 파악된 고객속성과 ④번 항목에서 제시한 방법들 간의 관계를 파악하여 고객속성과 방법이 만나는 칸(⑧)에 기입한다. 일반적으로 표 2.2와 같은 기호나 관계등급을 사용하여 나타낸다. 고객속성과 방법이 만나는 칸에는 기호나 관계등급 이외에 고객속성 등급과 관계등급을 곱한 값을 기입하기도 한다. 표 2.3은 3가지 고객속성

표 2.3 관계등급 및 중요도값 계산

고객속성 \ 방법		방법1	방법2	방법3	방법4
항목1	3	◉ (27)	△ (3)		○ (9)
항목2	1		○ (3)		△ (1)
항목3	5	○ (15)		◉ (45)	
합계		42	6	45	10

과 4가지 방법의 관계 모형에서 방법들의 중요도값을 계산한 결과이다. 기호 옆 괄호 속의 숫자는 고객속성 등급과 관계등급을 곱한 값이다. 예를 들어, '항목1'과 '방법 1'이 만나는 곳의 27은 고객속성의 등급 3과 관계등급 9를 곱하여 얻은 것이다.

● 방법의 중요도 및 우선순위 평가

QFD기법의 마지막 단계는 고객속성을 만족시키기 위한 방법들의 중요도 순위를 평가하는 것이다. ④번 항목의 방법들 중에서 어떤 방법이 고객속성을 만족시키는 중요한 요인이 되는지를 파악하여 방법 실행의 우선순위를 매긴다.

방법의 우선순위를 결정하는 방법으로 다음의 두 가지를 고려할 수 있다. 첫 번째 방법은 각 방법별로 ⑧번 항목에서 계산한 중요도값을 사용하는 것이다. 중요도값이 클수록 우선순위가 높다. 표 2.4의 예에서는 '방법 3'이 최우선이고 '방법 1', '방법4', '방법 2'의 순서이다. 이 방법은 각 방법의 경쟁력이나 난이도 등을 고려하지 않고 결정한다는 단점이 있다.

두 번째 방법은 각 방법의 중요도값에 ⑦번 항목의 경쟁력 및 실현 가능성 평가 등급을 곱하여 계산한 값을 사용하는 것이다. 표 2.4와 같이 경쟁력 및 실현가능성이 주어진 경우 '방법 3'이 최우선 순위에 해당하게 된다. 고객속성 충족방법의 우선순위 결정에는 상품의 특징, 기업의 경영전략, 기능, 기능부서간의 관계 등에 따라 다양한 방법의 사용이 가능하다.

표 2.4 실현 가능성 평가를 이용한 우선순위 평가

	방법1	방법2	방법3	방법4
경쟁력 및 실현 가능성	3	4	5	1
절대 수치값	42	6	45	10
결과	126(3×42)	24(4×6)	225(5×45)	10(1×10)
우선순위	2	3	1	4

● **목표값과 한계**

각 방법의 객관적인 목표값과 허용한계를 ⑩번 위치에 기입한다.

그림 2.2는 완성된 품질주택의 예를 나타낸 것이다.

2.1.2 QFD의 4단계와 분석

QFD는 다학제적팀이 일련의 차트를 사용하여 고객의 핵심요구속성을 설계개발의 전 과정으로 전개하는 것이다. 대개 QFD는 4개의 단계로 전개한다. 단계1은 고객만족 기획단계, 단계2는 요구기능단계, 단계3은 설계파라미터계획 단계, 단계4는 프로세스변수 계획단계이다. 그림 2.3은 4단계의 전개과정을 나타낸 것이다.

첫 번째 QFD는 고객의 요구와 기대를 고객만족 핵심요소(CTSs, critical - to - satisfaction) 즉, 기술특성들로 변환한다. 이들 CTSs들은 단계적으로 설계활동으로 전개된다. QFD에서는 이전 단계 HOQ의 CTSs와 목표값이 다음 단계 HOQ의 WHATs가 되도록 전개한다. HOQ의 HOWs는 다음 단계 HOQ의 WHATs로 전개한다. HOWs가 다음단계의 WHATs로 변환되는 과정은 설계계획에서 프로세스 계획, 최종적으로 생산계획으로 전개한다.

이 절차는 생산계획을 완수할 때까지 계속한다. 그림 2.4에서 도시한 바와 같이 고객요구를 CTSs로 전개하고, 이것이 설계파라미터로, 그리고 공정변수로 전개된다. 최종적으로 제품에 대한 고객요구사항에 부합하는 설계가 개발되고 QFD 프로세스가 완료된다.

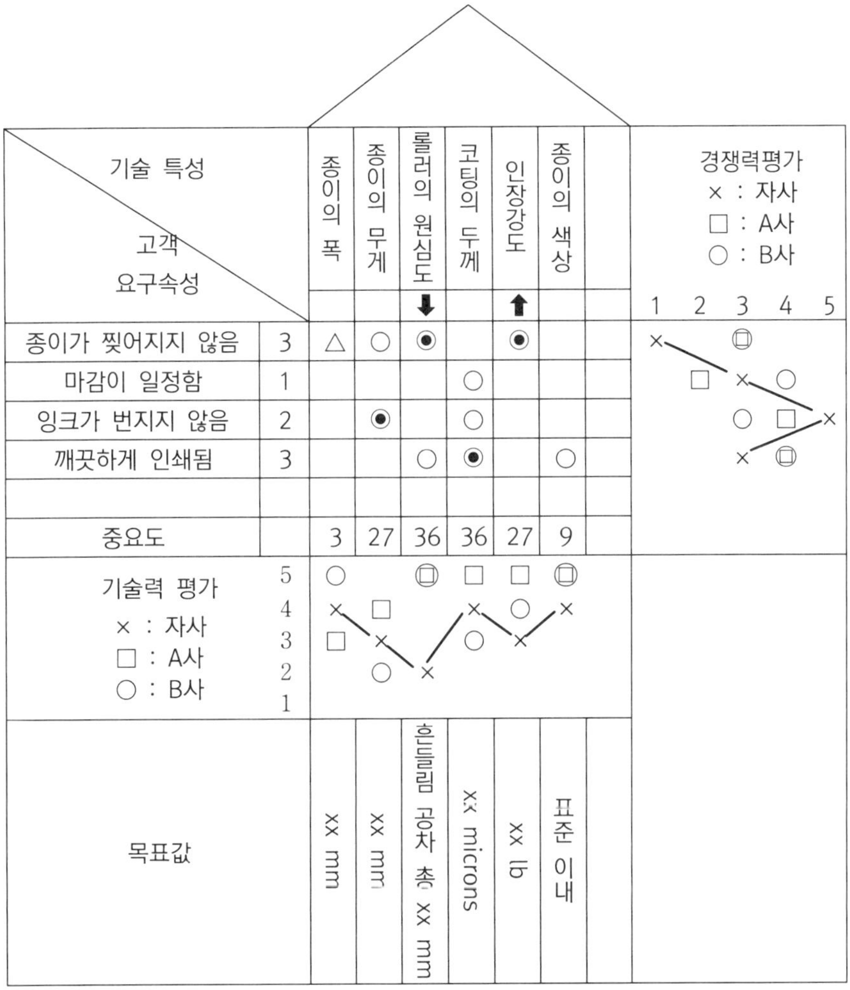

그림 2.2 품질주택의 예

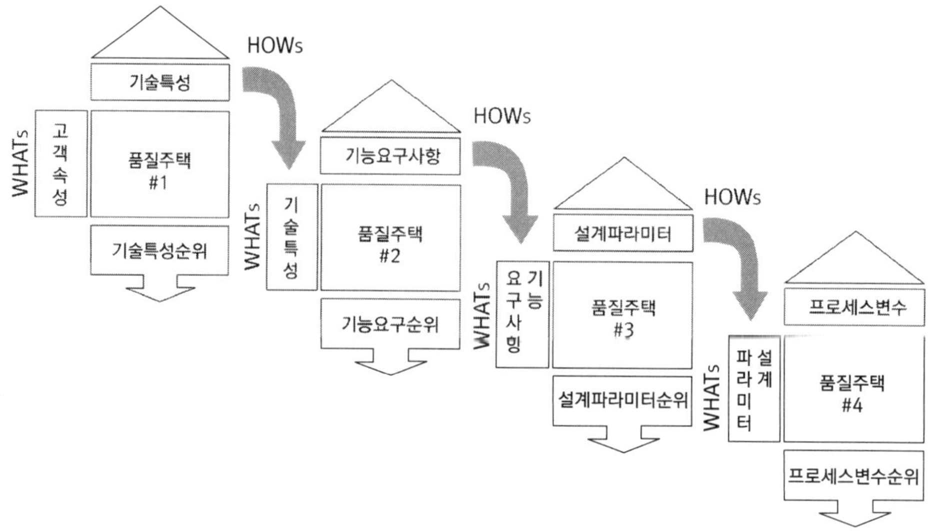

그림 2.3 QFD의 4단계 전개

QFD는 고객요구를 만족시키기 위해 공급자의 요구충족방법을 추려내는 효율적인 방법이다. 중요하고, 새롭고, 어렵고, 위험도가 높은 HOWs를 파악하고, 다음 단계로 이동하는 단계적인 활동을 통해 설계를 상세화 한다. 개발팀이 보유하고 있는 자원을 가장 효과적으로 사용하도록 하기 위해서 중요하지 않은 HOWs는 반영하지 않는다. 즉, 고객속성을 만족시키는데 중요한 HOWs에 대해서 처음부터 최적의 시간과 자원을 할당받도록 한다.

QFD를 활용하는 연구팀들은 첫 번째 HOQ를 완수하고 QFD를 완료했다는 잘못된 이해를 가질 수 있다. 실제로 첫 번째 HOQ의 완성은 고객의 소리를 설계로 전개하기 위한 출발점에 서있는 것과 같다. QFD의 모든 단계에서 HOQ의 분석은 설계약점을 파악하는 것이며, 이것을 잠재하는 강력한 기회로 취급하여 개선함으로써 최고의 설계가 되도록 한다. HOQ를 분석할 때 다음 사항을 확인하는 것이 좋다.

- **비거나 관련도가 약한 열(Blank or weak columns).**

어떠한 고객 속성과도 강한 관련이 없는 HOWs

● 비거나 관련도가 약한 행(Blank or weak rows).

HOWs에 의해 강하게 처리되고 있지 않은 고객 속성

● 상충(Conflicts).

고객경쟁력 평가와 상충하고 있는 기술경쟁력 평가

● 중대한(Significance) HOWs.

다수의 고객속성, 안전/법규, 기업내부요구사항과 관계가 있는 HOWs

● "개안"기회(Eye opener opportunities).

자사와 경쟁자 모두 만족시키지 못하는 고객속성. 이들 속성이 경쟁에서 이길 수 있는 기회가 된다. 이 속성은 카노모형의 매력품질요소이다.

● 벤치마킹(Benchmarking).

높은 등급을 받은 경쟁사의 HOWs를 벤치마킹을 사용하여 수정하고 채택한다.

● 전개(Deployment) HOWs.

추가적인 전개와 단계2의 설계파라미터 전개에서 작업할 중요한 HOWs.

▶ 예 2.1 자동차 문짝설계

다음은 자동차 문짝 설계에서 QFD를 단계적으로 적용한 예이다[5].

● 단계 1 : WHATs의 파악 - 고객요구속성

WHATs는 ① 고객요구의 원시정보를 수집하고, ②이를 간결하고 명확한 표현의 언어정보로 변환한 다음 ③ KJ법 등을 통해 2 ~ 4차 정도의 그룹으로 전개하고, ④각

5) F. W. Breyfogle III, Implementing Six Sigma, John Wiley & Sons, 2003, pp.349-356.

표 2.5 자동차 문짝에 대한 고객요구 속성

1차	2차	3차	중요도
조작성과 사용성이 양호함	개폐가 쉬움	바깥에서 닫기 쉬움	5
		언덕 위에서 열린 상태 유지	3
		바깥에서 열기 쉬움	2
		문짝이 다시 튀어나오지 않음	2
		안에서 닫기 쉬움	3
		안에서 열기 쉬움	3
	차단성	비가 새지 않음	2
		도로소음의 차단	1
		세차 시 물이 새지 않음	1
		바람소리 차단	2
		덜컹거리지 않음	1
	팔걸이	부드럽고 편안함	2
		위치가 맞음	1
근사한 외관	내장처리	자재색상이 바래지 않음	2
		매력적임	1
	청결성	청소가 쉬움	2
		문짝에서 윤활제가 묻어나오지 않음	1
	적합성	연결패널 사이의 간격이 일정함	2

요구속성의 중요도를 결정하는 순서로 파악한다. 표 2.5는 자동차 문짝에 대해서 파악한 요구속성의 일부를 나타낸 것이다. 표 2.5에서 보면 '닫기쉬움', '언덕에서 열린 상태의 유지', '비가 세지 않음', '소음의 차단' 등이 주요 고객요구속성이다.

● 단계 2 : HOWs의 도출 - 기술특성

HOWs는 고객요구속성을 제품에 구현하는 방법이다. 예를 들어, '소음의 차단' 이라

표 2.6 자동차 문짝에 대한 기술특성

구분	기술특성	요구특성
개폐력	1. 문짝을 닫는데 요구되는 힘	망소
	2. 평지 위에서의 제어력	망대
	3. 10° 경사에서의 제어력	망대
	4. 문짝을 여는데 요구되는 힘	망소
	5. 닫는데 소요되는 최대의 힘	망소
	…	
밀폐/차단성	11. 문짝 밀폐성	망대
	12. 창문으로부터의 음향전달	망대
	13. 도로소음의 감소	망대
	14. 방수성	망대
	…	

는 요구속성으로부터 도출할 수 있는 기술적 특성은 '밀폐성', '도로소음의 감소' 등이다. 또한 이들 HOWs의 요구특성(망목특성, 망소특성, 망대특성)도 함께 파악한다. 자동차 문짝 설계에서 고객요구속성을 구현하는 기술특성에는 '문짝을 닫는데 요구되는 힘(망소)', '평지위에서의 제어력(망대)', '문짝 밀폐성(망대)' 등이 포함된다. 표 2.6은 고객요구를 충족시키는 기술특성을 나타낸 것이다.

● 단계 3 : WHATs와 HOWs의 관계

이 단계에서는 기술특성이 고객요구속성에 미치는 영향을 파악한다. 전문가와 고객의 의견, 실험 및 통계분석 자료 등을 반영하여 관련도를 평가한다. 예를 들어, '문을 닫기 쉬워야 한다.'는 고객요구속성과 '문을 닫는데 요구되는 힘을 줄인다.'는 기술특성은 관련도가 매우 높다. 표 2.7은 자동차 문짝설계에서 파악한 관련도이다.

표 2.7 자동차 문짝에 대한 요구속성과 기술특성 간 관련도

기술특성 / 고객요구속성		1	2	3	4	5	…	11	12	13	14	…
		↓	↑	↑	↓	↓		↑	↑	↑	↑	
1. 바깥에서 닫기 쉬움	5	◉				◉		◉				
2. 언덕 위에서 열린상태 유지	3		◉	◉								
3. 바깥에서 열기 쉬움	2				◉			○				
4. 문짝이 다시 튀어나오지 않음	2		○	○	○	△		◉				
…												
11. 비가 새지 않음	2							◉			◉	
12. 도로소음의 차단	1							○	○	◉		
…												

● 단계 4 : 기술특성 간의 상호관계 파악

고객요구속성을 충족시키기 위해 하나의 기술특성을 향상시키는 경우에 다른 기술특성이 영향을 받을 수 있다. 예를 들어, 문을 닫는데 필요한 힘은 감소시키기 위해 파워윈도우의 모터를 작게 하면 유리창을 오르내리는 속도가 느려지는 모순문제가 발생한다. 이 단계에서는 기술특성들 간의 이러한 상호관계를 파악하여 문제해결과정에서 상호절충하거나 혁신적 해결방안을 도출해야 한다. 표 2.8은 기술특성 간의 상호관계를 나타낸 것이다.

● 단계 5 : 고객경쟁력 비교

고객요구속성에 대한 자사 제품과 경쟁사 제품의 우수성을 비교 · 평가한다. 각 요구속성에 대해서 5점 척도(매우 우수 5점, 매우 미흡 1점)로 평가한다. 설문지, 인터뷰, 전문가 의견 등의 방법을 활용할 수 있다. 표 2.9는 자사제품과 경쟁사 A, B의 고객경쟁력을 평가한 결과를 정리한 것이다.

표 2.8 자동차 문짝에 대한 기술특성 간의 상호관계

기술특성		기술특성										
		1	2	3	4	5	…	11	12	13	14	…
1	문짝을 닫는데 요구되는 힘		--		++	+		--	--	--		
2	평지 위에서의 제어력			++					--			
3	10° 경사에서의 제어력								--			
4	문짝을 여는데 요구되는 힘							+	--			
5	닫는데 소요되는 최대의 힘							--		--	--	
…												
11	문짝 밀폐성									++	++	
12	창문으로부터의 음향전달									++		
13	도로소음의 감소										+	
14	방수성											
…												

표 2.9 자동차 문짝에 대한 고객경쟁력 점수

고객요구속성		고객평가점수		
		자사	A사	B사
개폐가 쉬움	1. 바깥에서 닫기 쉬움	1.5	4	3
	2. 언덕 위에서 열린상태 유지	1.5	1	2
	3. 바깥에서 열기 쉬움	3.5	4	4.5
	4. 문짝이 다시 튀어나오지 않음	3.5	3	2.5
	…			
차단성	11. 비가 새지 않음	3.5	3	2.5
	12. 도로소음의 차단	4.5	2.5	3.5
	…			

표 2.10 자동차 문짝에 대한 기술특성의 비교

구분	기술특성	측정 단위	측정치		
			자사	A사	B사
개폐력	1. 문짝을 닫는데 요구되는 힘	ft-lb	11	9	9.5
	2. 평지 위에서의 제어력	lb	12	12	11
	3. 10° 경사에서의 제어력	lb	6	6	7
	4. 문짝을 여는데 요구되는 힘	ft-lb	10	9	11
	5. 닫는데 소요되는 최대의 힘	lb	18	13	14
	...				
밀폐/차단성	11. 문짝 밀폐성	lb/ft	3	2	2
	12. 창문으로부터의 음향전달		.10	.10	.10
	13. 도로소음의 감소	db	9	5	6
	14. 방수성	psi	70	60	60
	...				

● **단계 6 : 기술특성치 비교 및 목표값 설정**

기술특성별로 자사와 경쟁사의 기술특성치를 조사하여 비교한다. 계량적으로 측정할 수 있는 경우에는 측정치로 비교하고, 그렇지 않은 경우에는 전문가의 의견을 반영하여 5점 척도로 측정할 수 있다. 표 2.10은 자동차 문짝 설계에 대한 기술특성의 측정치를 나타낸 것이다.

기술특성치의 목표값은 각 기술특성에 대한 기술적 난이도, 중요도, 비용 등을 종합하여 결정한다. 기술특성의 중요도는 고객요구속성의 등급과 기술특성의 관련도로부터 중요도의 절대수치를 산정하고, 기술특성별 우선순위를 매긴다. 표 2.11은 기술특성의 목표값과 우선순위를 나타낸 것이다.

표 2.11 자동차 문짝에 대한 기술특성의 중요도, 난이도 및 목표값

고객요구속성 \ 기술특성		1	2	3	4	5	…	11	12	13	14	…
		↓	↑	↑	↓	↓		↑	↑	↑	↑	
1. 바깥에서 닫기 쉬움	5	◉45				◉45		◉45				
2. 언덕 위에서 열린 상태 유지	3		◉27	◉27								
3. 바깥에서 열기 쉬움	2				◉18			○9				
4. 문짝이 다시 튀어나오지 않음	2		○6	○6	○6	△2		◉18				
…												
11. 비가 새지 않음	2							◉18			◉18	
12. 도로소음의 차단	1							○3	○3	◉9		
…												
기술적 중요도	절대수치	45	33	33	24	47		90	3	9	18	
	상대순위	3	4.5	4.5	6	2		1	9	8	7	
기술적 난이도		4	5	1	1	3		1	3	3	5	
목표값		7.5	9	6	7.5	12		3	10	9	70	

2.2 카노모형

대부분의 소비자들은 제품에 미비한 부분이 있으면 불만을 나타내지만 충분한 부분에 대해서는 당연하다고 느낄 뿐 만족감을 가지지 않는 경향이 있다. 이러한 상황을 설명하기 위해 카노(狩野)는 그림 2.4와 같은 물질의 이원적 인식모형을 제시하였다. 즉, 주어진 물질에 대해서 만족과 불만족이라는 주관적 측면과 물리적인 충족과 불충족이라는 객관적 측면을 함께 고려하여 고객요구속성을 분류하였다.

카노모형에서는 제품이나 서비스의 품질요소를 사용자의 만족이라는 주관적 측면과 요구조건과의 일치라는 객관적 측면의 특성에 따라 매력품질요소(excitement, delighters), 일원품질요소(performance, primary satisfiers), 당연품질요소(basic, must-be)로 분류한다.

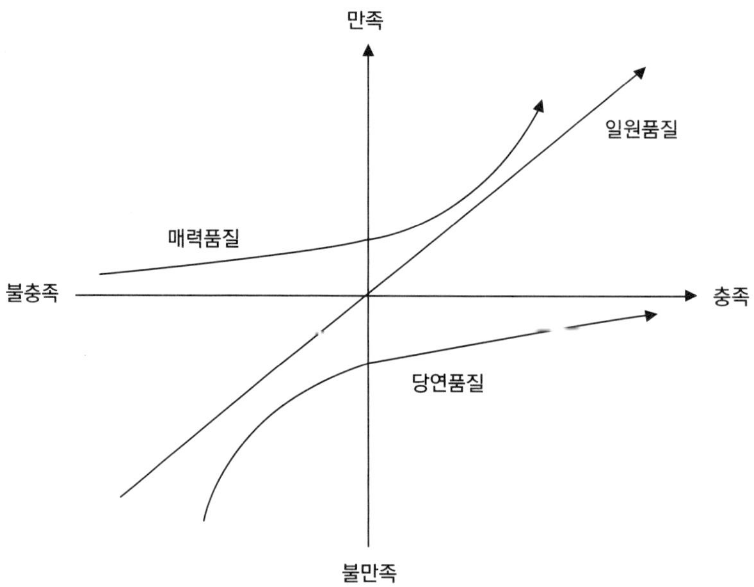

그림 2.4 고객속성에 대한 카노모형

매력품질요소는 충족이 되면 만족을 주지만 충족되지 않더라도 하는 수 없다고 받아들이는 품질요소를 말한다. 고객이 미처 기대하지 못했던 것을 충족시켜주거나 고객이 기대했던 것이라도 고객의 기대를 훨씬 초과하는 만족을 주는 품질요소로써 고객감동(customer delight)의 원천이 되는 품질요소이다. 이 품질요소는 경쟁사를 따돌리고 고객을 확보할 수 있는 주문획득요인(order winner)이다. 그러나 고객은 이러한 품질요소의 존재를 모르거나 기대하지 않았기 때문에 충족되지 않더라도 불만을 느끼지 않는다.

예를 들어, 전기가 들어오기 전에 호롱불을 쓰던 사람들은 전깃불을 기대하지 못했을 것이다. 그들의 요구는 더 밝거나 그을음이 적은 호롱불로써 스위치 하나로 끄고 켜는 밝은 전구를 제공하지 않더라도 불만을 느낄 수 없었을 것이다. 이 상황에서 전기를 사용하는 전구는 큰 만족을 주는 매력품질요소이다.

일원품질요소는 충족이 되면 만족하지만 충족되지 않으면 불만을 일으키는 품질요소이다. 종래에는 모든 품질요소를 일원품질요소로 인식했다. 당연품질요소는 최소한으로 당연히 있어야 하는 것으로 인식하는 기본적인 품질요소로써 충족이 되면 당연한 것으로 받아들여 별다른 만족감을 주지 못하는 반면 충족이 되지 않으면 불만을 일으키는 품질요소이다. 당연품질요소는 불만예방요인으로 이 품질요소는 반드시 충족시켜야 한다. 예를 들어, 오늘날의 카메라의 자동초점(AF)기능은 당연품질요소로써 일반인들에게는 반드시 있어야 하는 카메라의 기능이다.

이들 3가지 주요 품질요소 외에 충족되든 충족되지 않던 만족도 불만족도 일으키지 않는 품질요소인 무관심요소(indifferent quality element)와 충족이 되면 불만을 일으키고 충족이 되지 않으면 만족을 일으키는 역품질요소(reverse quality element)가 있을 수 있다. 역품질은 생산자가 충족시키려 노력을 기울이지만 결과적으로 사용자는 불만족스럽다고 평가하는 품질요소이다.

카노모형으로 품질요소를 분류하기 위해서는 긍정적 질문과 부정적 질문의 짝으로 구성한 설문지를 사용한다.

- **단계 1 : 모든 품질요소에 대해서 긍정적 질문과 부정적 질문의 짝으로 구성한 설문지를 만든다.**

예를 들어, 카메라의 자동초점기능이라는 품질요소에 대한 설문문항은 다음과 같이 작성한다.

1-1. 만약, 카메라에 자동초점기능이 있으면 어떤 느낌이 들겠습니까? ....(　　)

① 마음에 든다　② 당연하다　③ 아무런 느낌이 없다

④ 하는 수 없다　⑤ 마음에 안 든다　⑥ 기타

1-2. 만약, 카메라에 자동초점기능이 없다면 어떤 느낌이 들겠습니까? ....(　　)

① 마음에 든다　② 당연하다　③ 아무런 느낌이 없다

④ 하는 수 없다　⑤ 마음에 안 든다　⑥ 기타

- **단계 2 : 하나의 품질요소에 대한 긍정적 질문과 부정적 질문의 대답을 종합하고, 표 2.12와 같은 평가이원표를 활용하여 해당 품질요소를 특성에 따라 분류한다.**

표 2.12 품질요소 평가이원표

긍정 질문 대답 \ 부정질문 대답	① 마음에 든다	② 당연 하다	③ 아무런 느낌이 없다	④ 하는 수 없다	⑤ 마음에 안 든다	⑥기타
① 마음에 든다	S[1)]	매력 품질	매력 품질	매력 품질	일원 품질	
② 당연하다	R[2)]	I[3)]	I	I	당연 품질	
③ 아무런 느낌이 없다	R	I	I	I	당연 품질	
④ 하는 수 없다	R	I	I	I	당연 품질	
⑤ 마음에 안 든다	R	R	R	R	S	
⑥ 기타						

1) S(sceptical) : 일반적인 평가로써 생각할 수 없는 회답으로 설문을 이해하지 못했거나 표현이 이상함 또는 응답자의 품질요소에 대한 이해도가 낮은 경우에 발생함
2) R(reverse) : 역품질요소
3) I(indifferent) : 무관심품질요소

만일 A씨가 문항 1-1에 대해서 '② 당연하다'를 선택하고, 문항 1-2에 대해서 '⑤ 마음에 안 든다'를 선택한 경우에 A는 자동초점기능을 '당연품질'로 인식한다는 의미이다. 주어진 품질요소에 대해서 개별 고객들이 인식하고 있는 품질특성은 다를 수 있다. 고객집단에 대한 분석에서는 대다수의 고객이 인식하고 있는 품질특성을 해당 품질요소의 특성으로 한다. 예를 들어 고객의 63%가 자동초점기능을 '당연품질'로 인식한다면 자동초점기능은 당연품질로 간주한다.

품질요소들의 특성은 시간의 흐름에 따라 변할 수 있다. TV에 리모콘 기능은 초창기에는 매력품질요소이었으나 오늘날에는 당연품질요소가 되었다. 품질요소는 시간의 경과에 따라 매력품질요소에서 일원품질요소, 당연품질요소로 변화하는 경향을 보인다. 그러므로 제품 및 서비스 개발 담당자들은 끊임없이 새로운 매력품질요소를 찾아내어 반영하고 일원품질요소에 대한 충족도를 높이는 노력을 지속하여야 한다. 고객의 요구

속성은 바뀌며 기업은 바뀌는 고객의 요구속성에 대해 반드시 대처해야 한다. 또한 고객이 인식하는 것과 공급자가 제공하는 것과의 갭(gap)을 인식하고 갭을 줄이는 노력을 해야 한다.

▶ 예 2.2 이어폰에 대한 카노분석

mp3플레이어에 사용하는 이어폰의 품질요소로 '이어폰의 줄길이 조정', '나선형의 줄모양(줄의 꼬임 및 끊어짐 방지)', '외부소음감지 기능(외부소음의 크기에 따라 소리를 자동으로 줄였다, 높였다 할 수 있는 기능)'에 대해 품질요소의 특성을 분류한다.

각각의 기능특성에 대해서 다음의 설문 문항을 만들어 mp3플레이어를 사용하는 300명을 대상으로 조사를 하였다.

1-1. 만약, 이어폰에 '○○○○'기능이 있으면 어떤 느낌이 들겠습니까? (　　)

① 마음에 든다　　② 당연하다　　③ 아무런 느낌이 없다
④ 하는 수 없다　　⑤ 마음에 안 든다　　⑥ 기타

1-2. 만약, 이어폰에 '○○○○'기능이 없다면 어떤 느낌이 들겠습니까? (　　)

① 마음에 든다　　② 당연하다　　③ 아무런 느낌이 없다
④ 하는 수 없다　　⑤ 마음에 안 든다　　⑥ 기타

이어폰의 '줄길이 조정'기능에 대한 응답 결과를 '설문 1-1'과 '설문 1-2'에 대한 이원표를 작성하였다.

표 2.13 줄길이 조정기능에 대한 이원표

불충족 / 충족	① 마음에 든다	② 당연하다	③ 아무런 느낌이 없다	④ 하는 수 없다	⑤ 마음에 안 든다	⑥기타
① 마음에 든다	S 5	매력 1	매력	매력 3	일원 117	
② 당연하다	R 2	I	I	I 2	당연 149	4
③ 아무런 느낌이 없다	R	I	I	I	당연 9	
④ 하는 수 없다	R	I	I	I	당연	
⑤ 마음에 안 든다	R 2	R 2	R	R	S	
⑥ 기타						

표 2.13의 내용을 종합하면 300명 중에서 4명(1.33%)이 '매력품질요소'로 평가하고 있으며, 117명(39.0%)이 '일원품질요소', 158명(52.67%)이 '당연품질요소'로 평가하고 있다. 즉, 응답자의 52%가 당연품질요소로 평가하고 있다. 표 2.14는 이어폰의 세 가지 기능에 대한 특성평가 결과를 나타낸 것이다.

표 2.14 이어폰의 기능에 대한 품질특성 평가 결과

기능	매력	일원	당연	역	무관심	회의적	기타	합계
1. 줄길이 조정	80 (26.67)	120 (40.00)	47 (15.67)	8 (2.67)	43 (14.33)	1 (0.33)	1 (0.33)	301 (100)
2. 나선형 줄모양	41 (13.67)	25 (8.33)	20 (6.67)	88 (29.33)	110 (36.67)	8 (2.67)	8 (2.67)	302 (100)
3. 외부소음감지	98 (32.67)	146 (48.67)	22 (7.33)	7 (2.33)	24 (8.00)	1 (0.33)	2 (0.67)	303 (100)

표 2.14에서 보면 '줄길이 조정'기능에 대해서는 일원품질로 평가하는 경향이 있으며, '나선형 줄모양'은 무관심 또는 역품질요소로 평가하는 경향이 있다. '외부소음 감지' 기능에 대해서는 매력품질 또는 일원품질로 평가하는 경향이 있음을 알 수 있다.

2.3 SWOT분석

SWOT분석은 조직내부의 강점과 약점, 외부 환경의 기회와 위협을 분석하여 조직의 경영 전략을 수립하는 기법이다. SWOT는 강점(strength), 약점(weakness), 기회(opportunities), 위협(threats)의 첫 글자를 모아 만든 것이다.

조직의 전략기획 담당자는 조직의 내부환경을 분석해 강점과 약점을 발견하고, 외부 환경을 분석해 기회와 위협을 찾아낸 후에 이를 토대로 강점은 살리고 약점은 보완, 기회는 활용하고 위협은 억제하는 경영전략을 수립해야 한다. 강점과 약점은 경쟁기업과 비교할 때 소비자로부터 강점, 약점으로 인식되는 것을 말하고, 기회와 위협은 외부 환경에서 유리한 기회와 불리한 요인을 의미한다.

SWOT의 내부의 강점(S)과 약점(W), 외부의 기회(O)와 위협(T)을 조합하면 SO(강점-기회)전략, ST(강점-위협)전략, WO(약점-기회)전략, WT(약점-위협)전략의 4가지 전략을 생각할 수 있다. SO전략은 시장의 기회를 활용하기 위해 강점을 사용하는 전략이고, ST전략은 시장의 위협을 회피하기 위해 강점을 사용하는 전략을 말한다. WO전략은 약점을 극복함으로써 시장의 기회를 활용하는 전략이고, WT전략은 시장의 위협을 회피하고 약점을 최소화하는 전략이다.

2.3.1 분석절차

SWOT분석을 하기 위해서는 먼저 관련된 기초자료를 수집하고 정리해야 한다. 정리된 자료를 기반으로 외부환경분석, 내부역량분석, 전략방향 설정의 순으로 분석한다.

- **단계1 : 외부환경분석(Opportunities, Threats)**

외부환경 분석에서는 자신을 제외한 모든 정보를 기술한다. 외부 환경 중에서 좋은 쪽으로 작용하는 것은 기회, 나쁜 쪽으로 작용하는 것은 위협으로 분류한다. 언론매체, 개인 정보망 등을 통하여 입수한 상식적인 세상의 변화 내용으로부터 시작하여 해당 분야의 전문적인 정보에 이르기까지 각종의 정보를 수집한다. 외부환경분석을 위한 정보수집을 하는 과정에서는 SKEPTIC체크리스트를 활용할 수 있다. SKEPTIC은 사회환경(society), 경쟁환경(competition), 경제환경(economic), 정치환경(politic), 기술환경(technology), 정보환경(information), 고객환경(customers)의 앞글자를 따온 것이다. 외부환경을 SKEPTIC의 각 영역별로 자료를 수집한다. 수집한 자료를 분석하여 기회요소와 위협요소로 분류하고 조직에 미치는 영향에 따라 우선순위를 매겨 정리한다.

- **단계2 : 내부역량분석(Strength, Weakness)**

경쟁사와 비교하여 자신의 강점과 약점을 파악한다. 강약점 분석을 위한 정보에는 보유하거나, 동원 가능하거나, 활용 가능한 모든 자원이 포함된다.

- **단계3 : 전략방향 설정**

전략방향을 설정하기 위해서는 외부환경 요소와 내부역량간의 상관관계를 분석한다. 외부환경과 내부역량간의 상관관계가 높은 항목을 중심으로 대책안 수립에 활용하고, 그렇지 않은 항목은 기술적 검토를 한 다음에 적용유무를 결정한다.

2.3.2 SWOT분석표

SWOT분석 결과는 일목요연하게 표 형식으로 작성하는 것이 좋다. SWOT분석표는 다음의 표 2.15과 같은 양식을 많이 사용한다.

표 2.15에서 ①과 ②에는 각각 내적 강점과 약점인자를 나열하고, ③, ④에는 외

표 2.15 SWOT분석표(일반양식)

외부환경 / 내부역량		기회(O)				위협(T)			
		③				④			
강점(S)	①	⑤				⑥			
약점(W)	②	⑦				⑧			

부 기회와 위협요소를 기입한다. ⑤, ⑥, ⑦, ⑧에는 SO전략, ST전략, WO전략, WT전략들을 나열한다.

▶ 예 2.3 신생기업 A의 경영전략 수립을 위한 SWOT분석

표 2.16은 신생의 A기업이 경영전략수립을 위해 SWOT분석을 수행한 결과를 SWOT분석표로 나타낸 것이다.

표 2.16 SWOT분석표의 예

<table>
<tr><th colspan="2" rowspan="2">외부환경 / 내부능력</th><th colspan="3">기회(O)</th><th colspan="3">위협(T)</th></tr>
<tr><th>기술을 바탕으로한 시장 내 지위 확대가능성 존재</th><th>해외시장 에서의 국내기업의 신인도/점유율 확대</th><th>고객수요의 급격한상승</th><th>브랜드업체와의 시장충돌 가능성</th><th>고객취향 및 수요의 급상승</th><th>기업성장속도 ≤시장변화 속도</th></tr>
<tr><td rowspan="4">강점(S)</td><td>전문인력 및 기술력 보유</td><td colspan="3" rowspan="4">• 시장의 요구사항을 적극적으로 반영하는 제품의 빠른 공급을 통한 시장점유 확대
• 기존 생산제품의 품종 다변화로 신규시장 영역으로의 사업 확장 모색
• 대 고객서비스 및 관리시스템 강화
• 관련 산업 내 여러 신사업 모색 : 고학력 계층부분에 대한 기술개발 진행중</td><td colspan="3" rowspan="4">• 지속적이고 적극적인 인력양성을 통한 기업경쟁력 강화
• 고객취향에 대한 빠르고 정확한 분석을 통해 고객만족 극대화 가능한 제품 양산체제 강화
• 고객 분석 및 관리강화를 통해 고객만족도 향상
• 사업 영역의 확대 및 변경으로 사업성 및 수익성 강화</td></tr>
<tr><td>신생기업으로서의 성장가능성</td></tr>
<tr><td>빠르고 적극적인 외부환경 대응</td></tr>
<tr><td>경영진의 적극적인 마인드</td></tr>
<tr><td rowspan="3">약점(W)</td><td>국제적 선진노하우 부족</td><td colspan="3" rowspan="3">• 지속적인 선진기술습득 및 자체 개선노력 강화
• 산업 표준화된 업무운영으로의 기업내부 개선 및 내부 업무효율성 증대
• 국내외 관련 기업과의 협력체제 강화
• 온라인 마케팅 강화
• 고객 중심의 전문브랜드화 필요
• 기업운영을 위한 정보시스템 도입</td><td colspan="3" rowspan="3">• 고객접근 채널의 확대
• 브랜드 인지도 강화를 통한 고객 접근 필요
• 기업시스템의 비표준화로 인해 이후 e-Biz 수행에 있어서의 적응 어려움 존재
• 온라인 마케팅 채널로서의 홈페이지 기능이 다소 약함</td></tr>
<tr><td>비 표준화된 업무운영 방식</td></tr>
<tr><td>업체 및 브랜드 인지도 낮음</td></tr>
</table>

2.4 문제의 정의

'원하는 것(DS, Desired State)과 현실(PS, Present State) 간의 차이(gap)를 문제(problem)'로 정의하는 것이 일반적이다. 문제를 해결한다는 것은 이 차이를 메우는 것이다. 해결방안(solution)은 이 차이를 메우는 방법이다. '부자가 되고 싶지만 돈이 없는 현실'의 문제는 '필요한 돈'이며, 해결방안은 '필요한 돈'을 만드는 방법들이다. 승용차의 연비가 8 km/l인데 20 km/l로 높이기를 원하는 경우에 문제는 '12 km/l = 20 km/l - 8 km/l' 이고, 해결방안은 12 km/l를 '0'으로 만드는 지식과 기술이라고 할 수 있다.

2.4.1 PS-DS대응

문제를 원하는 것(DS)과 현실(PS) 간의 차이로 정의하였다. 그러나 PS와 DS의 대응관계가 만족스럽지 못하면 해결방안을 찾는 것이 쉽지 않다. 그러므로 PS진술문과 DS진술문 사이의 만족스러운 상관관계가 있을 때까지 PS진술문이나 DS진술문 혹은 두 진술문을 수정하여 문제를 명확하게 설정해야 한다. 다음의 예를 살펴보자.

▶ 예 2.4 PS-DS대응

'공학설계'와 '물리학'을 수강하고 있는 학생이 있다고 가정하고 다음의 진술문에 대해서 PS-DS분석을 시작해 보자.

PS: 나는 물리학을 공부해야 한다.

DS: 나는 공학설계과목에서 A학점을 받고 싶다.

위의 PS는 DS와 어떠한 공통점도 갖고 있지 않은 것처럼 보인다. 즉, 겉으로 보았을 때 PS는 DS와 무관하다. 그렇지만 다시 검토하여 명확한 어구로 다시 표현하면 진술문을 다음과 같이 재작성할 수 있다.

PS: 나는 다음 주에 물리학 시험이 있기 때문에 물리학을 공부해야 한다.

DS: 나는 공학설계과목에서 A학점을 받고 싶다.

두 진술문 PS와 DS 사이에 여전히 갭이 있으므로 추가적인 수정이 필요하다.

PS: 나는 다음 주에 물리학 시험이 있기 때문에 물리학 공부를 해야 한다. 그러나 공학설계과목의 학기과제물을 하기로 계획되어 있기 때문에 물리학 공부에 집중할 수 있는 여유시간이 없다.

DS: 나는 공학설계와 물리학에서 만족스러운 학점을 받고 싶다.

이제 PS와 DS 사이의 관련성이 보이기 시작하지만 여전히 더 세밀하게 진술해야 한다.

PS: 나는 다가오는 물리학 시험을 충분히 준비하지 않았고, 공학설계 과목의 학기과제를 수행해야 한다.

DS: 나는 공학설계 과목의 학기과제물과 물리학 시험에서 만족할만한 성적을 받고 싶다.

최종적으로 PS와 DS 사이에 직접적이고 명확한 관계가 있음을 확인할 수 있다. 이들 최종의 두 진술문은 구체성(예, 학기과제물, 시험)과 이에 대한 명백한 요구조건(예, 만족할 만한 성적)이 서로 잘 대응한다.

이 학생은 이제 PS에서 DS로 가는 가능한 솔루션경로, 예를 들어, 시간을 더 효율적으로 사용하고, 담당 교수를 찾아가서 도움을 청하고, TV를 시청하는 시간을 줄여서 공부 시간을 늘리고, 과제를 짧은 기간 동안에 완성할 수 있도록 과제 내용을 재정의 하는 등의 방법에 대해서 생각해 볼 것이다. 또한 이 학생은 이들 활동의 조합에 대해서도 고려할 것이다. 물론 이들 모든 솔루션경로가 유효하지 않을 수도 있다.

2.4.2 던커다이어그램

던커다이어그램(Duncker Diagrams)은 PS진술문과 DS진술문의 대응 관계로부터 가능한 솔루션 경로를 찾는 방법이다. 던커다이어그램에서는 PS-DS 대응으로부터 소위 '일반해(general solutions)'를 구한 후에 '기능해(functional solutions)', '특정해(specific solutions)'를 찾는 방법이다.

먼저 일반해를 (1) '요구상태(DS)에 도달하기 위해 취해야 할 활동'과; (2) 'DS가 만족되어 (1)의 활동이 필요 없도록 하는 것'으로 정한다. 다음은 일반해를 달성하기 위한 기능해를 생성한다. 기능해를 생성할 때에는 실현 가능성은 고려하지 않고 모든 가능한 방법을 고려한다. 마지막으로 가능한 기능해들을 실제로 실현가능한 특정해로 변형시킨다. 던커다이어그램은 그림 2.5와 같은 다이어그램을 사용하면 읽기에 편하다.

▶ 예 2.5 던커다이어그램

승용차를 이용하는 출퇴근하는 사람이 많아 교통이 혼잡하다. 교통이 혼잡하지 않도록 하고 싶다.

PS : 지나치게 많은 사람들이 승용차를 이용하여 출퇴근하여 도로가 매우 혼잡하다.

DS : 교통량이 적어 도로가 혼잡하지 않다.

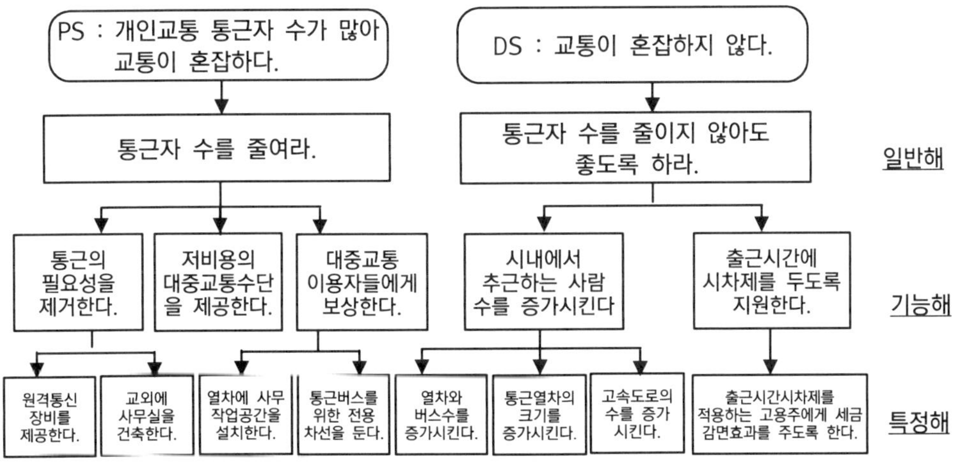

그림 2.5 던커다이어그램

2.5 문제해결절차

2.5.1 문제에 대한 대응

문제에 대한 가장 기본적인 대응은 문제를 **해결**하는 것이다. 인간은 유아기부터 문제를 인식하기 시작하여 습관적으로 문제를 해결하는 경험을 한다. 특히 성장기의 학교교육에서 추리형 문제를 많기 접했기 때문에 문제는 풀어야 한다는 인식이 습관화되었다. 문제를 해결하는 것이 가장 최선책일까? 실제로 문제에 대한 대응책에는 해결, 삭제, 변경(선이), 회피 및 은폐의 5가지 방법이 있다(그림 2.6)

삭제란 문제를 없앰으로써 문제해결의 필요성을 원천적으로 제거하는 것이다. 예를 들어, 다음의 달표면 탐색선 예는 문제를 원천적으로 삭제한 것이다. 삭제는 문제에 대한 대응책 중에서 가장 효과적인 방법이라고 할 수 있다.

▶ 예 2.6 달 뒷면 촬영을 위한 조명 개발

구소련에서는 달 뒷면의 사진을 찍기 위해 달 표면 탐사선 루나16호 발사를 추진하고 있었다. 달 뒷면의 사진을 찍기 위해서는 조명을 위한 전구를 개발해야 했다. 달 탐사선의 착륙과 이동 중에 발생하는 충격과 진동 때문에 전구가 깨질 수 있다는 문제가 있었다.

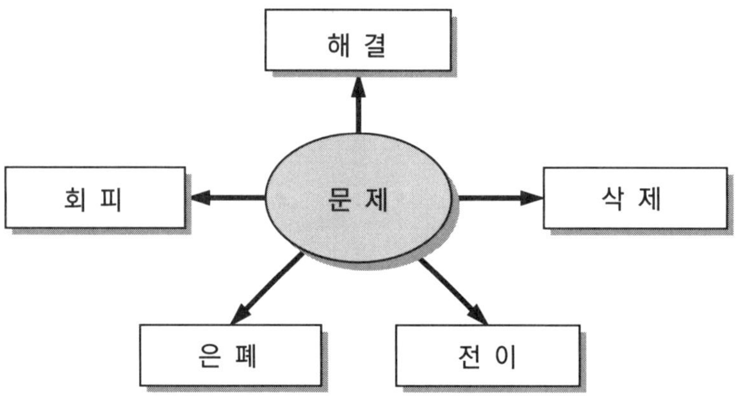

그림 2.6 문제에 대한 대응

깨지지 않는 유리의 개발을 위해 많은 자금과 시간을 투자했으나 결국 실패하고, 2년 반이 지난 후에 루나16호에는 유리가 없는 전구가 장착되었다. 달 표면은 진공상태이 므로 유리가 필요 없다는 사실을 나중에 알게 된 것이다.

전이는 문제를 직접 해결하지 않고 다른 유형의 문제로 전환하여 해결하는 방법이다. 예를 들어, 두 사람의 여행자가 여행 중에 곰을 만났다고 할 때 어떤 방법으로 위기 상황에서 탈출 할 수 있을까? 곰으로부터 도망칠 수 있는 방법을 우선적으로 찾을 것이다. 그러나 인간이 곰보다 빨리 달릴 수 있는가? 이 문제는 동료보다 더 빨리 달리는 방법을 찾는 문제로 전환하여 해결할 수 있다.

회피는 문제를 회피하는 것을 말한다. 즉 상호 타협할 수 있는 상황을 만드는 방법이다. 회피는 주로 인간관계에 관한 문제의 대응에 많이 사용한다. 부부싸움은 어느 한 쪽이 싸움을 회피하면 싸움이 되지 않는다. 문제를 회피하는 경우에는 문제가 다시 노출될 가능성이 높으므로 좋은 해결방안이라고 할 수는 없다.

은폐란 말 그대로 문제를 숨기는 것이다. 시간이 지나면 자연스럽게 해결될 것으로 믿고 기다리는 것이다. 은폐는 비합리적인 대응방법으로 보일지는 모르지만 모르고 넘어가면 나중에 자연스럽게 해결되는 문제가 많다.

문제를 해결하는 방법에는 좌뇌적 방법과 우뇌적 방법이 있다. 좌뇌적인 방법은 논리와 이성을 사용해 문제를 해결하는 것으로 대부분의 상황에서는 이 방법이 합리적이다. 우뇌적 방법은 직관과 영감으로 문제를 해결하는 것으로 재현성과 논리성이 부족하다. 알렉산더의 매듭[6]과 같이 고도로 난해한 문제는 우뇌적 방법을 사용하는 것이 더 효과적 일 수도 있다.

네드 허만[7](Ned Hermann)은 인간의 두뇌를 그림 2.7과 같이 4등분하였다. A쪽 두뇌가 발달한 사람은 수학, 물리, 이론 등 분석을 요구하는 일에 능하고, B쪽 두뇌가 발달한 사람은 계획성이 있고 꼼꼼하며 정리정돈을 잘 한다. C쪽은 말솜씨와 언어감각이 뛰어나고 대인관계가 원만하며, D쪽은 호기심이 강하고 모험심이 풍부하며 남과 좀 다르게 엉뚱하거나 삐딱한 행동을 곧잘 한다고 한다.

6) 굉장히 어려운 문제나 일을 고르디우스의 매듭이라고 하며, 알렉산더는 고르디우스의 매듭을 단칼에 잘라 풀었다고 함.
7) Ned Hermann, The Creative Brain, Lake Lure: Brain Books, 1988

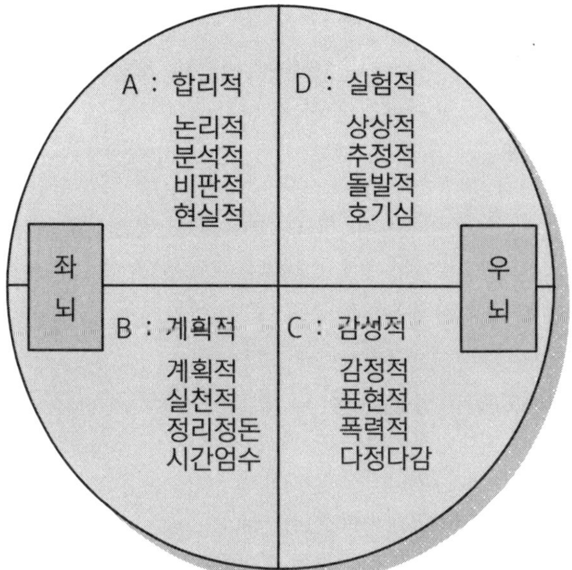

그림 2.7 좌뇌적 사고와 우뇌적 사고

조사에 의하면 공과대학 졸업생들은 대부분 A쪽의 두뇌가 불균형적으로 비대하게 개발되어 있다고 한다. 이것은 공과대학의 교과과정이 모두 A쪽 두뇌만 집중적으로 사용하도록 편성되어 있기 때문이라고 한다. 글로벌시대에 기술경쟁이나 서비스경쟁을 하려면 C와 D쪽 두뇌를 골고루 발전시켜야 한다[8].

2.5.2 케프너-트레고(KT)분석

케프너와 트레고[9](Charles Kepner and Benjamin Tregoe, 1981)는 다음의 4단계 문제해결방법을 개발하였다.

8) 조벽, 조벽교수의 명강의 노하우 & 노와이, 해냄, 2001.
9) Kepner, C.H. & Tregoe, B.B., The New Rational Manager, NJ:Princeton Univ. Press, 1981.

● 1단계 : **상황분석**(SA, Situation Analysis)

현 상황에서 가장 긴급하고 중요한 하위문제를 결정한다. KT상황분석은 다양한 시각과 수준에서 문제를 볼 수 있도록 한다. 상황분석은 수행해야 할 작업과 이들 작업의 수행 순서를 결정하는데 유용하다.

● 2단계 : **문제분석**(PA, Problem Analysis)

문제의 발생 원인을 결정한다(주어진 문제에 대해서 이미 존재하고 있는 원인을 탐색하므로 과거에 초점을 맞추는 것임).

● 3단계 : **결정분석**(DA, Decision Analysis)

문제를 수정하거나 문제의 원인을 제거하는데 필요한 활동들을 결정한다(현재 시점에서 문제에 대한 개선 방안의 개발에 초점을 맞춤).

● 4단계 : **잠재문제분석**(PPA, Potential Problem Analysis)

문제의 재발 -또는 혹은 새로운 문제의 발생- 을 예방하는데 필요한 활동을 결정한다(미래에 초점을 맞춤).

상황분석단계에서는 문제 상황을 다수 개의 하위문제로 분할하고, 발생 시기, 추세, 영향의 세 가지 기준을 사용하여 하위문제를 분석한다. 시기는 문제의 상대적 긴급성을 의미하며, 추세는 문제의 발전패턴을 나타내는데 사용된다. 영향은 문제로 인해 발생할 수 있는 부정적 결말의 예측치를 의미한다. 모든 하위문제에 대해서 시기, 추세, 영향의 세 가지 기준별로 상(H), 중(M), 하(L) 등급을 매긴다. 여기서 '상'은 최고등급의 중요성/긴급성, '중'은 중간등급의 중요성/긴급성, '하'는 낮은 등급의 중요성/긴급성을 갖고 있음을 의미한다.

상황분석은 고려해야 할 항목이 너무 많아 중요한 하위문제를 결정하기 어려운 경우에 사용한다. 평가기준별로 '상, 중, 하' 표시를 하고, 상으로 평가 받은 항목이 많은 하위문제를 우선적으로 해결해야 할 하위문제로 선정한다.

문제분석단계에서는 문제를 다음의 요소에 따라 구별한다.

- **무엇**이 문제인가(무엇은 문제가 아닌가?)
- **언제** 문제가 발생했는가(언제 문제가 발생하지 않았는가?)
- **어디서** 문제가 발생했는가(어디서 문제가 발생하지 않았는가?)
- 문제의 **크기**는 어느 정도인가(회수, 정도 등)

이 접근법은 문제 또는 하위문제와 관련된 질문을 하고 응답을 하는 방법으로 발생원인을 결정한다. 이 기법은 문제의 특성, 발생 시기, 발생 위치, 영향의 크기를 파악하는데 초점을 맞춘다. 또한 부정적인 질문(예, 문제가 아닌 것은 무엇인가? 문제가 발생하지 않은 때는 언제인가?)이 문제 발생원인 파악에 유용할 수도 있으므로 이를 고려한다.KT문제분석에서는 특정한 형태의 질문(무엇?, 어디?, 언제?, 누가?, 어떻게?, 왜?)을 사용한다. 표 2.17은 이를 요약한 것이다.

▶ 예 2.7 항공기 뾰루지

1980년 신형비행기에 탑승한 이스턴에어라인(Eastern Airlines) 객실승무원들에게 약 24시간 동안 지속되는 빨간 뾰루지가 발생하기 시작했다. 뾰루지는 승무원들의 팔, 얼굴 그리고 손에만 발생했다. 게다가 이러한 현상은 대양을 가로지르는 항로의 객실 승무원들에게만 발생하였다. 또한 각 항공편에 탑승한 승무원들의 일부만 감염되었고, 모든 항공편에서 동일한 수의 승무원들이 뾰루지에 걸렸다.

뾰루지에 걸렸던 객실승무원이 회복된 다음에 동일한 항로를 다니는 구형 비행기에 탑승한 경우에는 뾰루지가 나타나지 않았다.

객실승무원들은 이 미스터리한 질병에 때문에 걱정하게 되었고, 다수의 의사에게 문제의 원인을 찾아주도록 의뢰하였으나 소용이 없었다. 또한 산업위생학자로 하여금 비행기 객실을 조사하도록 하였으나 잘못된 점을 찾을 수 없었다.

위의 정보에 바탕을 두고 KT 문제분석 기법을 사용하여 표 2.18을 작성하고 뾰루지 발생의 원인을 밝혀보자.

표 2.17 KT문제분석에서 사용하는 질문

구분	긍정	부정
무엇 (What)	• 알려져 있는 것은 무엇인가? • 관측된 것은 무엇인가? • 제약조건은 무엇인가? • 중요한 것은 무엇인가? • 목적/목표는 무엇인가? • 예측할 수 있는 것은 무엇인가?	• 알려져 있지 않은 것은 무엇인가? • 관측되지 않은 것은 무엇인가? • 제약조건이 아닌 것은 무엇인가? • 중요하지 않은 것은 무엇인가? • 목적/목표가 아닌 것는 무엇인가? • 예측할 수 없는 것은 무엇인가?
언제 (When)	• 언제 문제가 발생하는가? • 언제 솔루션을 실행해야 하는가? • 언제 변화가 발생했는가? • 언제 계측기를 검교정했는가?	• 언제 문제가 발생하지 않는가? • 언제 솔루션을 실행하지 않아야 하는가? • 언제 변화가 발생하지 않았는가? • 언제 계측기를 검교정하지 않았는가?
누가 (Who)	• 누가 더 많은 정보를 제공할 수 있는가? • 누가 고객인가? • 누가 각 작업을 수행했는가? • 정보의 출처는 누구인가? • 문제에 의해 영향을 받는 사람은 누구인가?	• 누가 정보를 제공할 수 없는가? • 누가 고객이 아닌가? • 누가 작업을 수행하지 않았는가? • 누가 정보의 출처가 아닌가? • 문제에 의해 영향을 받지 않는 사람은 누구인가?
어디서 (Where)	• 어디서 문제가 발생하는가? • 입력원이 위치하고 있는 곳은 어디인가? • 장비가 위치하고 있는 곳은 어디인가? • 제품이 선적되는 곳은 어디인가? • 고객이 위치하고 있는 곳은 어디인가?	• 어디서 문제가 발생하지 않았는가? • 입력원이 위치하고 있지 않은 곳은 어디인가? • 장비가 위치하고 있지 않은 곳은 어디인가? • 제품이 선적되지 않는 곳은 어디인가? • 고객이 위치하고 있지 않은 곳은 어디인가?
왜 (Why)	• 문제가 중요한 이유는 무엇인가? • 솔루션이 동작하는 이유는 무엇인가? • 문제가 그곳에 있는 이유는 무엇인가?	• 문제가 중요하지 않은 이유는 무엇인가? • 솔루션이 동작하지 않는 이유는 무엇인가? • 문제가 그곳에 있지 않는 이유는 무엇인가?
어떻게 (How)	• 문제가 다른 문제와 어떻게 관련되어 있는가? • 어떻게 작업이 수행될 수 있는가? • 어떻게 문제가 발전되었는가?	• 문제가 다른 문제와 어떻게 관련되어 있지 않은가? • 어떻게 작업이 수행될 수 없는가? • 어떻게 문제가 발전되지 않았는가?

표 2.18 항공기 승무원 뾰루지에 대한 K-T문제분석

고려사항	긍정(is)	부정(is not)	차이점	가능한 원인
무엇(What)	뾰루지	다른 증상	피부	외부접촉
언제(When)	대양 상공 비행	육지 상공 비행	승무원의 업무절차	소재
어디서(Where)	신형 항공기	기존 항공기	소재, 디자인	소재, 디자인
범위(Extent)	일부 승무원 얼굴, 팔, 손	다른 승무원 신체의 다른 부위	승무원의 업무절차 노출된 피부	내외부 접속

위의 분석에 기초하여 다음의 결론을 얻을 수 있다.

- 뾰루지의 출처는 신형 비행기에서만 찾을 수 있는 소재와 관계가 있음이 틀림없다.
- 이들 새로운 소재는 일부(전체가 아님) 객실승무원들의 손, 팔, 얼굴에 닿았다.
- 이와 같은 선택적인 접촉은 대양 위를 비행하는 동안에만 수행하는 승무원들의 행동과 관계가 있다.

이와 같은 분석으로부터 뾰루지의 실제 원인이 구명조끼임을 찾을 수 있었다. 신형 비행기에 탑재한 수상안전장비는 새로운 소재로 제조되었으며, 대양 위를 비행하는 항로에서 선택된 일부 객실승무원들이 시연하였다.

연습문제

2.1 예 2.1의 내용을 기반으로 품질주택을 완성하시오.

2.2 귀하는 다음에 제시하는 소규모 점포를 운영하는 사장이다. 여러 가지 이유로 점포 운영이 점차 어려워지고 있다. 점포운영의 개선을 위해 고객서비스를 개선하고자 한다. 품질기능전개를 사용하여 개선해야 할 서비스를 파악하라.

분식점, 카페, 식당, 슈퍼마켓, 노래방, 호프집, 치킨집

2.3 다음의 제품들이 제공하는 주요 기능들을 파악하고, 각 기능들의 품질유형 특성을 카모모형에 따라 분류하라.

휴대폰, 디지털카메라, TV, 노트북

2.4 다음의 서비스업무에서 제공하는 주요 서비스들을 파악하고, 각 서비스들을 품질 유형특성을 카노모형에 따라 분류하라.

식당, 슈퍼마켓

2.5 귀하는 다음에 제시하는 소규모 점포를 운영하는 사장이다. 여러 가지 이유로 점포 운영이 점차 어려워지고 있다. 점포운영의 개선을 위해 고객서비스를 개선하고자 한다. 카노모형을 사용하여 우선적으로 제공할 서비스를 선택하라.

분식점, 카페, 식당, 슈퍼마켓, 노래방, 호프집, 치킨집

2.6 귀하의 진로설계를 위한 SWOT 분석을 하시오.

2.7 아래 제품 중의 하나에 대해서 세 개 이상의 문제를 제시하라.

- 토스터(toasters)
- CD 플레이어
- 차고 문 개폐기
- 진공청소기
- 러닝슈즈(running shoes)
- 자전거 헬멧
- 운동기구
- 책가방

2.8 문제에 대한 대응 방법인 삭제, 변경, 전이, 회피, 은폐 방법이 적합할 것으로 생각하는 문제를 하나씩 제시하라.

2.9 패밀리콤(Family-Comp) 컴퓨터가 처음 출시되었을 때 가정용으로 매우 인기가 있었다. 문서편집, 계산 등과 같은 제한된 기능만 제공했지만 이 컴퓨터는 매우 저렴하였다.

그렇지만 대부분의 가사 노동에서는 컴퓨터의 사용 필요성이 많지 않음을 깨닫게 되자 컴퓨터의 판매량이 감소하여 경영진은 제품의 인기가 감소하고 있다고 판단하게 되었다. 경영진에서는 패밀리콤이 시장에서 옛 명성을 되찾기 위해서는 새로운 전략을 고안해야 한다고 판단하였다.

고려할 수 있는 전략에는 무엇이 있는가? 이익을 얻기 위해서는 항상 비용이 든다. 예를 들어, 새로운 기능을 추가하면 인기가 올라갈 수 있다. 그러나 이 전략은 설계와 개발을 위한 추가적인 투자가 필요하고 컴퓨터의 소매가격을 증가시킬 것이다. 두 번째는 가사에 패밀리콤 컴퓨터가 필요하다고 고객을 설득하는 방법이 있을 수 있다. 이 경우에는 가정에서 컴퓨터를 활용하는 여러 가지의 방법을 강조하기 위해 막대한 비용을 들여 판촉활동을 해야 할 것이다. 그렇지만 이러한 노력이 실패할 수도 있다. 이 딜레마를 해결하기 위해 무엇을 할 수 있는가?

이 상황에서 던커다이어그램을 사용하여 가능한 해를 생성하라.

Chapter 3

창조성 자극기법

학습 목표

1. 브레인스토밍의 원칙과 절차를 알고 문제해결에 적용할 수 있다.
2. 유추발상법의 유형과 특성에 대해서 설명할 수 있다.
3. 바이오닉스를 활용한 예를 설명할 수 있다.
4. 아이디어 발상에서 창조성 자극질문을 활용할 수 있다.
5. 아이디어 발상에서 반전법을 적용할 수 있다.

3.1 브레인스토밍

3.1.1 브레인스토밍의 개요

브레인스토밍(brainstorming)은 두뇌폭풍이라는 의미로 참석자가 생각나는 대로 유쾌하게 아이디어를 발표하기 때문에 구성원의 두뇌는 여러 가지 즐거운 생각으로 폭풍이 일어나는 것과 같다고 하여 붙여진 이름이다. 브레인스토밍은 1940년대 미국의 광고회사 BBDO에서 시작되었다. 브레인스토밍의 개발자인 알렉스 오스본(Alex F. Osborn)은 BBDO광고회사의 창립자 중 한 사람이다. 초창기에는 '비판하지 않는다'라는 간단한 규칙으로 시작되었으나 시간이 경과하면서 좀 더 효율적으로 실행하기 위한 여러 가지 규칙이 만들어졌다.

브레인스토밍은 집단이 제한된 시간 동안에 문제를 해결하는 아이디어를 자유롭게 발상한다. 이 집단은 여러 분야의 전문지식과 배경을 갖고 있는 사람들로 구성한다. 예를 들어, 다양한 전공분야의 엔지니어, 관리자, 판매원, 보전원, 도매업자로 집단을 구성할 수 있다.

브레인스토밍에서 중요한 것은 주어진 시간 내에 가능한 많은 아이디어를 내도록 하는 것이다. 브레인스토밍 세션을 진행할 때에는 제안하는 아이디어의 질보다는 가능한 한 많은 개수의 아이디어를 제안하도록 해야 한다. 예를 들어, 100개의 아이디어가 제안되었고, 이들 아이디어를 발전시켜 몇 개의 가능성이 높은 콘셉트[10]를 개발할 수 있다면 성공적인 것이다. 브레인스토밍은 잘 정의된 최종의 설계솔루션이라기 보다는 추가적인 전개와 개선이 필요한 장래성이 있는 아이디어라는 점을 인식하는 것이 중요하다.

3.1.2 브레인스토밍의 원칙과 절차

브레인스토밍에는 반드시 지켜야 할 4가지 중요한 원칙이 있다.

상대방이 내는 아이디어에 대해서 결코 비판하지 않는다는 '비판금지의 원칙', 좋은 아이디어는 자유로운 분위기에서 나올 가능성이 높기 때문에 브레인스토밍을 할 때에

10) 콘셉트는 아이디어를 발전시킨 솔루션이다.

는 최대한 자유로운 분위기를 조성해야 한다는 '자유분방의 원칙', 아이디어의 질이 낮더라도 많은 양의 아이디어를 제시하는 것을 더 중요시 한다는 '질보다 양 우선 원칙', 브레인스토밍의 마무리 단계에서는 제안된 모든 아이디어를 종합해서 모든 구성원들이 이를 확인하고 부족한 아이디어를 개선하여 콘셉트로 발전시킨다는 '통합과 개선의 원칙'이 4가지 중요 원칙이다. 특히, 네번째 원칙을 지키지 않으면 회의를 마쳐도 성과가 없는 결과를 초래할 수 있으므로 회의진행자는 주의해야 한다. 브레인스토밍은 통상적으로 표 3.1의 절차에 따라 진행하는 것이 좋다.

효과적인 브레인스토밍을 하기 위해서는 다음에 주의해야 한다.

표 3.1 브레인스토밍의 절차

단계	주요내용 및 주의사항
1. 문제기술	• 모든 사람이 문제를 이해할 수 있도록 간결하게 문제를 기술한다. • 문제에 대해 제약을 많이 두지 않고 시작한다.
2. 아이디어 발상	• 30분 정도의 시간을 두고 문제를 해결할 아이디어를 각자 생각한다. • 브레인스토밍에 참가한 사람이 많으면 시간을 더 길게 잡을 수도 있다.
3. 아이디어 제시	• 모든 참가자가 자유스럽게 아이디어를 제시한다. • 모두가 아이디어를 제시하도록 격려하도록 해야 하며, 아이디어가 비록 비현실적이고 쓸모없어 보여도 결코 비평을 하지 않는다. • 제시된 모든 아이디어를 기록하도록 하고, 칠판이나 화이트보드에 정리하여 모두가 함께 보면서 공유할 수 있도록 한다.
4. 아이디어 선택	• 가장 좋은 아이디어 5개를 참가자 만장일치에 의해 선택한다.
5. 아이디어 평가	• 아이디어를 평가하기 위한 기준을 적는다(예, 비용, 생산성 등). • 각 아이디어에 대해서 평가기준별 점수를 부여하고, 종합점수를 산정한다.
6. 최종 아이디어 채택	• 종합점수가 가장 높은 아이디어를 문제해결 방안으로 채택한다. • 채택한 아이디어가 실현 불가능할 경우를 대비해서 좋은 아이디어로 선택된 모든 아이디어와 종합점수를 기록하여 보존한다.

첫째, 문제를 구체적으로 정의해야 한다. 문제를 포괄적이고 추상적으로 정의하면, 해결안도 마찬가지로 포괄적이고 추상적인 것이 된다. 그러므로 문제를 구체적으로 정의하여 참석한 모든 사람들이 모두 이해할 수 있도록 하고, 회의실 벽에 문제를 붙여 참석자가 수시로 볼 수 있도록 한다.

둘째, 브레인스토밍 세션의 시간 계획을 미리 세워야 한다. 무작정 시작해서 지칠 때까지 진행하는 것 보다는 미리 시간 계획을 세우고 필요한 경우에는 휴식 시간도 가지면서 모두가 즐겁게 참여할 수 있도록 하는 것이 좋다.

셋째, 참석자의 수와 구성에 주의해야 한다. 부서단위나 팀단위의 구성원인 경우에는 모두 참석하는 것이 바람직하지만 12명을 넘지 않는 것이 좋다. 물론 2명 정도의 적은 인원으로도 브레인스토밍을 할 수 있다. 또한 1~2명 정도의 외부의 전문가 또는 다른 부서의 인력을 팀에 포함시키는 것이 효과적일 수 있다. 외부인력을 포함시키는 경우에는 브레인스토밍에 참석하기 이전에 관련 자료를 미리 제공하여 준비할 수 있도록 하는 것이 좋다.

▶ 예 3.1 한 지점에서 다른 지점으로 사람을 수송하는 방법

1,000명의 사람을 창원시에서 거제시로 이동시키는 방법을 찾아보자. 몇몇 방법들은 즉시 떠오르지만 다른 방법들은 떠오르지 않는다. 브레인스토밍 세션을 통해 다음의 아이디어를 얻을 수 있다.

컨베이어 벨트 이용	(물이나 얼음에서) 스키 이용
큰 새총 이용	롤러 블레이드 이용
풍선 이용	바퀴를 붙인 스키 이용
로켓 이용	글라이더 이용
연 이용	말 이용
운반차 이용	내리막길에서 미끄러짐 이용
부표/물갈퀴 이용	기차 이용
승강기(hoist) 이용	사다리 이용

3.2 유추발상법

유추법은 다른 것으로부터 유추하여 아이디어를 얻고, 이를 기반으로 해를 찾는 방법이다. 구텐베르그(Gutenberg)는 와인프레스로부터 유추발상하여 인쇄용 프레스를 개발하였다.

3.2.1 유추의 유형

아이디어 발상에 사용하는 유추에는 직접유추, 상상유추, 상징유추, 의인화유추의 네 가지 유형이 있다.

● 직접유추(direct analogy)

현재의 문제가 이미 해결했던 유사한 문제와 직접적으로 관련시켜 유추하는 방법이다. 내구성이 우수한 새 신발을 개발해야 한다고 하자. 우선 내구성이 강한 재료들 중에서 한 가지를 선택하고 내구성을 증가시키기로 한다. 다음에는 신발 문제와 자동차 타이어(자동차의 신발) 간의 직접적인 유사성을 유추한다. 그리고 타이어의 트레드패턴(tread patterns)을 사용하여 마찰의 영향을 줄임으로써 내구성을 향상시켰다는 것을 발견하고, 신발 설계에 이들 패턴을 적용한다.

▶ 예 3.2 우주정거장과 인공위성

미항공우주국(NASA)는 60마일의 긴 와이어로 우주정거장에 매달려 있는 인공위성을 감아서 잡아당기는 방법을 개발해야 했다. 문제는 와이어를 감으면 인공위성이 진자처럼 우주를 앞뒤로 호를 그리는 움직임이 발생하므로 이를 방지해야 하는 것이었다. 토마스 케인(Thomas Kane)은 요요의 움직임에서 유추하여 해결방안을 제안했다. 우주 정거장이 인공위성을 감아서 끌어당기는 대신에 인공위성에 전기모터를 부착하여 인공위성이 우주정거장의 사슬을 기어 올라가도록 했다.

● 상상유추(fantasy analogy)

쉽게 해결할 수 없는 문제에 직면했을 경우에는 해가 이미 존재한다고 상상한다.

전자기기 제조업자가 새로운 제품을 개발하고 있었다. 설계과정에서 "전자부품을 시스템의 회로기판에 안전하게 연결하기 위해서는 특수한 땜납이 필요하다"는 것을 발견했다(즉, 표준땜납은 사용할 수 없다).5. 부사+형용사

특수 땜납을 개발하기 위해 상당한 노력을 투입하였으나 개발에 성공하지 못했다. 이때 한 엔지니어가 스트라튬(stratium)으로 알려진 특수 땜납을 시스템에 사용할 것을 제안하였다. 나머지 엔지니어들(지금 좌절감을 느끼고 있는 상태임)은 이 제안에 동의하였고, 설계팀은 시스템의 다른 부분의 설계를 진행했다. 설계를 완성한 후에 표준땜납을 사용해도 문제가 없다는 결론을 얻었다. 그 후 처음 스트라튬의 사용을 제안했던 엔지니어에게 질문을 하였다. "스트라튬이 무엇인가? 우리는 그것에 대해 들어본 적이 없어." 그 엔지니어는 스트라튬이라는 것은 없다고 대답하였다. 그는 단지 설계팀이 계속해서 설계를 진행하도록 하기 위해 제안한 것일 뿐이라고 했다. 스트라튬이라는 땜납이 있다는 것을 상상함으로써 특수 땜납의 개발이라는 해결하기 어려운 하위문제에 매달리지 않고 설계의 나머지 부분의 해결을 위해 작업을 진행할 수 있었다. 이와 같이 설계과정에서 해결하지 못했던 하위문제가 최종 설계안에서는 해결할 필요가 없게 되는 경우가 자주 있다.

● 상징유추(symbolic analogy)

쉽게 풀리지 않는 문제에 직면했을 때, 아이디어를 생성하기 위해 시적이거나 문학적인 유추를 사용한다(예, 은유나 직유).

새로운 접착제를 개발하고 있다고 하고, '따개비(조개의 일종)처럼 달라붙은'과 같은 시구를 생각한다. 이 어귀는 매우 효과적인 방법으로 바위나 큰 배위에 찰싹 달라붙어 있는 따개비의 접착방식에 초점을 맞추도록 할 수 있다. 즉, 바이오닉스 접근법으로 유도한다.

따개비가 사용하는 접착제는 물속에서 단단해지고, 반용융상태에 있다. 즉, 따개비를 떼려고 힘을 가하면 접착본드는 더 강해진다. 힘이 가해지지 않으면 접착본드는 약해진다. 이와 유사하게 동적으로 작용하는 상용 접착제는 매우 유용할 것이다.

● 의인화유추(personal analogy)

문제를 다른 관점에서 보기 위해서 자신이 시스템의 한 부분이라고 상상한다.

내구성이 더 강한 USB메모리를 설계하고 있다고 할 때, 자기 자신을 여러 유형의 손상(예, 책가방 속, 바닥에 떨어짐, 책상아래 분실, 물속)의 상황에 직면하게 되는 USB 메모리라고 상상한다. 이렇게 하여 USB메모리를 이러한 위해로부터 보호하기 위해 극복해야 할 위험요소(예, 갑작스러운 충격에 의한 손상, 먼지·습기·그을음에 의한 손상)를 확인 할 수 있다.

▶ **예 3.3 신형 샴푸개발**

질레트(Gillette)사는 의인화유추기법을 사용하여 새로운 샴푸제품을 개발하였다. 질레트팀의 구성원들은 스스로가 사람의 머리카락이 되어, 헤어드라이, 잦은 머리감기, 먼지 등에 대해서 상상했다. 그 결과 다양한 고객요구목록을 만들었으며 머리카락의 다양한 유형을 관리할 수 있는 새로운 샴푸(실킨스, Silkience)를 개발했다.

3.2.2 바이오닉스

기술문제의 해결에 특히 성공적이었던 방법 중 하나가 바이오닉스(bionics)이다. 바이오닉스는 자연 속에서 아이디어를 찾아 문제해결에 원용한다. 자연 세계는 매우 효과적이고 훌륭한 방법으로 기능을 수행하는 경이적인 작품들로 가득 차 있다

표 3.2는 자연현상을 원용하여 개발한 기술개념과 제품의 예를 나타낸 것이다.

▶ **예 3.4 프링글스 감자칩**

감자칩은 매장의 진열공간을 많이 차지한다. 잘 부서지기 때문에 진공포장을 할 수 밖에 없다. 이 문제에 대한 솔루션을 프링글스 감자칩 제조업자가 개발했다. 나뭇잎은 마르면 쉽게 부서지지만 습기를 머금고 있는 동안에 누르면 납작하고 조밀한 상태로

표 3.2 자연 현상을 원용한 기술개념과 제품 예

자연현상	기술개념/제품
• 오리의 깃털 오일(feather oil of ducks)	• 수절제(anti wetting agent)
• 대나무, 뼈	• 관 형태의 구조체(tubular structures)
• 뼈에 붙어있는 근육	• 지렛대, 지렛목
• 문짝거미(trap or spider)	• 문, 경첩
• 파리지옥풀(venus's-flytrap)	• 방아쇠메커니즘(trigger mechanism)
• 피부에서의 증발	• 냉각
• 오징어 수관(squid siphon)	• 제트추진
• 심장	• 압착 펌프
• 조류의 발	• 접이식 랜딩 기어, 자동 걸쇠
• 벌의 눈	• 비행기 고도 및 대지속도 지시계
• 마사사우가 방울뱀(massasauga rattlesnake)	• 열센서
• 인간의 뇌	• 인공신경망
• 벌집	• 저장용기

유지할 수 있다. 감자칩도 습기가 있을 때 통에 채워 넣으면, 함께 내리 눌러져서 더 조밀하고 공간 효율적인 포장이 될 수 있다.

▶ 예 3.5 벨크로(velcro)

바이오닉스가 성공적인 설계로 이끌었던 아주 고전적인 예는 메스트랄(Georges de Mestral)의 벨크로(velcro) 개발이다. 1948년 메스트랄은 우엉(cocklebur)이 그의 옷과 개에게 붙어 있는 것으로부터 호기심을 가지게 되었다. (그는 개를 데리고 스위스 알프스산맥에서 사냥을 하고 있었다.) 그는 우엉의 가시 돋친 껍질이 갖고 있는 수백 개의 작은 갈고리가 다른 물체에 붙을 수 있도록 한다는 것을 발견하였다.

메스트랄은 인공으로 두 물체를 부착하는 방법의 개발에 착수하였다. 우엉의 모양을 본떠서 서로 다른 유형으로 짠 나일론 직물조각을 만들었다. 수천개의 작은 갈고리가 박힌 직물조각과 수천 개의 작은 고리가 박힌 직물조각을 함께 누르면 두 직물조각이 서로 얽혀 두 조각이 단단하게 부착되었다. 바이오닉스를 통해 메스트랄은 새롭고도 매우 효과적인 임시 잠금장치인 벨크로를 만들었다.

3.3 다른 아이디어발상 방법

3.3.1 체크리스팅

체크리스팅(checklisting)은 창조적 사고를 촉발하는 단어나 질문을 사용한다.

창조성 촉발 단어나 질문은 기존의 제품, 아이디어, 시스템(브레인스토밍이나 바이오닉를 통해 생성된 것들)의 변경에 초점을 맞춘다. 양(예, 증가, 감소), 순서(역순, 계층화), 시간(빠르게, 동기화), 상태(강성, 연성) 또는 상대 운동이나 구성품들의

표 3.3 창조성 촉발질문

창조성 촉발 질문의 예	
• 여기에 무슨 문제가 있을까? • 이것과 유사한 것이 뭐가 있을까? • 이것은 왜 필요할까? • 무엇을 제거할 수 있을까? • 어떤 재료를 사용할 수 있을까? • 조립을 개선할 수 없을까? • 부품 중에 필요 없는 것이 있을까? • 안전할까?	• 무엇이 실패하게 했을까? • 비효율적으로 만드는 것이 무엇일까? • 비싸게 만드는 것은 무엇이지? • 누가 그것을 사용하고 작동시킬까? • 다른 용도는 없을까? • 없는 것이 무엇일까? • 잘 못 사용된 것이 없을까?

표 3.4 체크리스팅의 창조성 촉발 단어

창조성 촉발 단어의 예				
가속하다	차게하다	경화시키다	낮게하다	부드럽게하다
붙이다	구부리다	열을 주다	갱신하다	응고시키다
변경하다	깊게하다	증가하	반발하다	계층화하다
움직임을 주다	파괴하다	영향을 미치다	역으로 하다	강화시키다
끌다	향하게 하다	교환하다	회전하다	잡아당기다
저렴하게 하다	늘이다	뒤섞다	거칠게 하다	대체하다
결합하다	에워싸다	줄이다	짧게 하다	빼다
응축하다	전류(압) 통하다	들어 올리다	늦추다	얇게 하다
수렴하다	(혼합물을)분별하다	밝게 하다	부드럽게 하다	넓게 하다

표 3.5 창조성 촉발 단어의 분류

구분	단어
양의 변화	증가하다, 줄이다, 길게 하다, 짧게 하다, 깊게 하다, 결합하다, 붙이다, 조립하다, (혼합물을)분별하다 예 : 보청기, 휴대용 손전등
순서의 변화	역으로 하다, 계층화 하다, 배열하다. 예 : 후륜 구동 자동차, 가역벨트, 합판
시간의 변화	빠르게 하다, 느리게 하다, 견디다, 갱신하다, 동기화하다. 예 : 충전지, 자동적으로 태엽이 감기는 시계
상태의 변화	경화시키다, 부드럽게 하다, 늘이다, 휘게 하다, 거칠게 하다, 부드러운, 열을 주다, 차게 하다, 응고시키다, 액화시키다, 증발하다, 분쇄하다, 매끄럽게 하다, 습기를 가하다, 말리다. 예 : 수질 개선기, 계란분, 식품의 농축
상대 운동/위치의 변화	척력, 인력, 낮게 하는, 회전시키다, 진동하다. 예 : 인쇄기, 벨크로

위치(인력, 척력) 등의 변경에 초점을 맞춘다. 표 3.3, 표 3.4는 각각 창조성을 자극하는데 사용할 수 있는 질문과 단어의 목록을 나타낸 것이다. 표 3.5는 이들 단어를 유형별로 분류한 것이다.

3.3.2 새로운 견해 얻기

새로운 견해를 얻기 위해 설계팀원이 아닌 다른 사람에게 문제를 설명하기만 하면 되는 것으로 매우 간단한 방법이지만 효과적이다. 설명을 들은 사람은 아마도 새로운 통찰력이나 새로운 견해를 재공해 줄 수 있을 것이다. 또한 문제를 설명하는 과정을 통해 설계목표를 더 명확하게 이해하게 된다.

▶ 예 3.6 외측 엘리베이터

캘리포니아 남부에 있는 어떤 호텔의 경영진은 심각한 문제에 봉착하여 있었다. 호텔의 엘리베이터를 이용하는 손님이 많아 호텔로비가 번잡해지는 문제가 발생하고 있었다. 어떻게 해서든지 엘리베이터의 수용량은 증가시켜야 했다. 그러나 엘리베이터를 추가 설치하기 위해서는 호텔의 객실을 줄여야 하고, 이에 따라 수입이 감소되게 되어있었다.

경영진이 이 문제에 대해 논의하고 있을 때, 도어맨이 그것을 엿듣게 되었다. 도어맨은 그들에게 건물의 바깥쪽에 엘리베이터를 설치할 수 있다면 객실을 줄이지 않아도 되지 않느냐고 의견을 말했다. 여행자에게 아름다운 조망을 주기 위해 유리로 엘리베이터 벽을 만들 것을 제안하였다. 도어맨은 경영진에게 완전히 다른 사고의 틀을 제공했다. 이 호텔의 외측 엘리베이터 설치를 계기로 경제성과 더불어 풍취도 있는 외측 엘리베이터의 유행을 일으켰다.

3.3.3 반전법

반전법은 역으로 발상하는 방법이다. 제품이나 시스템을 효과적으로 만드는 방법 대신에 덜 효과적으로 만드는 방법을 찾도록 한다. 그런 후에 제안된 아이디어를 거꾸로 하여 개선 방안을 찾는다. 예를 들어, 에너지를 절약하는 25가지 방법을 생각하는 것은 매우 어렵다. 반면에 에너지를 낭비할 수 있는 25가지 방법을 생각하는 것은 쉬울 수 있다. 이렇게 하여 얻은 아이디어 중의 일부를 거꾸로 하여 에너지 절약을 위한 개선 방안으로 사용한다.

▶ 예 3.7 현금자판기

브루스 디울슨(Bruce DeWoolfson)은 돈과 음료수 캔을 교환하는 음료자동판매기를 재활용 용기를 회수하는 역할을 하는 현금자판기를 개발하였다. 현금자판기는 사용자가 캔이나 병을 집어넣으면 현금(또는 카운터에서 현금으로 교환할 수 있는 영수증)을 돌려주는 편리한 재활용 시스템이다.

연습문제

3.1 3명을 하나의 팀으로 구성하고, 브레인스토밍을 사용하여 30분 내에 어떤 문제를 해결하는 25개의 방법을 생성하라.

3.2 어떤 제품을 개선할 수 있는 10가지 방법을 반전법을 사용하여 개발하라. 귀하가 최종적으로 수선하는 개선안 목록을 '제품을 덜 효과적으로 만들 수 있는 방법'들의 목록과 함께 제출하라.

3.3 귀하의 집이나 아파트에 수 주 동안 단수가 된다면 어떻게 될까? 귀하의 일상생활에서 발생할 수 있는 영향-부정적 영향과 긍정적 영향 모두-을 열거하라. 이 사건으로 인해 발생하는 어려운 문제들을 극복하는 방법을 설계하라.

3.4 도시의 거리에 자동차를 비롯한 다른 탈 것의 통행을 금지하면 어떻게 될까? 이 경우에 발생할 수 있는 세 가지 문제를 찾아라. 이 장에서 논의한 창조성 기법 중의 하나를 사용하여 이들 문제 각각에 대한 세 개의 설계솔루션 콘셉트를 생성하라(총 9개의 콘셉트).

3.5 사람이 살지 않는 섬에 거주하고 있는 누군가와 의사소통을 해야 한다면 어떻게 해야 할까? 섬의 위치는 알고 있으나 그곳으로 갈 수는 없다. 의사소통을 할 수 있는 세 가지 다른 방법을 설계하라.

3.6 귀하가 모래 폭풍을 뚫고 운전하고 있다면 어떻게 될까? 흙먼지가 너무 두터워 앞을 볼 수 없지만 목적지로 향해 전방으로 계속 나아가야 한다. 귀하의 여행을 계속하는 방법을 설계하라.

Chapter 4

창조문제해결이론 : TRIZ

학습 목표

1. 트리즈의 창시자 알츠슐러의 주요 발견을 설명할 수 있다.
2. 발명을 5수준으로 분류하여 설명할 수 있다.
3. 트리즈의 핵심개념인 기능모형과 분석, 자원, 이상성, 모순, 기술시스템진화의 의미를 설녕할 수 있다.
4. 전통트리즈기법들을 나열할 수 있다.
5. 트리즈 문제해결프로세스를 설명할 수 있다.

4.1 트리즈의 탄생과 발전

4.1.1 트리즈의 의미와 사고의 틀

TRIZ는 구소련의 알츠슐러(Genrich S. Altshuller)가 창시한 문제해결방법으로 '발명적으로 문제를 해결하기 위한 이론'을 의미하는 러시아어의 머리글자이다.

이 머리글자 ТРИЗ(Теория(쩨오리아, 이론), Решения(레셰니아, 해결), Изобретательских(이조브레따쩰스키흐, 발명), Задач(자다취, 문제)를 영어로 읽으면 TRIZ가 된다. 미국에서는 'Theory of Inventive Problem Solving' 으로 번역하고 머리글자를 따서 TIPS라 부르는 경우도 있지만 일반적으로 TRIZ를 사용하고 있다. 알츠슐러는 구소련 해군의 특허심의관으로 근무하고 있는 동안 수십만 건의 특허예를 분석하는 과정에서 '개개의 발명의 밑바탕에는 일정의 패턴이 있다'는 것을 발견하였다.

알츠슐러의 주요발견은 '(1) 특허는 문제의 혁신적 해결안이며, 이들 문제에는 1개 이상의 모순이 반드시 포함되어 있다; (2) 문제해결의 혁신 수준은 독창성의 수준에 따라 5수준으로 분류할 수 있다; (3) 본질적으로 동일한 해결안이 오랜 기간 개별적으로 반복 활동되어 왔다; (4) 기술시스템은 S자형 곡선에 따라 발전한다.'라는 '트리즈의 기본적 사고의 틀'이다. 표 4.1은 알츠슐러의 주요 발견을 설명한 것이다.

알츠슐러는 연구를 종료한 1980년대 중반까지 약 40년에 걸쳐서 트리즈 연구를 주도하였다. 1980년대의 중반 이후에도 동료와 제자들이 러시아 이외에 미국, 일본, 유럽의 특허사례도 분석하여 지금까지 약 250만 건의 특허사례가 분석된 것으로 알려져 있다. 1990년 전후에 시작된 구소련의 개방정책은 많은 트리즈전문가가 트리즈컨설턴트나 트리즈연구자로서 활약하는 계기가 되었다. 이때 미국으로 이주한 트리즈 전문가가 미국에 트리즈를 소개하여 오늘에 이르고 있다. 국내에는 1996년경에 소개되어 현재에 이르고 있다.

트리즈는 알츠슐러가 중심이 되어 트리즈기법을 개발한 시대(1946~1980년대 중반)와 알츠슐러의 동료가 중심이 되어 트리즈의 역동성을 추구하고 있는 현재(1980년대 중반~현재)의 2시대에 걸쳐서 개발된 기법이다.

표 4.1 알츠슐러의 주요 발견

번호	항목	내 용
1	혁신적 문제의 정의	• 특허사례는 혁신적 문제의 해결안이다. • 혁신적 문제에는 1개 이상의 모순이 반드시 포함되어 있다. • 해결안에는 미지의 방법이나 수단이 포함된다.
2	혁신의 의미와 혁신도 등급	• 혁신적 문제의 해결안은 문제가 포함하고 있는 모순을 타협(tradeoff)하지 않고 해결하는 것이다 • 혁신적 문제의 해결안의 혁신도 수준은 독창성의 수준에 따라 5가지로 분류할 수 있다(4수준 이하의 문제가 트리즈로 해결가능하며, 전체 문제의 97~99%가 이에 해당함).
3	혁신적 문제의 발생 패턴	• 혁신적 문제는 여러 분야에서 발생하여 본질적으로 동일한 모순을 포함하고 있는 경우가 많다. • 본질적으로 동일한 해결안이 독립적으로 반복 활용되는 경우가 많다
4	기술시스템진화 패턴	• 기술시스템은 S자형 곡선이론에 따라 진화한다. • 기술시스템 진화패턴은 여러 관점으로 파악할 수 있다.

1980년대 중반 이전에 개발된 트리즈기법들을 '전통트리즈(Classical TRIZ)'라 부르고 있으며, 트리즈컨설팅회사(Ideation International사와 Invention Machine사 등)가 개발한 트리즈 S/W를 활용한 문제해결방법론들을 '현대트리즈(Contemporary TRIZ)'라 부르기도 한다. 현대트리즈는 가치공학(VE, value engineering), 품질관리(QC, quality control), 식스시그마(six sigma)와 같은 다른 관리기법과 연관이 많기 때문에 VE와 QC전문가들이 많은 관심을 가지고 있다.

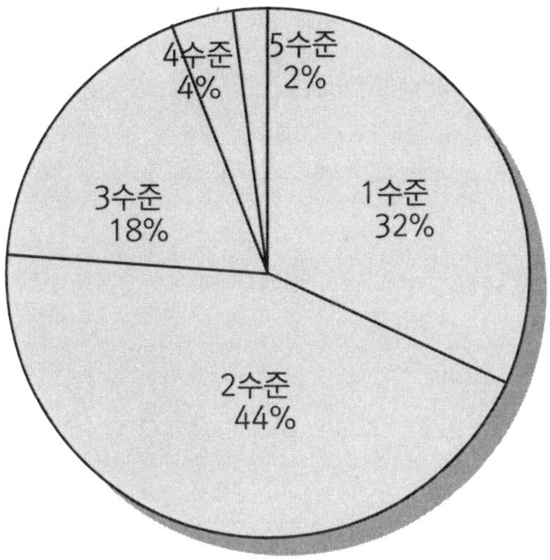

그림 4.1 발명수준별 비율

4.1.2 발명의 등급

알츠슐러는 혁신의 수준을 개인적인 지식으로 해결할 수 있는 1수준에서부터 과학적 법칙의 발견에 대응하는 5수준으로 구분하였다. 그림 4.1은 발명수준별 비율을 나타낸 것으로 수준1과 수준2의 비율이 전체의 87%를 차지하며, 수준3과 수준4의 비율은 전체의 22%를 차지하고 있다. 또한 수준5의 발명은 전체발명의 1% 정도이다.

● 수준1 : 명백하거나 틀에 박힌 해

전문분야에서 잘 알려진 방법을 사용한 솔루션. 수준1의 발명은 특허발명의 32%를 차지한다. 단 몇 번의 시행을 통해 찾을 수 있는 해결방안이다. 수준1의 발명은 발명이라기보다는 기존 방법을 약간 확장하거나 기존 시스템을 개선한 것이다. 또한 발명에 따른 시스템의 획기적인 개신은 없다. 대개 몇 개의 품질특성이 향상되거나 강화된다. 단열을 향상시키기 하기 위해서 벽의 두께를 증가시키는 것이나 설상차(snowmobile)의 안정성을 높이기 위해 앞쪽 스키 사이의 간격을 넓게 하는 것 등이 수준1에 해당하는 발명이다. 이들 해결방안은 좋은 설계이기는 하기만 모순을 파악하고 해결하지는 않는다.

● 수준2 : 시스템 내의 비본질적인 작은 발명

얼마간의 타협으로 기존 시스템의 개선. 수준2의 발명은 시스템이 갖고 있는 고유모순을 감소시켜 기존 시스템을 개선하는 것으로 일정 수준의 타협을 요구한다. 이런 유형의 해결방안은 발명의 45%를 차지한다. 수준2의 발명은 대개 수백 번의 시행착오를 통해 찾으며, 한 분야의 기술 지식을 요구한다. 기존 시스템의 변경이 있으며, 모순의 일부를 개선하는 새로운 품질특성이 추가된다.

설상차의 주행구동(track drive)부와 차체 사이에 완충시스템(suspension system)을 부가하는 것이 수준2의 발명이다. 운전사의 체형에 따라 자동차의 운전을 편하게 할 수 있도록 조정가능 스티어링컬럼(adjustable steering column)을 사용하는 것이 수준2의 발명이다.

● 수준3 : 기술체계 내의 본질적인 발명

기존 시스템의 본질적인 개선. 수준3의 발명은 기존 시스템을 획기적으로 개선하는 것으로 특허의 18%를 차지한다. 이 수준에서는 기존 시스템이 갖고 있던 발명모순을 완전히 새로운 요소의 도입으로 해결한다. 이런 유형의 솔루션은 수백 개의 아이디어들을 시험하여 얻는다.

자동차의 트랜스미션을 자동트랜스미션으로 교체하는 것이나 전기드릴에 클러치 드라이브를 장착하는 것이 수준3의 발명이다. 이들 발명은 대개 다른 산업분야에 없어서는 안 되는 기술이지만 발명문제가 발생하는 산업 분야에서는 잘 알려져 있지 않은 기술을 활용한다. 수준3의 해결방안은 해당 산업 분야에서 패러다임의 이동(paradigm shift)을 일으킨다. 수준3의 발명은 아이디어와 원리를 산업영역 밖에서 찾는다.

● 수준4 : 기술체계 밖의 발명

기술이 아닌 과학을 사용하는 새로운 설계. 수준4의 발명은 기술이 아닌 과학에서 해결방안을 찾는다. 이와 같은 유형의 새로운 발견은 발명의 약 4%를 차지한다. 이들 솔루션을 위해서는 대개 수 만 번의 랜덤 시행(random trials)을 요구한다. 수준4 발명은 대개 기술의 정상적인 패러다임 밖에 있으며, 근본적인 기능에 대해서 완전히 다른 원리를 사용한다. 수준4의 새로운 시스템에서는 기존 모순의 존재 자체가 불가능하므로 제거된다. 수준4의 발명애서는 사실상 알려져 있지 않았던 물리적 효과와 현상을 사용한다.

열기억소재(형상기억금속)를 사용한 열쇠고리가 대표적인 예이다. 열쇠고리에 열쇠를 끼우고 빼기 위해서 힘을 가하는 대신에 뜨거운 물에 고리를 넣는다. 그러면 형상을 기억하고 있는 금속이 열쇠를 끼우기 쉽도록 개방된다. 상온에서 고리는 다시 닫히게 된다.

- **수준5 : 발견**

중요한 발견이나 새로운 과학. 수준5의 발명은 동시대의 과학지식의 한계 밖에 존재한다. 이와 같은 선구적인 과업은 발명의 1% 이하이다. 이와 같은 발견은 수만개의 아이디어를 조사하기 위해서 일생을 바치는 것을 요구한다. 이런 유형의 해결방안은 새로운 현상을 발견하고 이를 발명 문제에 적용할 때 개발된다.

레이저나 트랜지스터와 같은 수준5의 발명은 새로운 시스템과 산업을 생성한다. 일단 수준5의 발견이 알려지면 후속의 응용이나 발명이 수준1에서 수준4에서 발생한다. 레이저는 1960년대의 혁신적 기술이었다. 오늘날 레이저는 프레젠테이션에서 사용하는 포인터와 측량사들의 측량기구로 일상적으로 사용되고 있다.

4.2 트리즈의 핵심개념

트리즈를 구성하는 주 기둥은 기능모형분석, 이상성, 모순, 자원의 사용, 진화의 5개 요소라 할 수 있다. 이 절에서는 이늘 5개 요소에 내해서 소개힌디.

4.2.1 기능모형과 기능분석

기능은 제품이나 서비스에 의해 수행되는 특징적인 활동이다. 일반적으로 제품이나 서비스는 다수 개의 기능을 제공하도록 되어 있다. 예를 들어, 자동차는 탑승자를 A위치에서 B위치로 이동, 안락한 승차환경, 에어컨, 음악 등의 기능을 제공한다.

기능 중에서 가장 중요한 기능을 주기능(main function)이라 한다. 주기능은 제품이나 서비스가 수행하는 가장 기본적인 목적이나 활동이다. 주기능을 제공하는 방법이나 설계는 다를 수 있으나 주기능은 반드시 존재해야 하는 기능이다. 자동차는 사람이나 물품을 A장소에서 B장소로 이동시키는 것이 주기능이다.

주기능 외에 보조기능(secondary function)이라 부르는 유용한 기능들이 있다. 보조기능은 다음과 같이 분류한다.

1. 기본보조기능(Secondary basic function) : 주기능은 아니지만 사용자가 꼭 필요한 것으로 요구하는 기능이 있다. 안락한 승차 환경은 주기능은 아니지만 반드시 있어야 할 자동차의 기능이다. 이러한 기능을 기본보조기능이라 한다. 카노모형의 당연품질요소가 여기에 해당한다.

2. 유익보조기능(Beneficial function) : 고객에게 귀중한 가치, 안락함 등을 제공하는 기능이 있다. 자동차의 도장은 기본적인 기능이기도 하고, 그렇지 않은 기능이기도 하다. 도장은 자동차의 맵시를 창조할 뿐만 아니라 부식과 녹을 방지하는 기능을 한다.

유용한 보조기능 외에 두 가지 유형의 기능이 있다.

1) **지원기능(Supporting function)** : 이 기능은 주기능이나 다른 유용한 기능을 지원하는 기능이다. 지원기능은 주기능이나 다른 유용한 기능을 달성하는데 필요한 기능이다. 주기능이나 다른 유용한 기능을 달성하는 방법이 바뀌면 지원기능도 따라서 바뀔 수 있다. 지원기능에는 두 가지 유형이 있다.

- ***도움기능(Assisting functions)*** : 도움기능은 다른 유용기능을 도와주는 기능을 한다. 예를 들어, 엔진현가장치(engine suspension system)는 엔진을 고정시켜 엔진이 자동차에서 떨어지지 않고 동력을 공급하는 기능을 한다.

- ***중화기능(Correcting functions)*** : 중화기능은 다른 유용한 기능의 부정적인 영향을 중화하는 기능을 한다. 예를 들어, 자동차의 내부 연소엔진에 있는 순환펌프의 주

기능은 엔진을 냉각하기 위해서 물을 순환시키는 것으로 엔진에 대한 중화기능을 한다. 엔진의 주기능은 자동차에 동력을 공급하는 것이지만 내부연소엔진은 부정적인 영향인 열을 생성한다. 자동차의 동력 공급원으로 전력을 사용하도록 설계를 변경하면 순환펌프는 더 이상 필요 없을 것이다.

2) **유해기능(Harmful function)** : 유용한 기능을 달성하기 위해 사용한 방법으로 인해 발생한 원하지 않은 부정적 기능이다. 내부연소엔진은 동력을 공급할 뿐만 아니라 소음, 열, 오염물질을 생성한다. 이들이 유해기능이다.

● 기능진술(Functional Statement)

기능은 '주어+목적어+동사'의 문장 형식으로 완전하게 기술할 수 있다. 예를 들어, 자동차의 주기능은 다음과 같이 기술할 수 있다.

자동차는	사람을	이동시킨다
(주어)	(목적어)	(동사)

칫솔의 주기능은 다음과 같이 기술할 수 있다.

칫솔은	이를	닦는다
(주어)	(목적어)	(동사)

● 기능분석다이어그램(Functional Analysis Diagram)

기능분석다이어그램은 기능을 진술하고 분석하는데 사용하는 그래픽도구이다. 기능분석다이어그램의 전형적인 양식은 다음과 같다.

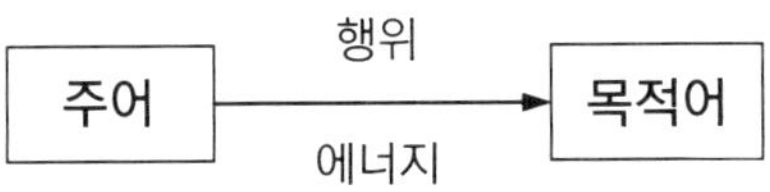

그림 4.2 기능분석다이어그램

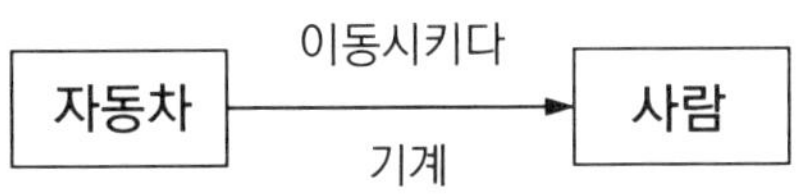

그림 4.3 기능분석 다이어그램 : 자동차

표 4.2 행위의 유형과 기호

행위의 유형	표시 기호
정상의 유용 행위	
불충분한 유용 행위	
과도한 유용 행위	
유해 행위	

주어는 행위의 주체이고, 목적어는 행위를 받는 대상이다. 행위는 기능진술문의 동사로써 화살표로 표현한다. 기술시스템에서 행위는 기계에너지, 전기에너지, 화학에너지와 같은 특정 유형의 에너지를 동반한다. 예를 들어, "자동차"는 다음과 같은 기능분석다이어그램을 기술할 수 있다. 이 다이어그램에서 "기계"는 기계에너지를 나타낸다. 즉, 자동차가 이동하는 것은 기계에너지의 한 종류인 힘을 적용한다.

행위는 유용행위와 유해행위가 있다. 유용행위는 정상수준, 불충분한 수준, 과도한 수준의 행위로 구분하여 나타낼 수 있다. 표 4.2는 행위의 유형과 기능분석다이어그램에 사용하는 기호를 나타낸 것이다.

▶ 예 4.1 칫솔

칫솔을 올바르게 사용하면 치아가 깨끗하게 되므로 치아를 닦는 행위는 정상의 유용 행위이므로 다음과 같이 기능분석다이어그램으로 나타낼 수 있다.

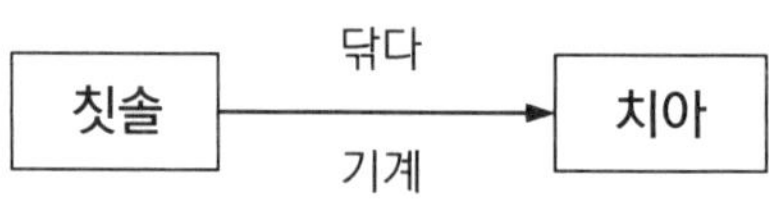

4.4 정상칫솔

그러나 칫솔질을 충분히 오래하지 않거나 망가진 칫솔로 하는 경우에는 치아가 완전히 닦이지 않으므로 불충분한 유용행위가 된다. 이를 다이어그램으로 나타내면 다음과 같다.

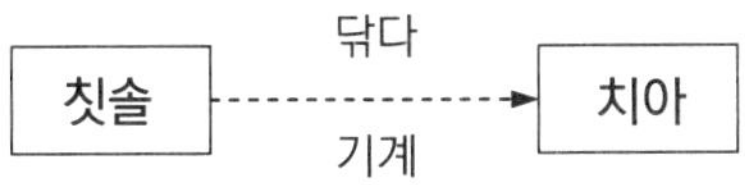

그림 4.5 망가진 칫솔

만일 매우 거친 칫솔을 사용하여 매우 세게 칫솔질을 한다면, 잇몸과 치아가 다치게 될 것이다. 이 상황을 다이어그램으로 표현하면 다음과 같이 된다.

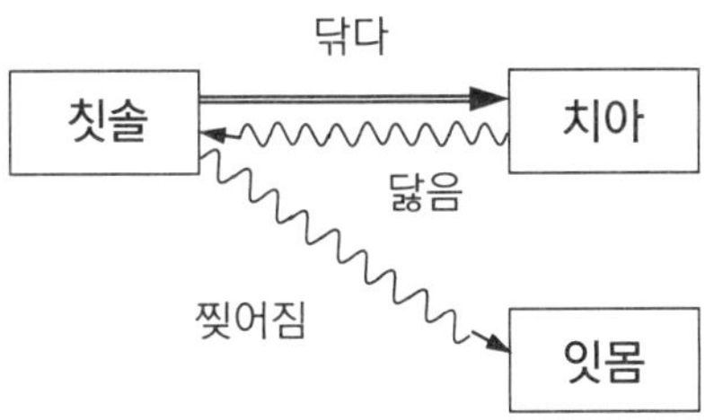

그림 4.6 거친 칫솔

즉, 칫솔이 치아에 과도한 칫솔질 행위를 하고, 과도한 칫솔질은 잇몸을 찢어 피가 나게 하므로 유해 행위가 된다. 치아 또한 칫솔을 상하게 하는 유해행위를 한다.

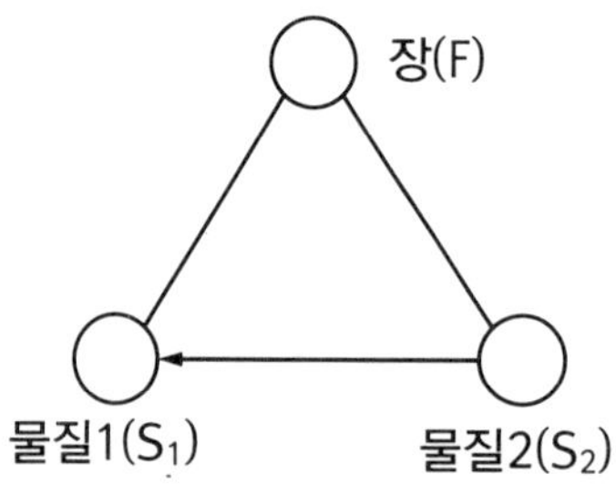

그림 4.7 물질-장 모형

● 물질-장 모형(Subtance field functional models)

물질-장 모형은 기능을 물질(대상, 도구)과 장(에너지)의 삼각모형으로 표현한 것이다. 물질-장 모형은 대상, 도구, 장의 세 가지 핵심적인 요소로 구성된다. 그림 4.7은 물질-장 모형의 양식을 나타낸 것이다.

물질1(S1)의 '대상'은 기능분석다이어그램의 목적어와 동등하며, 물질2(S2)의 '도구'는 주어와 동등하다. 장(F)은 S1과 S2 사이에서 상호작용하는 에너지의 유형을 나타낸다.

물질-장 모형의 예는 다음과 같다.

▶ 진공청소기가 카펫을 청소한다.

- S_1 - 카펫
- S_2 - 진공청소기
- F - 청소하기(기계장)

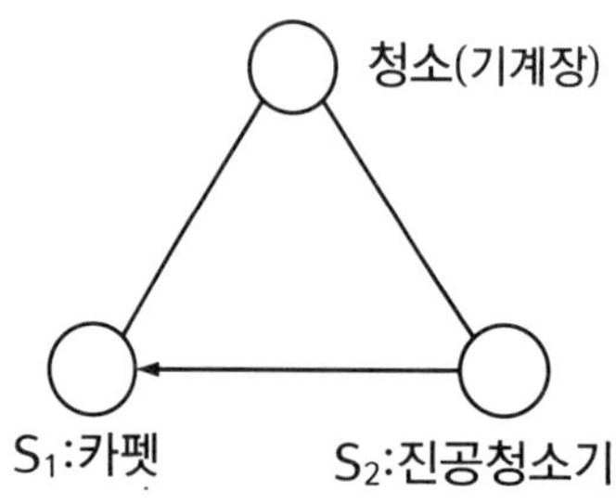

그림 4.8 카펫 청소

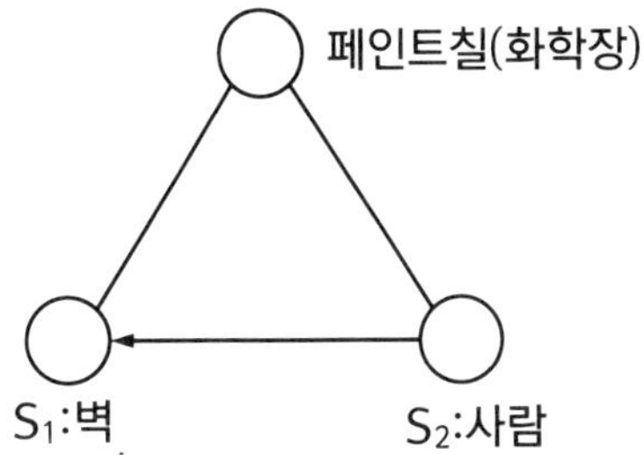

그림 4.9 벽의 페인트칠

▶ 사람이 벽에 페인트칠을 한다.

- S_1 - 벽
- S_2 - 사람
- F - 페인트칠하기(화학장)

물질-장 모형은 다소 복잡한 문제해결방법이다. 물질-장 모형에 대해서는 제7장에서 상세히 다룬다.

4.2.2 자원

문제를 성공적으로 해결하기 위해서는 자원을 효과적으로 활용해야 한다. 문제해결에 활용할 수 있는 자원은 매우 다양하다. 제품이나 서비스의 근본적인 임무는 요구기능을 사용자에게 전달하는 것이다. 물질과 에너지는 기능을 구성하는 기본 요소이므로 중요한 자원이다. 그러나 물질과 에너지만으로는 기능을 구성하고 전달하는데 충분하지 않다. 공간과 시간이 필요하다. 공간과 시간 또한 중요한 자원이다. 자원을 어떻게 사용하는가에 대한 정보와 지식도 중요한 자원이다.

자원은 물질자원(substance resources), 에너지자원(field resources), 공간자원(space resources), 시간자원(time resources), 정보 및 지식자원(information and knowledge resources), 기능자원(functional resources)으로 분류할 수 있다.

성공적으로 문제를 해결하기 위해서는 자원을 충분히 활용해야 한다. 고가이고, 사용이 어렵고, 희귀한 자원보다는 저가이며, 능숙하게 사용할 수 있는 자원을 충분히 활용할 수 있도록 자원을 체계적으로 조사해야 한다. 자원에 대해서는 제7장에서 세부적으로 다룬다.

▶ 예 4.2 물고기 양식과 벼농사

중국의 남동부는 인구밀도가 높아 토지는 희귀한 자원이다. 많은 토지를 벼농사에 사용하고 있다. 논에 벼를 키우는 동안에 사용하는 논물은 공짜로 쉽게 이용할 수 있는 자원이다. 공짜자원인 논물에 물고기나 논고동을 키우는 경우, 또다른 소득원이 될 수 있고, 이들이 배출하는 폐기물은 벼의 영양분이 될 수 있다. 최근 유행하는 오리농법도 공짜로 얻을 수 있는 자원을 활용한 예이다.

4.2.3 이상성

이상성(ideality)은 식(4.1)과 같이 이득과 비용의 비율로 정의한다.

$$\text{이상성}(\text{Ideality}) = \frac{\Sigma \text{이득}(\text{benefits})}{\Sigma \text{비용}(\text{costs}) + \Sigma \text{손해}(\text{harm})} \qquad (4.1)$$

여기서 **Σ**이득(benefits)=시스템 유용기능의 가치의 합(지원기능은 고객에게 직접적으로 이득을 주지 않으므로 포함시키지 않으며, 시스템 제조비용의 일부로 간주한다).

Σ비용(costs)=시스템의 실행에 소요되는 비용의 합

Σ손해(harm)=유해기능에 의해 발생하는 손해의 합

식(4.1)의 값이 클수록 이상성이 높다. 신규시스템이 기존 시스템보다 이상성이 높으면 시스템의 개선이 이루어졌다고 할 수 있다.

이상성증가법칙(law of increasing ideality)은 모든 기술시스템의 진화는 이상성이 증가하는 방향으로 진행한다는 것을 의미한다. 시스템의 이상성은 다음의 경우에 증가한다.

1. 이득의 증가
2. 비용의 감소
3. 손해의 감소
4. 이득이 비용과 손해의 합보다 더 많이 증가

어떤 제품이나 시스템도 그 자체가 목적이 아니다. 제품이나 시스템의 실질적인 가치는 자체가 갖고 있는 유용한 기능이다. 동일한 기능을 제공한다면 제조와 보전에서 더 적은 자원을 소비하는 시스템이 더 이상적이다.

식(4.1)의 값이 무한대인 해를 이상최종해(IFR, ideal final result)라 한다. IFR은 재료나 에너지를 전혀 사용하지 않으며, 보전이 전혀 필요 없고, 고장이 발생하지 않으면서 요구기능을 수행하는 시스템이다.

4.2.4 모순

모순은 두 가지의 판단, 상태 따위가 양립하지 못하고 서로 배척하는 상태를 의미한다. 알츠슐러가 지적한 바와 같이 혁신적인 문제는 1개 이상의 모순을 포함하고 있다. 모순을 제거하는 것이 문제 해결의 핵심이다. 공학문제의 모순은 기술적모순(technical contradiction), 물리적모순(physical contradiction)으로 구분할 수 있다.

- **기술적모순**

기술적모순은 시스템의 어떤 기술 속성을 개선하려고 하면 다른 기술 속성이 악화되는 모순을 의미한다. 예를 들어, 용기를 튼튼하게 만들면, 용기의 무게가 무거워진다. 튼튼한 용기를 가볍게 만들어야 한다면 이는 기술적모순 상황이다. 자동차의 가속력을 높이면, 연료효율이 떨어진다. 가속력이 높으면서 연료효율을 높게 해야 하는 것은 기술적모순 상황이다.

기술적모순 문제는 모순되는 요구속성 사이의 절충을 찾거나 모순을 극복하여 해결할 수 있다. 절충이나 타협한 해결책은 기술적모순을 완전히 제거하지 않고 모순을 다소 완화시키는 역할을 하므로 시스템이 갖고 있는 유해기능이나 결점은 남아있게 된다. 알츠슐러는 수만 개의 특허들을 분석하여 기술시스템의 다양성과 발명문제의 다양성에도 불구하고 모든 기술적모순은 약 1,250개의 전형적인 기술적모순으로 분류할 수 있다는 것을 확인하였다. 알츠슐러의 모순표는 기술적모순이 발생할 수 있는 39개의 기술속성으로 구성되어 있다. 39개의 기술속성과 모순표의 구체적인 내용은 제5장에서 다시 다룬다.

● **물리적모순**

물리적모순은 물체가 동일한 시간과 공간에서 상호 배타적인 물리적 상태에 있어야 하는 모순을 의미한다. 물리적모순은 "기능 F1을 수행하기 위해서 해당 요소가 성질 P를 가져야 하지만 기능 F2를 수행하기 위해서는 -P 또는 P와 반대되는 성질을 가져야 한다."라는 형식으로 표현한다.

자동차는 높은 연료 경제성(F1)을 가지기 위해서 중량이 가벼워야 하지만(P) 주행 안정성(F2)을 위해서는 중량이 무거워야 한다(-P). 즉, 중량이 가벼워야 하고 동시에 무거워야 하는 물리적 모순이다.

▶ **예 4.3 건물 기초공사의 파일**

대형빌딩 건축을 위한 기초공사의 방법에는 뗏목기초(raft foundation), 파일기초(pile foundation) 등이 있다. 파일기초는 파일을 땅속의 기반암이나 충분히 단단한 지반에 닿을 때까지 깊이 박아야 한다. 파일을 박는 과정을 용이하게 하기 위해서는 파일의 끝이 뾰족해야 한다. 그렇지만 끝이 뾰족한 파일은 지지능력이 부족하다. 지지능력을 좋게 하기 위해서는 파일의 끝이 뭉뚝해야 하지만 끝이 뭉뚝한 경우에는 파일은 박는 것이 어렵다.

즉, 박는 과정을 용이하게 하기 위해서는 끝이 뾰족해야 하며, 건물의 기초에 대한 지지를 좋게 하기 위해서는 끝이 뭉뚝해야 한다. 즉, 파일 끝은 뾰족해야 하며 동시에 뭉툭해야 한다.

전통의 설계개념은 타협(절충)에 기반을 두고 있다. 그러나 트리즈에서 이러한 물리적모순을 완전하게 극복하는 방법을 제공한다. 물리적모순에 대해서는 제5장에서 상세히 다룬다.

4.2.5 S-곡선과 기술시스템의 진화

기술시스템의 진화 추세는 서로 유사하며 예상 가능하다. 기술시스템은 태동기, 요람기, 성장기, 성숙기, 쇠퇴기의 5단계의 진화과정을 거친다. 진화 단계를 x축으로하고, 성능,

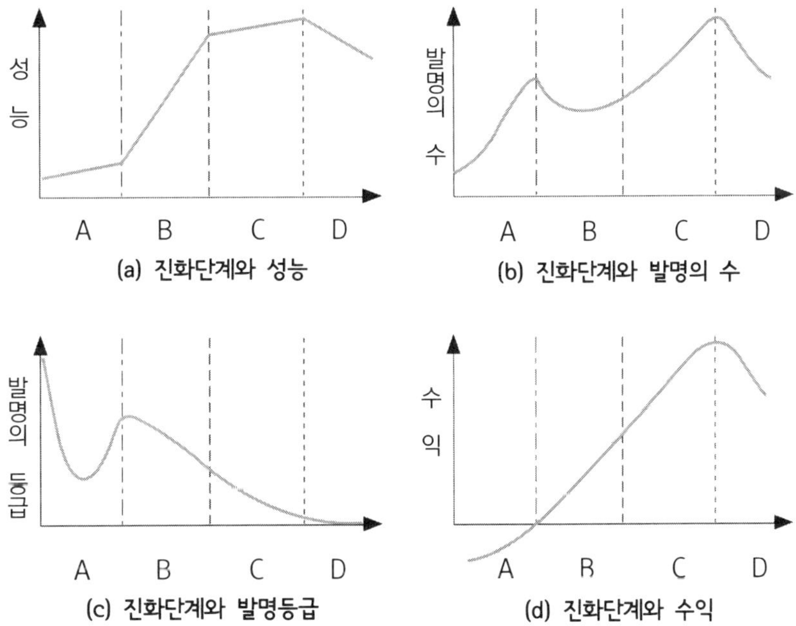

그림 4.10 기술시스템 진화곡선 (A:요람기 B:성장기 C:성숙기 D:쇠퇴기)

발명의 수준, 발명의 개수, 발명의 수익성을 각각 y축으로 하여 도식하면 그림 4.10과 같은 4개의 그림을 얻을 수 있다. 특히, 진화 단계에 따른 성능 특성을 나타낸 그림이 S-모양이 되므로 S-곡선이라고 한다.

● 태동기(Pregnancy)

태동기는 아이디어 발상으로부터 기술시스템의 탄생까지의 기간이다. 새로운 기술시스템은 다음 두 가지 조건이 만족될 때 출현한다.

- **시스템의 특정 기능에 대한 요구가 있다.**
- **이 기능을 전달할 방법 또는 기술이 있다.**

항공기의 출현에 대해서 살펴보자. 항공기의 주기능인 "나는 것"에 대한 요구는 많은 사람들의 꿈이고 바램이었다. 그러나 1800년대까지는 공기역학과 역학에 대한 지식이 유인비행체의 개발에 충분하지 않았다. 항공기 기술은 1848년에 글라이더를 개발하고, 1859년에 가솔린엔진이 개발됨으로써 이용 가능하게 되었다. 1903년 라이트 형제는 글라이더기술과 가솔린엔진을 통합하여 최초의 항공기를 성공적으로 개발하였다. 즉, "나는 것"에 대한 요구와 이 요구를 전달할 기술인 글라이더기술과 가솔린엔지기술이 확보됨으로써 유인항공기의 탄생이 가능하게 되었다.

● 요람기(Infancy)

요람기는 S-곡선의 첫 번째 단계로 새로운 기술시스템이 탄생하는 단계이다. 새로운 기술시스템은 높은 수준의 발명의 결과이다. 요람기의 기술시스템은 원시적이고, 비효율적이며, 신뢰도가 낮아 해결해야 할 많은 문제를 갖고 있다. 그러나 요구하는 기능을 제공하는 새로운 기술이나 수단을 몇 가지 사용하고 있다.

이 단계에서는 인적 자원과 재무 자원이 부족하므로 시스템 개발 속도가 매우 늦다. 설계와 관련하여 수많은 의문과 문제 제기에 대해서 답해야 한다. 대부분의 사람들이 시스템의 유용성에 대해서 확신을 갖지 않을 수 있다. 그러나 시스템의 미래를 믿는 소수의 열광자들이 성공을 향해 일하는 단계이다.

요람기 단계는 성능 수준이 낮고 개선의 속도도 늦다. 초창기의 설계콘셉트는 매우 발명적이고 특허가 가능한 것이기 때문에 발명의 수준은 3, 4, 5수준으로 높다. 그러나 완전히 새로운 시스템이므로 발명의 개수는 적다. 이 단계에서는 고객이 거의 없고 지출이 많으므로 수익은 대개 마이너스이다.

- **성장기(Growth)**

성장기는 사회가 신규 시스템의 가치를 깨닫는 시점에서 시작된다. 이 시점까지 시스템이 안고 있는 많은 문제들이 극복되었고, 효율성과 성능이 개선되어 새로운 제품이나 프로세스의 개발에 자금을 투자한다. 이로 인해 시스템의 개발이 가속되고 성과물이 개선되며, 이것이 역으로 더 많은 투자를 하게 한다. 양의 피드백루프를 형성하여 시스템 진화를 가속하게 한다. 성장기 단계에서는 투자의 급속한 증가와 많은 기술적 장애물들이 제거되므로 성능 수준의 개선이 신속하다. 이 단계의 발명은 대부분 개선이므로 발명의 수준은 낮아 대개 1, 2 수준이지만 발명의 개수는 많다. 수익은 빠르게 증가한다.

- **성숙기(Maturity)**

성숙기는 초창기 설계의 잠재력이 거의 소진된 상태이다. 많은 자금과 노동을 투입해도 성과는 매우 제한적으로 나타난다. 이 단계에서 표준(standard)[11]이 확립된다. 개선은 최적화와 절충을 통해 이루어진다. 시스템의 성능은 여전히 증가하지만 증가속도는 늦다. 발명의 수준은 대개 낮고, 산업표준 형태의 발명의 개수는 매우 많다. 수익성은 시장포화와 경쟁의 증가로 대개 떨어진다.

- **쇠퇴기(Decline)**

쇠퇴기는 기술의 한계에 도달했고 더 이상 근본적인 개선을 할 수 없는 단계이다. 제공하는 기능을 시장이 더 이상 필요로 하지 않게 되어 시스템은 사라지게 된다. 기업은 시장에서 생존하기 위해서 쇠퇴기 단계 훨씬 이전에 새로운 기술시스템의 개발을 시작한다. 그림 4.11은 연속하는 두 기술시스템을 S-곡선으로 나타낸 것이다.

---

11) ISO, IEC과 같은 국제표준과 KS(한국), ANSI(미국), JIS(일본), DIN(독일), BS(영국)과 같은 국가표준 등을 의미함.

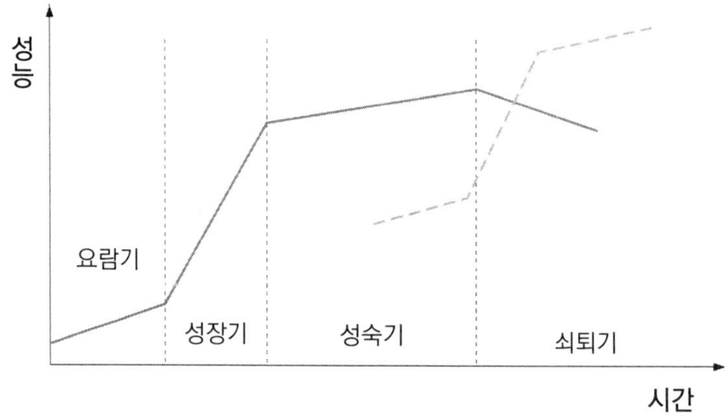

그림 4.11 두 개의 기술세대의 S-곡선

4.2.6 트리즈기법

트리즈는 체계적으로 아이디어를 발상하는 기법이다. 트리즈에서 활용하는 기법에는 40가지 발명원리, 분리의 원리, 물질-장 분석과 표준해, 과학기술효과집, 기술시스템 진화패턴 분석이 있다. 또한 트리즈의 문제해결알고리즘으로 아리즈(ARIZ)가 있다. 그림 4.12는 아리즈를 포함한 트리즈의 전체구조를 나타낸 것이다.

● 40가지 발명원리

발명원리는 기술적모순을 타협하지 않고 해결하는 아이디어 발상원리이다. 알츠슐러는 40가지의 발명원리를 도출하고, 39종류의 설계파라미터 간의 모순의 제거에 적용할 수 있는 발명원리를 39×39모순표로 제시하고 있다. 모순표와 40개 발명원리는 제6장에서 상세히 다루기로 한다.

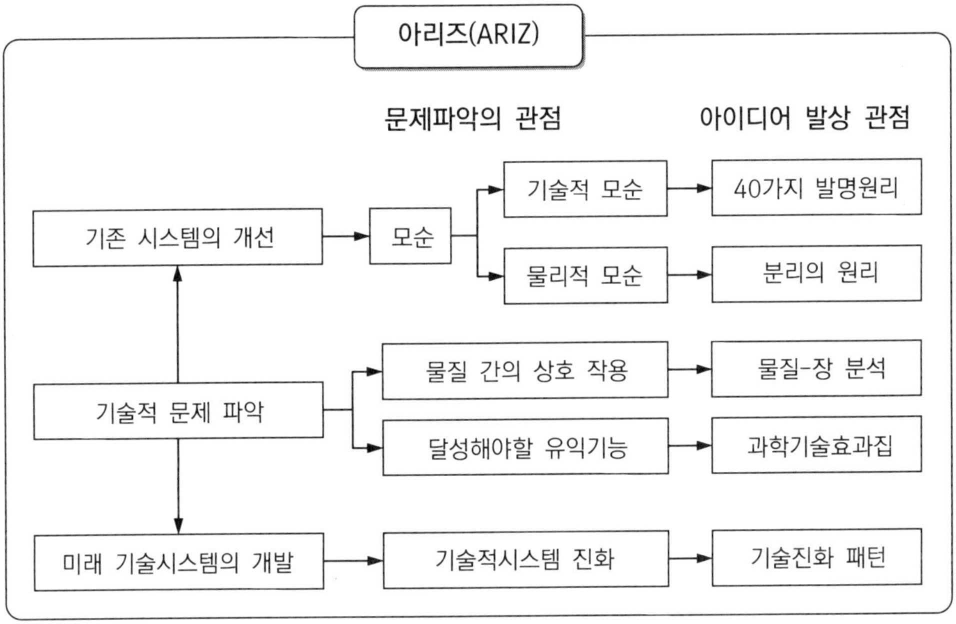

그림 4.12 트리즈의 전체구조

● 분리의 원리

분리의 원리(Principle of Separation)는 시간, 공간 등을 분리하여 적용하는 방법이다. 완전히 동일한 시간과 공간에서는 서로 상반되는 상태에 있을 수 없으므로 시간, 공간 등을 분리하여 적용함으로써 외관상 상반되는 두 상태가 공존하도록 하는 기법이다. 알츠슐러는 11개의 분리의 원리를 제안하고 있다. 분리의 원리에는 '공간에 의한 분리', '시간에 의한 분리', '부분과 전체의 분리', '상황에 의한 분리' 등이 있다. 분리의 원리는 제5장에서 상세히 다루기로 한다.

● 과학기술효과집

대부분의 사람들은 자신의 전문영역(예를 들면, 기계분야 등) 내에서 아이디어를 발상하려는 경향이 있다. 이러한 경향을 보통 '심리적 타성(Psychological Inertia)'이라 한다. 심리적 타성을 벗어나기 위해서는 타 분야(예를 들어, 화학이나 전기 분야 등)의 발명예로부터 유추발상하여 아이디어를 발상해야 한다.

과학기술효과집은 물리학, 화학, 기하학에 관한 효과, 정리, 법칙을 정리한 것으로 심리적 타성에 빠지지 않고 혁신적인 아이디어를 발상하는데 활용한다. 어떤 기술문제에서 달성해야 할 요구기능(예를 들면, '물체의 온도를 일정하게 유지한다' 등)이 명확하게 정의되면 기능의 달성에 활용할 수 있는 효과, 정리, 법칙을 효과집에서 찾아 선택한 후에 아이디어를 전개하여 문제를 해결한다. 과학기술효과의 목록은 부록 E에 제시하였다.

- **표준해**

표준해는 물질-장 모형으로 문제를 설정하고 해결방법을 찾을 때 적용한다. 표준해는 전형적인 물질-장 모형에 대해서 문제해결의 방향을 나타낸 것이다. 표준해에는 76가지의 유형이 제시되어 있다. 표준해의 적용을 위해서는 먼저 기술시스템 문제를 물질-장 모형으로 도시한다.

물질-장 모형을 분석하여 문제해결에 적절한 표준해를 선택한 후 해당 표준해로부터 아이디어를 유추발상한다. 물질-장 모형은 제7장에서 상세히 다룬다.

- **기술시스템진화**

제품을 포함한 수 많은 기술시스템은 우발적으로 변하지 않고 일정한 패턴에 따라 진화한다. 기술시스템의 진화에는 8개의 법칙과 14가지의 진화라인이 있다. 기술시스템의 진화법칙과 진화라인을 적용하면 제품의 개선방향을 설정할 수 있다. 기술시스템의 진화에 대해서는 제8장에서 상세히 다룬다.

- **아리즈**

아리즈(ARIZ)는 러시아어로 문제해결의 알고리즘이라는 의미이다. 아리즈는 복잡한 문제를 단계적 접근법으로 해결하는 문제해결프로세스이다. 아리즈의 최종버전인 ARIZ-85C는 9개의 파트와 40개의 스텝으로 구성되어 있으며, 트리즈의 모든 기법을 포함한 다양한 문제해결기법을 활용한다. 아리즈에 대해서는 제9장에서 소개한다.

4.3 트리즈 문제해결 프로세스

트리즈는 (1) 문제설정, (2) 문제 분류 및 도구 선택, (3) 해결안 생성, (4) 해결안 평가의 4단계의 문제해결프로세스를 갖고 있다.

4.3.1 문제설정

문제설정은 가장 중요한 단계이다. 해결안의 품질은 문제 설정의 품질과 높은 관계가 있다.

문제설정은 다음의 몇 가지 의문에서 시작한다.

1. 문제가 무엇인가?

2. 프로젝트의 범위는 무엇인가?

3. 어떤 하위시스템, 시스템, 컴포넌트가 포함되는가?

4. 현재 해답을 갖고 있는가? 현재 해답이 만족스럽지 않은 이유는 무엇인가?

이들 질문은 모든 공학프로젝트에서 질문하는 공통의 의문이다. 이들 의문에 응답함으로써 프로젝트의 범위를 설정하고 문제영역에 명확하게 초점을 맞추게 된다.

문제설정단계에서는 이들 의문에 응답하는 것 외에 다음의 분석을 수행한다.

● **세부검토1 : 기능모형작성과 기능분석**

프로젝트의 범위를 파악한 다음에는 프로젝트에 포함된 하위시스템의 기능모형을 작성한다. 기능모형의 작성과 분석은 문제를 더 명확하고 상세하게 볼 수 있도록 한다. 문제설정단계에서 기능분석이 어떻게 도움이 되는지를 칫솔의 예를 통해서 살펴보자.

▶ 예 4.4 칫솔문제

우리가 칫솔 제조업자이고 현재의 칫솔이 만족스럽지 않다고 가정하자. 즉, 치아가 잘 닦이지 않는다. 먼저 다음의 기능다이어그램을 그린다.

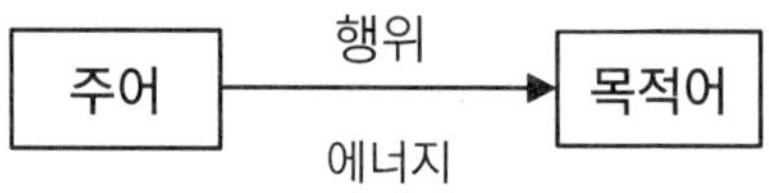

위의 기능다이어그램을 분석해 보면 다음의 가능성을 확인할 수 있다.

1. 현재의 수행도 부족은 불충분한 행위에 기인할 수 있다. 행위가 불충분한 경우의 기능다이어그램은 다음과 같다.

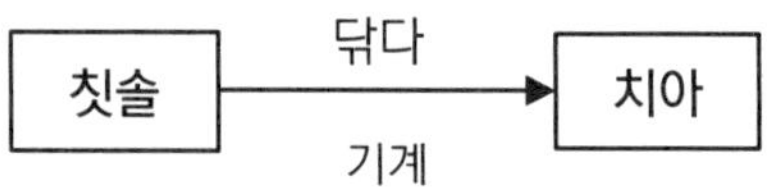

만일 그렇다면 문제는 불충분한 기능 수행 문제에 속한다. 이 문제의 해결을 위해서는 물질-장 모형의 표준해를 사용하여 아이디어를 발상한다.

2. "칫솔로 치아를 닦는다"가 칫솔을 사용하는 것과 기계적인 행위만 사용하는 것으로 해결안을 제한하므로 현재의 기능모형이 제한적이라고 할 수 있다. 따라서 다음과 같은 기능모형을 생각할 수 있다.

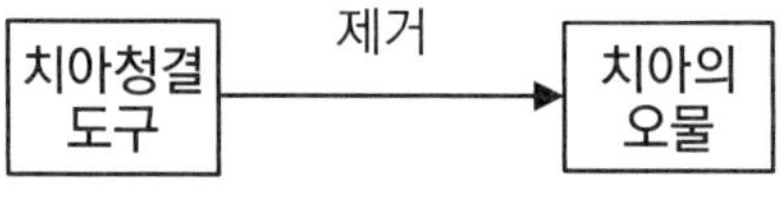

주어인 칫솔이 치아청결도구로 교체되었고, 치아가 치아의 오물로 더 상세하게 정했다. 행위도 '닦다'에서 더 일반적인 '제거'로 변경하였다. 이와 같이 기능모형을 바꾸면 여러 가지 다양한 주어와 행위를 선택할 수 있다. 예를 들어, 치아의 청결을 위해서 물의 힘이나 화학적 방법을 사용할 수 있고, 오물이 생성되지 않도록 치아의 예비조치를 생각할 수 있다. 기능모형의 변경은 문제해결과 혁신으로 갈 수 있는 다양한 길을 찾을 수 있도록 한다.

- **세부검토2 : 이상성과 IFR**

기능모형을 작성하고 기능분석을 한 다음에는 현 시스템의 이상성을 산정할 수 있다.

$$\text{이상성(Ideality)} = \frac{\Sigma\text{이득(benefits)}}{\Sigma\text{비용(costs)} + \Sigma\text{손해(harm)}}$$

현재 시스템의 이상최종해인 IFR은 'Σ이득→∞'이고, 'Σ비용+Σ손해→0'인 상태이다. 현 시스템의 이상성과 IFR을 비교하면 개선해야 할 부분과 어떤 면을 개선해야 하는지를 파악할 수 있다. 이상성에 대한 평가는 문제를 명확하게 설정하고 문제가 무엇인지를 정확하게 파악하는데 도움이 된다.

- **세부검토3 : S-곡선 분석**

현재의 기술시스템의 진화단계를 평가한다. 현재의 시스템이 성장기 단계에 있다면 점진적인 개선에 관심을 집중해야 한다. 시스템이 성숙기 단계에 가까이 있다면 다음 세대의 기술을 개발할 시점이라는 것을 알게 될 것이다.

- **세부검토4 : 모순분석**

현 기술시스템에 물리적모순이나 기술적모순이 존재하는지를 파악한다. 모순문제인 경우에는 발명원리나 분리의 원리를 사용하여 문제해결 아이디어를 발상할 수 있다.

4.3.2 문제분류 및 도구 선택

문제설정을 명확히 한 다음에는 문제의 유형을 파악한다. 문제는 물리적모순 문제, 기술적모순 문제, 불완전한 기능구조 문제, 과도한 복잡성 문제, 시스템 개선 문제, 유용기능의 개발 문제 등으로 분류할 수 있다. 문제의 유형별로 적합한 해결방법이 제시되어 있다. 표 4.3은 문제유형과 유형별 해결방법을 정리한 것이다.

4.3.3 해결방안 생성

문제를 분류하고, 해당 문제를 해결하는데 사용할 수 있는 기법을 적용하면 많은 수의 아이디어를 얻을 수 있다. 이들 아이디어를 통합·개선하여 해결방안 즉, 콘셉트를 생성한다.

4.3.4 해결방안의 평가

해결방안을 평가하여 최적의 해결방안을 선정하는 방법에는 푸콘셉트선택(Pugh concept selection), 결정행렬법(decision matrix method), MUST-WANT 행렬법(MUST-WANT matrix method), PAY-OFF행렬법(PAY-OFF matrix method) 등이 있다. 해결방안의 평가 방법들은 트리즈와는 관련이 없다. 그러나 다수개의 해결방안들을 객관적으로 평가하는 방법에 대해서는 잘 알고 있어야 한다. 해결방안들의 평가방법은 제10장에서 설명한다.

표 4.3 문제의 유형과 해결방법

유형	설명	해결방법
물리적모순	물리적모순 문제로 정리된 문제	분리의 원리
기술적모순	기술적모순 문제로 정리된 문제	40가지 발명원리
불완전한 기능구조	(1) 유용기능이 적절하지 않거나 부족할 때; (2) 유해기능이 과도하게 존재하는 경우에 발생함	기능개선방법 76가지 표준해
과도한 복잡성	시스템이 지나치게 복잡하고 비용이 많이 소요되는 경우에 발생함	트리밍(trimming)기법
시스템 개선	시스템이 주어진 기능을 하고 있으나 시장 경쟁에 이기기 위해서 개선이 필요한 경우에 발생함	기술시스템의 진화법칙
유용기능의 개발	시스템 개선을 위해 유용한 기능의 개발이 필요한 경우에 발생함	과학기술효과집

연습문제

4.1 수준1, 수준2, ..., 수준5에 해당하는 발명을 조사하라(특허청 홈페이지에서 특허를 검색할 수 있다).

a. 수준1에 해당하는 발명 5개

b. 수준2에 해당하는 발명 5개

c. 수준3에 해당하는 발명 5개

d. 수준4에 해당하는 발명 3개

e. 수준5에 해당하는 발명 3개

4.2 다음 제품에 대해서 주기능을 중심으로 기능분석다이어그램을 작성하라.

망치, 연필, 볼펜, 종이컵

4.3 다음 제품들 중에서 세 개를 선택하고, 각 제품의 주기능, 기본보조기능, 유익보조기능, 지원기능, 유해기능을 찾아라.

- 토스터(toasters)
- 차고 문 개폐기
- 러닝슈즈(running shoes)
- 운동기구
- CD 플레이어
- 진공청소기
- 자전거 헬멧
- 책가방

4.4 생활 속의 용품을 하나 선택하고, 선택한 제품에서 사용하지 않는 자원을 찾아라.

4.5 귀하에게 친숙한 제품을 선택하고, 각 제품이 S-곡선의 어느 단계에 있는지를 평가하라.

Chapter 5

모순 문제의 해결

5.1 기술적모순과 모순행렬

5.2 발명원리 40가지와 활용

5.3 비즈니스 발명원리와 활용

5.4 물리적모순과 분리원리

학습 목표

1. 기술적모순과 관련된 설계파라미터들의 의미를 설명할 수 있다.
2. 모순표를 사용하여 기술적모순을 해결하는 절차를 설명할 수 있다.
3. 비즈니스모순과 관련된 파라미터들의 의미를 설명할 수 있다.
4. 물리적모순을 해결하는 절차를 설명할 수 있다.
5. 주어진 물리적모순에 적합한 분리의 원리를 적용할 수 있다.

5.1 기술적모순과 모순행렬

기술적모순은 기술속성 간의 모순을 의미한다. 알츠슐러는 40,000개 이상의 특허를 분석하여 39개의 기술속성 간에 1,250개 유형의 기술적모순이 있음을 파악하였다.

기술속성은 공학설계의 관점에서 보면 설계파라미터(design parameter)와 동일하다. 모순표는 39개 설계파라미터 간의 모순을 제거하기 위해 적용할 수 있는 발명원리를 나타낸 표이다. 알츠슐러는 기술적모순의 해결에 사용할 수 있는 40개의 발명원리를 제시하였다.

5.1.1 설계파라미터와 모순행렬표

알츠슐러는 공학설계의 설계파라미터를 39개로 분류했다. 표 5.1은 설계파라미터를 나타낸 것이다. 예를 들어, '이동물체의 중량'은 움직이는 물체의 중량의 크기가 설계파라미터이고, 설계자는 중량을 증가 또는 감소시키는 방향으로 설계파라미터를 결정한다. 39번의 생산성은 공학설계의 매우 중요한 설계파라미터로써 재료, 부품의 선택 등을 포함한다. 공학설계에서 고려한 모든 설계파라미터는 표 5.1의 39개 설계파라미터 중의 하나로 분류할 수 있다.

설계파라미터는 물리적·기하학적 파라미터, 비기술적 망소형(望小形) 파라미터, 비기술적 망대형(望大形) 파라미터로 분류할 수 있다. 물리적·기하학적 파라미터는 물리적 성질이나 기하학적 형상과 관련된 속성을 나타낸다. 망소형 파라미터는 값이 작을수록 좋은 속성이다. 망대형 파라미터는 값이 클수록 좋은 속성이다. 표 5.2는 표 5.1의 파라미터를 속하는 범주에 따라 분류한 것이다.

표 5.1 39개 설계파라미터

번호	설계파라미터(Design parameter)	번호	설계파라미터(Design parameter)
1	이동 물체의 중량 (Weight of moving object)	21	동력(Power)
2	정지 물체의 중량 (Weight of nonmoving object)	22	에너지의 낭비(Waste of energy)

번호	설계파라미터(Design parameter)	번호	설계파라미터(Design parameter)
3	이동 물체의 길이 (Length of moving object)	23	물질의 낭비(Waste of substance)
4	정지 물체의 길이 (Length of nonmoving object)	24	정보의 손실(Loss of information)
5	이동 물체의 면적 (Area of moving object)	25	시간의 낭비(Waste of time)
6	정지 물체의 면적 (Area of nonmoving object)	26	물질의 양(Amount of substance)
7	이동 물체의 부피 (Volume of moving object)	27	신뢰도(Reliability)
8	정지 물체의 부피 (Volume of nonmoving object)	28	측정 정확도(Accuracy of measurement)
9	속도(Speed)	29	제조 정확도(Accuracy of manufacturing)
10	힘(Force)	30	물체에 작용하는 유해 요인 (Harmful factors acting on object)
11	장력, 압력(Tension, pressure)	31	유해 부작용(Harmful side effects)
12	형상(Shape)	32	제작성(Manufacturability)
13	물체의 안정성(Stability of object)	33	사용 편리성(Convenience of use)
14	강도(Strength)	34	수리성(Rapairability)
15	이동 물체의 내구성 (Durability of moving object)	35	순응성(Adaptability)
16	정지 물체의 내구성 (Durability of nonmoving object)	36	장치의 복잡성(Complexity of device)
17	온도(Temperature)	37	제어의 복잡성(Complexity of control)
18	휘도, 선명함(Brightness)	38	자동화수준(Level of automation)
19	이동 물체의 에너지 소비 (Energy spent by moving object)	39	생산성(Productivity)
20	정지 물체의 에너지 소비 (Energy spent by nonmoving object)		

표 5.2 설계파리미터의 분류

집 단	설계파라미터
물리적 기하학적 파라미터	중량(1,2), 길이(3,4), 영역(5,6), 부피(7,8), 속도(9), 힘(10), 응력 또는 압력(11), 형상(12), 온도(17), 밝기(18), 전력(21)
비기술적 망소형 파라미터	활동기간(15,16), 하위시스템에 의한 에너지 소비(19,20), 에너지 낭비(22), 물질의 낭비(23), 정보의 손실(24), 시간낭비(25), 물질의 양(26), 하위시스템에 작용하는 유해인자(30), 유해한 부작용(31), 복잡도(36), 제어복잡성(37)
비기술적 망대형 파라미터	하위시스템의 안정성(13), 강도(14), 신뢰도(27), 측정의 정확도(28), 제조정확도(29), 제조성(32), 사용편리성(33), 수리용이성(34), 적응성(35), 자동화 수준(38), 생산성(39)

5.1.2 모순행렬표

모순행렬표는 표 5.3과 같이 39개 설계파라미터 간의 모순을 해결하는 발명원리의 번호를 제시하는 39×39행렬표이다. 모순행렬표의 행축은 개선되는 설계파라미터, 열축은 악화되는 설계파라미터에 대응시켜 모순을 해결하는 발명원리를 찾을 수 있다. 모순행렬표의 발명원리는 알츠슐러가 개발한 '40가지 발명적 원리'를 적용 우선순위별(왼쪽 위에서 오른쪽 아랫방향의 순으로 우선순위가 높음)로 나타낸 것이다. 모순행렬표 전체 내용은 부록A에 제시되어 있다.

기술적모순은 39개 설계파라미터 간에 나타나는 모순이다. 예를 들어, 이동하는 물체의 중량 증가(1)와 에너지 낭비 감소(22)는 기술적모순 상태이다. 즉, 이동하는 물체의 중량을 증가시키려면 에너지 낭비도 동시에 증가할 수밖에 없는 기술적모순 상태이다. 표 5.3에서 이 모순의 해결을 위해 사용할 수 있는 발명원리를 찾으면 발명원리 6, 2, 34, 49를 찾을 수 있다. 이들 발명원리를 적용하여 모순을 해결할 수 있는 아이디어를 발상하여 문제를 해결한다.

표 5.3 모순행렬표(일부분)

개선되는 파라미터 \ 악화되는 파라미터		1 이동 물체의 중량	2 정지 물체의 중량	… …	22 에너지 낭비	… …	38 자동화의 수준	39 생산성
1	이동 물체의 중량				6,2 34,49			
2	정지 물체의 중량							
38	자동화 수준							
39	생산성							

5.1.3 모순행렬표의 활용

모순행렬표와 40가지 발명원리를 사용할 때에는 다음의 절차를 따르는 것이 좋다.

1. 개선할 속성을 결정하고, 이 속성을 모순행렬표 상의 39개 설계 파라미터 중 하나가 되도록 만든다.

2. 다음의 질의에 답한다.

   가. 이 속성을 전통의 방법을 사용하여 개선할 수 있는 방법은 무엇인가?

   나. 전통의 방법을 사용하여 개선하는 경우에 어떤 속성이 악화될 것인가?

3. 단계2의 '나'항에 대응하는 모순행렬표 상의 설계파라미터를 선택한다.

4. 모순행렬표의 해당 행(개선되는 파라미터)과 열(악화되는 파라미터)이 만나는 발명원리를 확인한다.

모순행렬표와 40가지 발명원리는 문제의 해답을 곧바로 알려주는 것은 아니다. 해를 탐색하는 유망한 방향을 제시한다. 문제를 해결하기 위해서는 발명원리가 제시하는 내용을 해석하고 주어진 문제의 상황에 적용할 수 있는 아이디어를 발상해야 한다.

사람들은 일반적으로 유추사고를 통해 문제를 해결한다. 대개 당면한 문제를 친숙하고 이미 해답이 존재하는 문제의 범주와 연관시키려고 노력한다. 올바를 유추를 하게 되면 유용한 해에 도달할 수 있다. 유사문제에 대한 지식은 교육, 전문가로서의 경험, 삶의 경험의 결과물이다.

만일 지금까지 전혀 경험해 보지 않았던 문제를 해결해야 한다면 어떻게 할 것인가? 이런 상황에서는 표준적인 문제해결방법은 별로 도움이 되지 않는다. 모순행렬표와 발명원리는 친숙하지 않은 문제의 해결방안을 찾는 실마리를 제공한다고 할 수 있다.

모순행렬표를 활용하여 기술적모순을 타협하지 않고 해결할 수 있는 아이디어를 유추할 수 있다면 40가지 발명원리를 활용한 문제해결은 아주 편리하고 효과적인 방법이다. 그렇지만 실제 문제를 기술적모순으로 추상화하는 것이 쉬운 작업이 아니며, 어느 정도 숙련되더라도 모든 문제를 이 기법만으로 해결하는 것도 한계가 있으므로 다른 트리즈기법과 연계하여 문제를 해결하는 것이 바람직하다.

5.2 발명원리 40가지와 활용

알츠슐러의 40가지 발명원리는 표 5.4와 같다. 표 5.4는 발명원리의 명칭과 발명원리의 구체적인 내용인 세부 발명원리, 대응하는 영문명칭을 나타낸 것이다. 제6장에는 각 발명원리에 대한 구체적인 예를 제시하여 발명원리에 대한 이해와 활용에 대한 아이디어를 얻는데 도움이 되도록 하였다.

표 5.4 40가지 발명원리와 세부원리

발명원리명	세부원리	영문
1. 분할	A. 물체를 독립된 부분으로 나눈다. B. 물체를 분해가 쉽도록 설계한다. C. 물체의 분할 수준을 증가시킨다.	Segmentation
2. 추출	A. 방해하는 부분(또는 성질)을 물체로부터 분리하거나 물체의 필요한 부분(또는 성질)만 골라낸다.	Taking out
3. 국부적 품질	A. 물체의 구조를 균질상태에서 비균질상태로 바꾼다. 외부 환경(또는 외부 영향)을 균질상태에서 비균질상태로 바꾼다. B. 물체의 각 부분을 작동에 가장 적합한 상태로 만든다. C. 물체의 각 부분을 유용한 기능을 수행하도록 만든다.	Local Quality
4. 비대칭	A. 물체의 형상을 대칭에서 비대칭 형태로 변경한다. B. 물체가 비대칭인 경우에는 비대칭 정도를 증가시킨다.	Asymmetry
5. 결합(병합)	A. 동일하거나 유사한 물체를 더 가깝게 하거나 병합한다. 동일하거나 유사한 부분을 병렬로 작동하도록 만든다. B. 작동을 연속적이거나 병렬로 만들어 시간 내에 함께 수행하도록 한다.	Merging
6. 범용성	A. 부품이나 물체가 다수의 기능을 수행하도록 만들어 다른 부품의 필요성을 제거한다.	Universality
7. 포개기구조	A. 한 물체를 다른 물체의 내부에 넣고, 다른 물체를 또다시 이 물체의 내부에 넣는다. B. 물체를 다른 물체의 빈 공간을 지나도록 한다.	Nested doll
8. 무게보상	A. 물체를 부력이나 상승력을 갖는 다른 물체에 결합시켜 지지한다.	Counterweight

발명원리명	세부원리	영문
	B. 물체를 상승력을 갖는 환경(공기역학, 부력)과 상호 작용시켜 지지한다.	
9. 예비반대활동	A. 요구되는 작용의 반작용을 미리 수행한다. B. 작용의 반대 방향으로 힘을 갖는 물체를 미리 충전한다.	Preliminary Counteraction
10. 예비활동	A. 요구되는 작용을 미리 수행한다. B. 물체를 최상의 동작위치에 미리 두고 공급에 필요한 시간낭비를 피한다.	Preliminary Action
11. 사전완충	A. 물체의 낮은 신뢰성을 보상하기 위해 미리 안전조치를 취한다.	Compensation
12. 등위화	A. 물체를 올리지도 내리지도 않는다.	Equipotentiality
13. 반대로 하기	A. 요구되는 작용을 거꾸로 한다. B. 고정부품은 움직이게, 유동부품은 고정시킨다. C. 물체를 돌려라, 뒤집어라.	Reverse
14. 회전타원체-구형화	A. 물체의 형태를 직선에서 곡선으로, 평판 또는 입방체에서 구면 구조로 바꾼다. B. 롤러, 볼, 나선형을 사용한다. C. 직선운동을 회전운동으로 바꾼다.	Sphericity
15. 동적수준	A. 물체의 특성이나 외부환경을 각 동작단계마다 최상이 되도록 가변시킨다. B. 물체를 서로 상대적으로 움직이도록 분리한다. C. 물체를 가변되게 또는 움직이게 한다.	Degree of Dynamism
16. 초과/부족	A. 원하는 것을 정확히 얻기 위해 비싼 대가를 치르기보다 "조금 더" 또는 "조금 덜" 하는 방법으로 해결한다.	Excess or Shortage

발명원리명	세부원리	영문
17. 차원 변화	A. 물체의 배치 또는 운동을 1차원에서 2차원, 2차원에서 3차원으로 바꾼다. 또는 그 반대로 한다. B. 단층 대신에 다층 어셈블리로 한다. C. 물체를 기울이거나 돌린다. D. 반대 면을 사용한다.	Change Dimension
18. 진동	A. 물체가 진동 운동하게 한다. B. 진동주파수를 초음파대역까지 증가시킨다. C. 물체의 고유 진동수 및 공진을 이용한다. D. 압전 진동기를 이용한다. E. 초음파 진동 및 전자기장을 이용한다.	Oscillation
19. 주기적 활동	A. 지속적 작용에서 주기적 작용으로 바꾼다. B. 작용이 이미 주기적이면 주파수를 바꾼다. C. 작용과 그 다음 작용사이의 시간 간격을 이용한다.	Periodic Actions
20. 유익작용의 지속	A. 물체의 모든 부품이 휴식 없이 완전가동 상태로 동작되게 한다. B. 동작중단이나 간헐적 동작을 없앤다.	Steady Useful Action
21. 급속통과	A. 가장 위험하고 유해한 영향에서 벗어나기 위해 진행률을 증가시킨다.	Rushing Through
22. 유해를 유익으로 전환	A. 좋은 효과를 위해 유해한 효과를 이용한다. B. 두 유해한 효과를 결합해서 유해효과를 제거한다. C. 유해한 효과를 증가시켜 더 이상 유해하지 않게 한다.	Turn a Minus into a Plus
23. 피드백	A. 피드백을 도입한다. B. 이미 피드백이 있으면 크기나 영향을 바꾼다.	Feedback
24. 매개체 사용	A. 작용을 전달하거나 통과하는 매개체를 도입한다. B. 물체를 손쉽게 제거할 수 있는 물체와 임시로 결합한다.	Mediator, Intermediary

발명원리명	세부원리	영문
25. 셀프서비스/ 자가조직	A. 물체 스스로 보완 작용을 하고 유지 보수할 수 있게 한다. B. 낭비에너지, 물질을 이용한다.	Self-service
26. 복제의 사용	A. 이용하기 불편하고, 복잡하고, 비싸고, 깨지기 쉬운 원본대신에 복사물을 이용한다. B. 광학적 복사물을 이용한다. C. 적외선 또는 자외선 광학적 복사물을 이용한다.	Copying
27. 저가의 일회용품	A. 비싸고 수명이 긴 물체를 값싸고 수명이 짧은 또는 일회용으로 바꾼다.	Cheap Short Life
28. 기계적인 부분 대용	A. 기계적 장치를 광학, 음향, 미각과 같은 시스템으로 바꾼다. B. 물체와 상호작용할 전기적, 자기적, 전자기적 장(Field)을 이용한다. C. 필드의 상호작용 및 강자성입자를 이용한다.	Redesigning
29. 공압과 유압	A. 대상물의 고체요소 대신에 기체와 액체요소를 사용한다. B. 대상물의 중량을 감소시키기 위해 아르키메데스 힘(Archimedes forces)을 사용한다. C. 부압(negative pressure) 또는 대기압(atmosphere pressure)을 사용한다. D. 액체와 기체의 가벼운 성질을 결합한 것으로 거품을 사용한다.	Pneumatics and hydraulics system
30. 유연한 겉모양과 박막	A. 통상의 구조물 대신에 유연한 얇은 막 및 필름을 사용한다. B. 유연한 얇은 막 및 필름을 사용하여 물체를 격리시킨다.	Flexible Membrane and Thin Films

발명원리명	세부원리	영문
31. 다공성 소재	A. 물체를 다공성으로 만들거나 다공성물질(삽입물, 코팅)을 사용한다. B. 물질에 있는 구멍을 이용한다.	Porous Materials
32. 색상변경	A. 물체 또는 환경의 색을 바꾼다. B. 물체 또는 환경의 투명도를 바꾼다.	Changing Color
33. 균일성	A. 재료의 물성을 일치시킨다.	Homogeneity
34. 부분의 폐기/재생	A. 기능을 수행하자마자 물체의 일부를 버린다. B. 동작 중에 물체의 팽창된 부위를 복원한다.	Rejection and Regeneration
35. 파라미터와 물성의 변경	A. 물체의 물리적 상태(Phase)를 바꾼다.(고체, 액체, 기체) B. 물체의 농도 또는 밀도를 바꾼다. C. 물체의 유연성 정도를 바꾼다. D. 물체의 온도를 바꾼다.	Changing Properties
36. 상전이 이용	A. 상변화 관련된 현상을 이용한다. 즉 밀도, 부피변화, 변형열, 온도를 이용한다.	Use of Phase Changes
37. 열팽창	A. 재료의 열팽창 또는 수축을 이용한다. B. 열팽창계수의 차이를 이용한다.	Thermal Expansion
38. 강한 산화제	A. 일반 공기를 산소가 풍부한 공기로 바꾼다. B. 일반 공기를 순수 산소로 바꾼다. C. 공기를 산소공기 또는 산소로 이온화한다. 이온화된 산소를 이용한다. D. 산소를 오존으로 바꾼다.	Oxidant
39. 불활성 환경/진공	A. 현재의 환경을 불활성 환경으로 바꾼다. B. 프로세스를 진공상태에서 수행한다.	Inert Environment
40. 복합재료	A. 단일재질을 복합재질로 바꾼다.	Composite Materials

▶ 예제 5.1 페트병 용적증가

페트(PET[12])용기의 용적을 증가시키는 문제를 해결하기를 원한다고 하고 아이디어를 발상하자. 페트병은 가볍고 부서지지 않는 우수한 용기이다. 페트병의 용적을 증가시키는 것이 이 회사에서 해결해야 할 중요한 문제이다. 페트용기의 용적을 증가시키는 방법을 제안해 보자.

단계1 : 개선 속성의 결정 및 개선 설계파라미터 선정

- 개선하고자 하는 속성 : 페트병의 용적 증가
- 개선 설계파라미터 : 7. 이동물체의 부피

단계2 : 질의와 답

- 전통의 방법을 사용하여 개선하는 방법 : 페트병의 크기 증가
- 악화되는 속성 및 설계파라미터 : 페트병의 공간점유

단계3 : 악화 설계파라미터 선택

- 31. 유해 부작용

단계4 : 모순행렬표에서 발명원리 찾기

- 7행과 31열이 교차하는 셀에 있는 발명원리는 17, 2, 40, 1임
- 각 발명원리의 세부 내용은 다음과 같음

번호	발명원리	세부원리	비고
1	17. 차원변화	A. 물체의 배치 또는 운동을 1차원에서 2차원, 2차원 에서 3차원으로 바꾼다. 또는 그 반대로 한다. B. 단층 대신에 다층 어셈블리로 한다. C. 물체를 기울이거나 돌린다. D. 반대 면을 사용한다.	

12) PET : polyethylene terephthalate

2	2. 추출	A. 방해하는 부분(또는 성질)을 물체로부터 분리하거나 물체의 필요한 부분(또는 성질)만 골라낸다.	
3	40. 복합재료	A. 단일재질을 복합재질로 바꾼다.	
4	1. 분할	A. 물체를 독립된 부분으로 나눈다. B. 물체를 분해가 쉽도록 설계한다. C. 물체의 분할 수준을 증가시킨다.	

단계 5 : 셀에 있는 발명원리를 우선순위별로 아이디어 발상에 도움이 되는 구절을 참고하여 강제연상으로 아이디어를 내어 기술적모순의 문제를 해결.

- 셀에 있는 발명원리를 17→2→40→1의 번호로 검토한다.

발명원리	세부원리	아이디어
2. 추출	A. 방해하는 부분(또는 성질)을 물체로부터 분리하거나 물체의 필요한 부분(또는 성질)만 골라낸다.	• 발상1 : 마신 후에 페트병의 측면이 녹도록 한다. 예를 들면, 마신 후 페트병을 흙에 묻으면 분해해서 토양에 섞일 수 있는 재료로 한다. • 발상2 : 마신 후에는 페트병의 측면부분이 유연하게 찌그러드는 것이 용이하여 공간을 차지하지 않는 형상으로 변경한다. 예를 들면, 측면부분을 강화 종이와 같은 것으로 하는 등.
40. 복합재료	A. 단일재질을 복합재질로 바꾼다.	• 발상1에 결합시킨다.
1. 분할	A. 물체를 독립된 부분으로 나눈다.	• 발상3 : 마신 후에 페트병을 굽힐 수 있는 형상으로 한다.

위의 아이디어에 착안하여 그림 5.1과 같은 자바라형 용기를 만들었다.

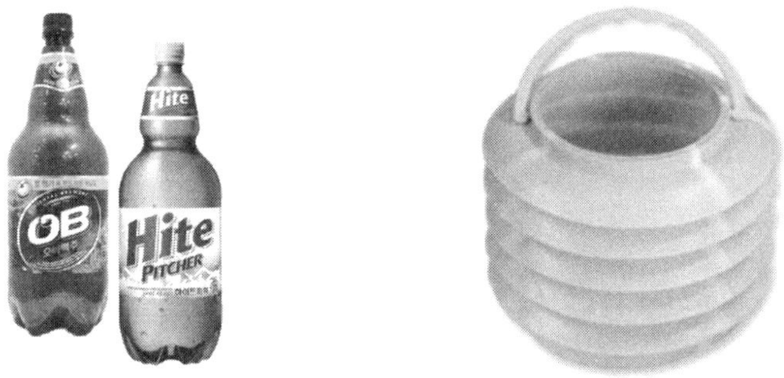

그림 5.1 페트병과 자바라 물통

5.3 비즈니스 발명원리와 활용

트리즈는 특허에 대한 연구에서 시작한 것으로 대부분의 원리와 방법은 기술영역에 축적된 지식에 근간을 둔 것이다. Mann[13](2004)은 기능모형과 분석, 기술진화의 추세, 분리의 원리, 발명원리 등의 주요 트리즈기법을 비즈니스와 경영분야로 확장하였다.

표 5.5는 Mann이 분류한 5개 비즈니스 업무부문과 대응하는 31개의 비즈니스 파라미터를 나타낸 것이다.

표 5.5 31개 비즈니스 파라미터

업무부문	비즈니스 파라미터
연구개발 (R&D)	R&D 능력(R&D specification, capacity, and means)
	R&D 비용(R&D cost)
	R&D 시간(R&D time)
	R&D 위험도(R&D risk)

13) Mann, D.L., Hands-on Systematic Innovation for Business and Management, Clevedon, UK:IFR Press, 2004.

업무부문	비즈니스 파라미터
	R&D 인터페이스(R&D interface)
생산 (Production)	생산 능력(Production specification, capacity, and means)
	생산 비용(Production cost)
	생산 시간(Production time)
	생산 위험도(Production risk)
	생산 인터페이스(Production interface)
공급 (Supply)	공급 능력(Supply specification, capacity, and means)
	공급 비용(Supply cost)
	공급 시간(Supply time)
	공급 위험도(Supply risk)
	공급 인터페이스(Supply interface)
서비스 (Support)	서비스 능력(Support specification, capacity, and means)
	서비스 비용(Support cost)
	서비스 시간(Support time)
	서비스 위험도(Support risk)
	서비스 인터페이스(Support interface)
고객 (Customer)	고객 수요(Customer revenue, demand, feedback)
	정보의 양(Amount of information)
	커뮤니케이션 흐름(Communication flow)
	시스템에 영향을 주는 유해인자(Harmful factors affecting systems)
	시스템이 생성한 유해인자(System-generated harmful factors)
	편리성(Convenience)
	적응성과 다능성(Adaptability and versatility)

업무부문	비즈니스 파라미터
	시스템 복잡성(System complexity)
	통제 복잡성(Control complexity)
	긴장/스트레스(Tension/stress)
	안정성(Stability)

비즈니스 파라미터들 간의 모순해결을 위한 모순표는 부록 B에 제시하였다. 모순표 상의 발명원리는 표 5.4와 동일하다. 비즈니스 모순표와 발명원리는 다음의 절차를 따라 활용한다.

1. 개선해야 할 속성을 결정하고, 이 속성이 모순표의 31가지 파라미터 중의 하나가 되도록 만든다.
2. 다음의 질문에 응답한다.
   가. 전통의 방법을 사용하여 해당 속성을 개선할 수 있는 방법은 무엇인가?
   나. 전통적 방법을 사용하는 경우에 악화되는 속성은 무엇인가?
3. 단계 2의 '나'항에 대응하는 모순 행렬표상의 설계파라미터를 선택한다.
4. 모순표의 해당 행과 열이 교차하는 칸에서 발명원리를 찾는다.

▶ 예 5.2 제품의 개발기간 단축

지속적으로 신제품을 출시해야 하는 기업의 입장에서 신제품 개발기간 단축과 비용 저감은 매우 중요하다. 제품의 개발기간 단축은 바람직한 속성이다. 그러나 자동차와 같이 복잡한 제품은 제품개발 사이클을 단축하는 것이 매우 어렵다. 또한 제품 복잡도에 따라 제품개발비용도 함께 증가한다.

비즈니스발명원리를 활용하여 이 문제를 해결하는 방법을 찾아보자. 먼저 문제를 다음과 같은 모순문제로 모형을 변경한다.

1. 시스템 복잡도와 R&D시간의 모순
2. 시스템 복잡도와 R&D비용의 모순

첫 번째의 모순문제를 해결하기 위해서 모순표에서 발명원리번호를 다음과 같이 찾았다.

5, 6, 25, 10, 2, 37

이들 발명원리와 세부원리로부터 다음과 같은 아이디어를 얻을 수 있다.

발명원리	세부원리	아이디어
5. 결합	A. 동일하거나 유사한 물체를 더 가깝게 하거나 병합한다. 동일하거나 유사한 부분을 병렬로 작동하도록 만든다.	• 유사한 컴포넌트나 하위시스템을 병렬로 개발한다. • 방해하지 않는 컴포넌트나 하위시스템을 병렬로 개발한다.
6. 범용성	A. 부품이나 물체가 다수의 기능을 수행하도록 만들어 다른 부품의 필요성을 제거한다.	• 부품을 단순화하고 부품 수를 감소시킨다.
25.셀프서비스와 자가조직	A. 물체 스스로 보완 작용을 하고 유지 보수할 수 있게 한다. B. 낭비에너지, 물질을 이용한다.	• 은퇴한 작업자의 경험이 필요한 곳에 그들을 재고용한다. • 다른 조직에서 작업 부하가 적은 작업자를 임시로 빌려온다.
10.예비 활동	A. 요구되는 작용을 미리 수행한다. B. 물체를 최상의 동작위치에 미리 두고 공급에 필요한 시간낭비를 피한다.	• 핵심개발활동을 시작하기 오래 전에 이들 작업을 위한 작업자를 미리 선발하여 준비시킨다.

발명원리	세부원리	아이디어
2. 추출	A. 방해하는 부분(또는 성질)을 물체로부터 분리하거나 물체의 필요한 부분(또는 성질)만 골라낸다.	• 부서간의 장벽을 허물고 강력한 권한을 위임받은 제품개발팀을 구성한다.
37.열팽창	A. 재료의 열팽창 또는 수축을 이용한다. B. 열팽창계수의 차이를 용한다.	

두 번째의 모순문제의 해결을 위해 비즈니스모순표에서 발명원리를 찾으면 다음과 같다.

5, 2, 35, 1, 29

발명원리 5, 2에 대해서는 앞에서 검토하였다. 이제 발명원리 35, 1, 29에 대해서 살펴보자.

발명원리	세부원리	아이디어
35. 파라미터와 성질 변경	A. 물체의 물리적 상태(Phase)를 바꾼다(고체, 액체, 기체). B. 물체의 농도 또는 밀도를 바꾼다. C. 물체의 유연성 정도를 바꾼다. D. 물체의 온도를 바꾼다.	• 가상적인 시제품과 컴퓨터시뮬레이션을 더 많이 사용한다.
1. 분할	A. 물체를 독립된 부분으로 나눈다. B. 물체를 분해가 쉽도록 설계한다. C. 물체의 분할 수준을 증가시킨다.	• 제품의 하위시스템 사이의 의존성을 감소시킨다. • 모듈설계를 증진시킨다.

발명원리	세부원리	아이디어
29.공압과 수압	A. 대상물의 고체요소 대신에 기체와 액체요소를 사용한다. B. 대상물의 중량을 감소시키기 위해 아르키메데스 힘을 사용한다. C. 부압 또는 대기압을 사용한다. D. 액체와 기체의 가벼운 성질을 결합한 것으로 거품을 사용한다.	• 제품개발팀에 대해서 유연한 조직구조를 사용하고, 팀구조를 제품개발이 다른 단계로 돌파하도록 조정한다.

위의 과정으로 총 11개의 아이디어를 얻을 수 있고, 이들 아이디어를 구체화하고 종합하여 최종의 개선안을 도출한다.

5.4 물리적모순과 분리원리

5.4.1 물리적모순의 의미

물리적 모순은 동일한 파라미터가 동일한 시간과 공간에서 배타적 상태(자기대립)로 되지 않으면 안 되는 경우를 말한다. 즉, 어떤 설계파라미터 C가 높은 값을 가져야 하지만 동시에 낮은 값을 가져야 하는 경우가 여기에 해당하는 것으로 물리적으로 불가능한 상황에 있어야 함을 의미한다고 할 수 있다.

모순표에서 동일한 파라미터가 교차하는 부분이 물리적 모순이 발생하는 상황을 나타낸다. 물리적모순은 물리적으로 불가능한 현상이므로 발명원리가 존재하지 않으며, 모순표에 빈칸으로 남아 있다.

물리적모순의 예를 들면 다음과 같다. 과거에 프레젠테이션에서 사용했던 지시봉은 길어야 하지만 길면 휴대가 불편하다. 즉, 개선할 특성도 길이이며 동시에 악화되는 특성

표 5.6 물리적모순 특성

물리적 특성	기하학적 특성	기능적 특성
(크다/작다)	길다/짧다	던지다/잡다
밀도	대칭/비대칭	당기다/밀다
전도성	평행/교차	뜨겁다/차다
온도	얇다/두껍다	빠르다/느리다
시간	둥글다/둥글지 않다	움직이다/고정되다
점성	날카롭다/무디다	강하다/약하다
힘	좁다/넓다	부드럽다/단단하다
마찰력	수평/수직	싸다/비싸다
…	…	*〈반대어 사전 참고〉*

도 길이로써 지시봉은 길어야 하지만 동시에 길지 않아야 하므로 물리적모순 상태이다, 또 다른 예로써 바늘이 있다. 바늘에 실을 끼우기 위해서는 바늘귀의 구멍이 커야 하지만 쉽게 꿰매기 위해서는 바늘귀가 작아야 한다. 즉, 바늘귀는 크면서 동시에 작아야 하므로 물리적모순이 발생한다.

물리적모순 상황은 다음과 같이 기술할 수 있다.

> 핵심 하위시스템 (A)는 (첫 번째 요구사항 B)를 만족시키기 위해서 (C)를 가지거나 (C)가 되어야 한다/핵심 하위시스템 (A)는 (두 번째 요구사항 B')을 만족시키기 위해서 (C)를 갖지 않거나 (C)가 되지 않아야 한다.

물리적모순은 대개 반대되는 물리적, 기하학적, 기능적 특성이 요구되는 경우에 발생한다. 표 5.6은 물리적모순이 발생할 수 있는 각종의 특성을 정리한 것이다.

▶ 예 5.3 전선제조공정

일정 굵기의 전선을 만들 때 먼저 전선을 액체 에나멜에 담근 다음 금형을 통해 여분의 에나멜을 제거한다. 전선의 굵기가 일정하게 되도록 하기 위해서는 금형이 뜨거운 상태에 있어야 한다. 그러나 전선이 금형 속에서 일정 시간 이상 머물게 되면 금형의 뜨거운 온도 때문에 에나멜이 금형에 붙어 전선이 움직일 수 없게 된다. 이런 경우 공정을 중지하고 전선을 잘라낸 후에 금형을 청소해야 한다. 즉, 일정 굵기의 전선을 제조하기 위해서는 금형이 뜨거워야 하지만 에나멜이 금형에 붙는 것을 방지하기 위해서는 금형이 차가워야 하는 물리적 모순이 발생한다.

5.4.2 물리적모순의 해결

대부분의 모순문제는 기술적모순의 형태로 나타난다. 그러나 문제를 더 상세히 분석하면 겉으로 드러난 기술적모순의 근본원인이 물리적 모순임을 확인하게 된다. 물리적 모순을 해결하기 위해서는 분리의 원리를 적용한다. 표 5.7은 물리적모순을 해결하는 11가지 방법을 예시와 함께 나타낸 것이다.

표 5.7 물리적 모순의 해결방법

방법	예
1. 상충된 성질의 공간 분리	• 채광(mining)과정에서 발생하는 먼지를 가라앉히기 위해서는 작은 물방울이 필요하다. 그러나 물방울을 작게 하면 안개가 만들어지는 문제가 발생한다. 이 문제의 해결을 위해서 큰 물방울이 작은 물방울을 둘러싸도록 하는 방법이 제안
2. 상충된 성질의 시간 분리	• 비행 상태(이륙, 비행, 착륙)에 따라 날개의 형상을 변경할 수 있는 비행기
3. 동종/이종의 시스템이나 요소를 상위시스템으로 결합함	• 주물의 냉각을 막기 위하여 사각형 주물을 롤러 컨베이어 위에서 마주대어 연결. • 개인용 컴퓨터를 네트워크로 통합하여 전체그룹이 하나의 프린터나 쌍방의 인터넷 연결을 가능하게 함.

방법	예
4. 시스템을 반대시스템 또는 시스템과 반대시스템의 결합으로 전환	• 지혈을 위하여 다른 혈액형의 피를 이용함.
5. 전체시스템을 성질 "B"를 갖도록 하고, 하위스시템이 성질 "반-B"를 갖도록 함	• 복잡한 형상의 물체를 잡기 위한 바이스 클램프 바이스를 구성하는 세부요소들은 딱딱하나 전체 클램프는 유연하게 모양이 변할 수 있음.
6. 마이크로수준에서 작동하도록 시스템을 변화	• 광산에서 쓰는 공압시스템에 압축가스 대신에 액화가스의 사용을 제안.
7. 시스템의 일부분이나 환경의 상(phase)의 상태를 변경	• 기계적인 기중기 대신 열적인 기중기를 이용. 열팽창 계수가 틀린 두개의 물질을 이용하여 열적인 기중기를 만듦. 열을 가하면 두개의 물질사이에 공간이 생김.
8. 시스템의 일부분의 상을 두 개의 상태를 갖도록 함(이 부분이 작업 환경에 따라 한 상태에서 다른 상태로 전이함)	• 니티놀(니켈과 티탄의 합금, 열 조건에 따라 본래의 모양으로 변하는 성질이 있음)을 이용한 열 교환기. 열이 올라가면 열 교환기의 모양이 늘어나서 냉각면적을 늘림.
9. 상전이에 동반되는 현상을 사용	• 얼음 조각들을 이용하여 냉동 화물(frozen load) 을 이송하는 기계(얼음은 마찰력을 감소시킴)
10. 단일상(single-phase) 대신에 두 개상(double- phase)을 갖는 물질로 대체	• 광택 방법. 납이 녹아 있는 액체와 강자성체의 연마물질을 혼합한 물질을 사용함.
11. 물리-화학적 전이 : 분해/ 합성, 이온화/재결합 등의 물질의 형성/소멸	• 나무의 암모니아 플라스틱화. 암모니아염을 입힌 나무는 마찰이 있으면 분해됨.

기술적모순의 원인이 되는 물리적모순을 찾기 위해서는 모순현상을 다음 세 단계에 따라 분석한다.

● **단계 1 : 상충하는 기능을 찾고, 기능모형을 작성한다.**

● **단계 2 : 물리적 모순을 파악한다.**

물리적 모순은 동일한 물체에 유용한 활동과 유해한 활동이 공존하는 경우에 발생한다.

● **단계 3 : 모순이 발생하는 영역을 파악한다.**

모순이 발생하는 "영역"에는 공간적 영역과 시간적 영역의 두 가지가 있다. 물리적 모순의 해결에 적용할 분리의 원리를 선정하기 위해서는 이 영역의 파악이 필요하다.

▶ **예 5.4 약액충진 앰플의 밀봉**

앰플은 약액을 밀봉하여 보관하는데 사용한다. 약액을 채운 앰플의 끝단은 화염을 가해 밀봉한다. 이 과정에서 강한 화염을 가하면 밀봉은 잘되지만 열의 영향을 받아 앰플 속에 들어있는 약액의 품질이 열화된다. 반대로 약액의 품질 열화를 방지하기 위해 약한 화염을 가하면 약액의 품질은 유지되지만 밀봉이 불충분하게 된다.

화염이 강하면서 동시에 약해야 하는 물리적모순 상황에 있다. 그림5.2는 앰플의 제조공정을 나타낸 것으로 빈 앰플에 약액을 채우고 버너를 사용하여 밀봉한다. 위의 세 단계를 적용하여 모순이 발생하는 영역을 찾는다.

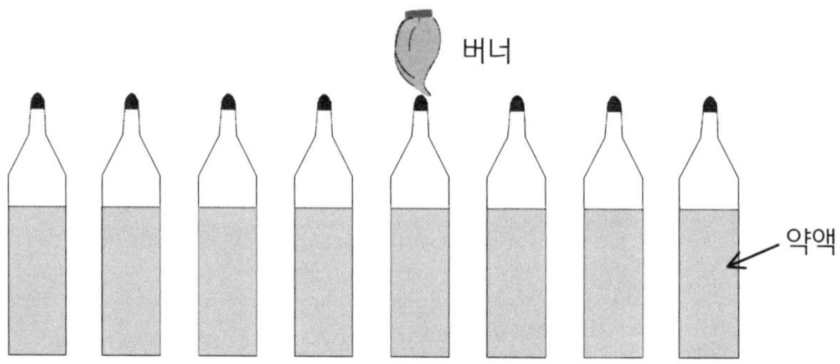

그림 5.2 앰플제조공정

● 단계 1 : 상충하는 기능을 찾고, 기능모형을 설정한다.

앰풀은 밀봉하되 약액은 손상되어서는 안 된다. 불꽃은 유리를 녹여 앰풀을 밀봉하지만 약액을 열화시킨다. 이 상황을 기능모형으로 작성하면 그림 5.3과 같다.

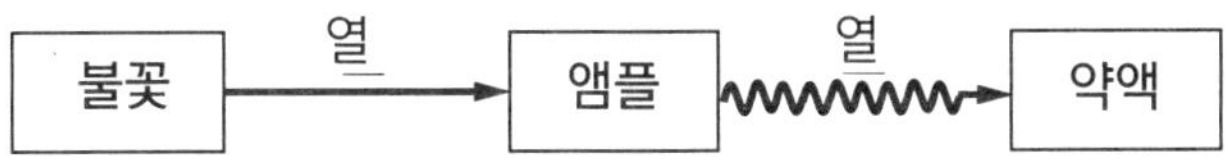

그림 5.3 앰플제조의 기능모형

● 단계 2 : 물리적 모순을 파악한다.

유용활동 "가열하여 앰풀을 밀봉함"과 유해활동 "가열하여 약액을 변질시킴"이 앰풀에 공존한다. 그러므로 물리적 모순은 다음과 같다.

- 앰풀을 녹여서 밀봉하기 위해서는 충분히 뜨겁게 해야 한다.
- 앰풀은 뜨거워서는 안 된다. 뜨겁게 되면 약액의 성질이 변한다.

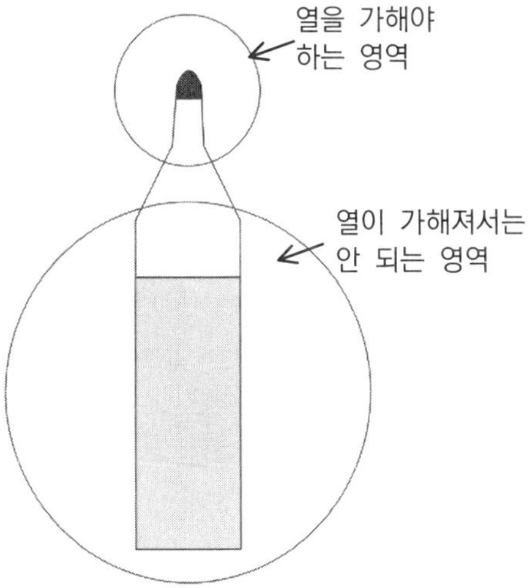

그림 5.4 물리적모순이 발생하는 위치

● 단계 3 : 모순현상이 일어나는 영역을 파악한다.

- **위치성질**. 앰풀의 밀봉을 위해서는 앰풀의 끝 부분에만 열을 가하면 된다. 반면에 약액의 변질을 방지하기 위해서 앰풀의 아랫부분을 가열해서는 안 된다.
- **시간성질**. 앰풀밀봉공정의 유용기능 "열을 가하여 앰풀을 밀봉"과 유해기능 "열이 약액을 변질"이 동일한 시간에 발생한다.

앰풀제조공정의 물리적모순은 시간적으로는 동일한 시점에 발생하고 있으나 위치적으로는 서로 다른 영역에서 발생하고 있다.

5.4.3 분리의 원리

물리적모순을 해결하기 위해서는 분리의 원리를 적용한다. 분리의 원리에는 공간의 분리, 시간의 분리, 컴포넌트 간의 분리, 부분과 전체의 분리 등이 있다.

● 공간의 분리

공간의 분리는 "물체의 한 부분이 성질 P를 가지는 반면에 다른 부분은 반대 성질 −P를 가진다"는 것을 의미한다. 공간의 분리를 적용하기 위해서는 모순이 일어나는 영역을 먼저 파악해야 한다.

예 5.4의 모순영역은 그림 5.4와 같이 모순이 발생하는 위치가 분리되어 있다. 따라서 공간을 분리하여 앰풀의 끝부분은 뜨겁게 하고, 아랫부분은 차게 유지할 수 있으면 물리적모순을 해결할 수 있다.

공간의 분리를 적용한 예로는 일회용밴드, 음료수캔, 깔때기, 산악용자전거의 바퀴 등이 있다(그림 5.5).

▶ 예 5.5 음료수용 캔

음료수 캔은 운반하고, 쌓아두기 위해서는 일정 수준의 강도를 갖고 있어야 한다.

그림 5.5 공간에 의한 분리 예

그러나 음료를 마시는 데는 캔이 강도를 가질 필요가 없다. 캔을 잡고 마실 때는 단단한 캔은 바람직하지는 않다.

캔의 상부와 테이블부는 강도를 높게 해야 하지만, 본체부분은 알루미늄 박판상태만으로 충분하다(공간의 분리). 캔에 담긴 주스를 밀봉상태로 유지하면 강도를 충분히 유지할 수 있으며, 마실 때에는 캔이 딱딱하다는 것을 그다지 느끼지 않는다(참고 : 상부와 테이블부는 알루미늄으로 하고 본체부분을 페트로 만든 음료용기(일명 '페트캔')도 있다).

● 시간의 분리

시간의 분리는 "일정기간에는 성질 P를 가지고, 다른 기간에는 반대의 성질 − P를 가지는 것"을 의미한다. 시간의 분리를 적용하기 위해서는 모순의 시간적 성질을 파악해야 한다. 유용활동과 유해활동이 충돌이 있으면 유용활동과 유해활동의 발생기간을 확인한다. 그런 다음에 작용해야 하는 유용기능의 수행기간과 제거해야 하는 유해기능의 작동기간을 파악해야 한다. 이들 두 기간을 완전하게 분리할 수 있다면 물리적모순을 해결할 수 있다.

시간의 분리를 적용한 예로는 캡슐형 알약, 비행기의 날개, 접이식 컴퓨터 키보드 등이 있다(그림 5.6).

그림 5.6 시간에 의한 분리 예

▶ 예 5.6 비행기의 날개

비행기의 날개는 이륙할 때와 비행할 때의 형상이 다르다. 비행가의 이륙이 쉽게 하기 위해서는 날개의 면적을 크게 해야 하지만, 속도를 빠르게 하기 위해서는 작게 해야 한다. 비행기의 날개는 크면서 동시에 작아야 한다. 비행기의 날개가 크야 하는 기간(이륙)과 작아야 하는 기간(비행)을 완전히 분리할 수 있다. 이 문제는 시간의 분리를 적용하여 이륙 시에는 날개의 면적을 크게하고 비행 중에는 날개의 면적을 작게(좁게) 되도록 설계한다. 비행기의 날개는 이륙과 비행에 따라 형상이 변경된다.

▶ 예 5.7 빌딩기초공사용 파일

빌딩을 건축할 때에는 빌딩의 하중을 지반에 전달하는 파일기초공사를 한다. 기초공사에는 파일을 이용한다. 파일을 잘 박히도록 하기 위해서는 끝이 뾰족해야 한다. 그러나 파일의 끝이 뾰족하면 지지력이 떨어진다. 지지력을 향상시키기 위해서는 파일의 끝이 뭉툭해야 한다. 그러나 끝이 뭉툭한 파일은 박기 어렵다. 이런 모순의 해결 방안으로 끝이 둥근 모양의 파일을 사용한다(타협안).

파일을 쉽게 박기 위해서는 끝이 뾰족해야 하지만 지지력을 좋게 하기 위해서는 뭉툭해야 한다. 이 상황은 끝이 뾰족해야 하는 기간과 끝이 뾰족해야 하는 기간이 완전하게 분리되어 있다. 파일을 박는 동안에는 끝이 뾰족하고, 다 박은 후에는 바닥부분이 팽창되도록 파일을 설계한다.

● 구성품들의 분리

구성품들의 분리는 “한 구성품은 성질 P를 가지는 반면에 다른 구성품은 반대의 성질 −P를 갖는 것”을 의미한다. 모순과 관련하여 해당 구성품이 가질 수 있는 성질을 하나로 제한할 수 있는 경우에 다른 성질을 갖는 다른 구성품을 도입한다.

▶ 예 5.8 벤치바이스 개선

전통의 벤치바이스는 정규형상의 물체를 잡을 수 있도록 설계되어 있다. 불규칙적인 형상의 물체를 잡기 위해서는 특수한 집게를 장착해야 한다. 불규칙 형상의 집게를 제작하기 위해서는 많은 시간과 비용이 소요된다.

벤치바이스의 집게는 부품을 꽉 죄기 위해서는 형상이 고정되어야 하고, 부품의 형상에 적응하기 위해서는 형상이 유연해야 한다.

이 모순을 해결하기 위해서 벤치바이스시스템과 집게를 구성하는 구성품 간의 반대 성질에 대한 분리의 원리를 적용한다. 소재를 느슨하게 채운 두 개의 셀을 바이스 집게의 위아래에 고정시킨다. 작업물은 셀 사이에 넣고 누른다. 셀이 작업물을 감싸면 진공펌프를 사용하여 셀이 작업물과 동일한 형상이 되도록 하여 작업물을 단단히 고정시킨다. 이와 같은 설계를 사용함에 따라 생산성을 향상되었고, 특수한 치공구를 제작하지 않아도 되도록 했다.

그림 5.7 전체와 부분간의 분리 예

● 전체와 부분의 분리

이 원리는 구성요소들이 모여 전체로 하나가 되는 경우에 적용할 수 있다. 개개 구성요소가 성질 P를 가지고 전체는 －P의 성질을 갖도록 하여 문제를 해결한다.

자전거 체인, 닷트게임판, 단어 'YES'로 만든 'NO' 등은 전체와 부분의 분리를 적용한 예이다(그림 5.7).

▶ 예 5.9 자전거체인

자전거 페달의 회전력을 바퀴에 전달하는 방법으로 벨트나 톱니바퀴를 사용할 수 있다. 벨트는 유연성이 있어서 페달과 바퀴 간에 어느 정도 거리가 있어도 회전력을 전달할 수 있으나 완전하게 전달할 수는 없다. 톱니바퀴를 사용하면 완전하게 전달할 수는 있으나 유연성이 없어 가까운 위치가 아니면 동력 전달이 쉽지 않다.

자전거의 동력 전달장치는 벨트의 유연성과 톱니바퀴의 경직성을 동시에 가져야 하는 물리적모순 상태에 있다.

이 모순의 해결을 위해 전체와 부분 간의 분리의 원리를 적용한다. 자전거의 체인의 링 하나하나(부분)는 단단하지만, 체인 자체(전체)는 풍부한 유연성을 갖고 있어 벨트의 유연성과 톱니바퀴의 경직성을 동시에 갖추고 있다.

● 상황의 분리

특정의 상황에서는 요구사항이 존재하고, 다른 상황에서는 요구사항이 존재하지 않는 경우에는 상황에 따른 분리의 원리를 적용할 수 있다.

▶ 예 5.10 부엌의 배수구

부엌의 배수구는 배수되는 물은 통과시키고, 고형물은 통과시키지 않아야 한다. 부엌 배수구의 거름망은 물은 통과하고 음식물 찌꺼기와 같은 고형물은 통과하지 못하도록 작은 구멍이 많이 뚫려있다. 즉, 물질의 크기에 따라 다르게 반응한다.

연습문제

5.1 '일회용밴드'를 문제→물리적모순→해결의 과정으로 설명하라.

5.2 '산악용자전거바퀴'를 문제→물리적모순→해결의 과정으로 설명하라.

5.3 '캡슐형 알약'를 문제→물리적모순→해결의 과정으로 설명하라.

5.4 '닷트게임판'를 문제→물리적모순→해결의 과정으로 설명하라.

5.5 다이빙 선수는 새로운 다이빙 자세를 개발하고 연습을 해야 한다. 문제는 다이빙에 성공하지 못하면 선수들이 부상을 입을 수 있다는 것이다. 높은 위치에 있는 다이빙대에서 뛰어 내려 수면에 부딪히는 순간에 물은 단단한 상태에 있다. 다이빙 선수는 새로운 자세를 만들 수 있을 것이라고 생각하지만 부상을 입어 경기에 나가지 못할지도 모른다는 두려움을 갖고 있다. 이 문제를 해결하는 아이디어를 찾아라.

5.6 가구회사에서 유치원에 가구를 팔았다. 그러나 아이들이 가구의 페인트를 벗기거나 긁어놓아 금방 헌 가구가 되어버린다는 불평을 하고 있다. 이 문제의 해결방안을 찾아라.

5.7 어떤 공장에서 두께 1mm의 타원형 유리판을 수천 개 제조해 달라는 주문을 받았다. 우선 유리를 사각형의 판으로 자른 다음 모서리를 갈아서 타원형을 만들었으나 유리판이 매우 얇아 제조과정에서 많은 수의 유리판이 깨졌다. 작업자는 더 두꺼운 유리판으로 제작해야 한다고 하고 있다. 이 문제의 해결방안을 찾아라.

5.8 길이 4인치, 직경 4인치의 용수철을 눌러 책의 안쪽에 놓고 용수철이 풀리지 않게 책을 덮어야 한다. 또한 용수철은 언제든지 펴져야 한다(용수철을 눌러 장치 안에 넣고 뚜껑을 덮어야 하는 상황과 유사하다). 어떤 엔지니어 가 줄로 용수철을 묶는 방법을 제안하자 다른 엔지니어가 용수철을 묶어두면 기능을 할 수 없다고 했다. 이 문제의 해결방안을 찾아라.

5.9 공간의 분리를 적용한 예를 들어라(책의 예는 제외).

5.10 시간의 분리를 적용한 예를 들어라(책의 예는 제외).

5.11 구성품들의 분리를 적용한 예를 들어라(책의 예는 제외).

5.12 전체와 부분간의 분리를 적용한 예를 들어라(책의 예는 제외).

5.13 상황의 분리를 적용한 예를 들어라(책의 예는 제외).

Chapter 6

발명원리의 이해(Ⅰ)

학습 목표

1. 40개 발명원리를 특성별로 분류할 수 있다.
2. 40개 발명원리의 세부원리의 의미를 설명할 수 있다.
3. 40개 발명원리에 대응하는 적용 예를 기술 분야에서 찾을 수 있다.
4. 40개 발명원리 대응하는 적용 예를 비즈니스 분야에서 찾을 수 있다.

6.1 발명원리의 분류

알츠슐러는 기술적모순을 해결하는데 적용할 수 있는 40개의 발명원리를 정리하였다. 40개 발명원리 각각은 해당 발명원리의 구체적인 적용내용을 담은 하위원리들로 구성되어 있다. 이들 하위 발명원리는 총 86개가 있다.

40개 발명원리는 다음 4가지의 유형으로 분류할 수 있다.

1. 기술시스템의 하위시스템 관련 원리

- 하위시스템의 체계
- 하위시스템의 정성적 특성
- 하위시스템의 공간적 관계
- 특수한 재료와 형상

2. 하위시스템 간의 관계 관련 원리

- 상호작용의 방향
- 상호작용의 정도와 리듬
- 상호작용의 정성적 특성
- 상호작용을 실현하는 방법

3. 시스템 내부의 정보 관련 원리

- 커뮤니케이션의 유형
- 실현하는 커뮤니케이션의 종류

4. 기타 원리

표 6.1은 40개의 발명원리를 유형별로 분류하여 정리한 것이다.

표 6.1 발명원리의 분류

분류	세부분류	발명원리
기술시스템의 하위시스템 관련 원리	하위시스템의 체계	1.분할, 2.추출, 5.결합, 24.매개체 사용, 26.복제의 사용, 27.저가의 일회용품, 34.일부분의 폐기와 복원
	하위시스템의 정성적 특성	3.국부적 품질, 6.범용성, 33.균일성
	하위시스템의 공간적 관계	4.비대칭, 7.포개기 구조, 12.등위화, 14.회전타원체-굴곡, 17.차원변경
	특수한 재료와 현상	29.공기 및 유체, 30.유연한 겉모양과 박막, 31.다공성 소재, 38.강한 산화제, 39. 불활성 환경/진공, 40.복합재료
하위시스템 간의 관계 관련 원리	상호작용의 방향	9.예비반대활동, 10.예비활동, 11.사전완충, 13.반대로 하기, 22.유해를 유익으로 전환
	상호작용의 정도와 리듬	19.주기적 활동, 21.급속통과/건너뛰기
	상호작용의 정성적 특성	15.동적으로 만들기, 16.초과/부족, 18.진동
	상호작용을 실현하는 방법	32.색상변경, 35.파라미터와 물성의 변경, 36.상전이, 37.열팽창
시스템 내부의 정보 관련 원리	커뮤니케이션의 유형	23.피드백, 25.셀프서비스와 자가조직
	실현하는 커뮤니케이션의 종류	28.기계적인 부분 대용
기타 원리		8.무게보상, 20. 유익작용의 지속

6.2 기술시스템의 하위시스템 관련 원리

6.2.1 하위시스템의 체계

● 원리 1 : 분할(Segmentation)

대상물을 작은 단위로 분할하는 원리이다. 처리하기 어려운 대상물은 작은 단위로 분할하여 처리하는 것이 인간의 기본적인 사고방식이다. 대상물이 흘러야 하는 부분은 대상물을 분할하여 흐름을 원활하게 하거나 병행 처리한다. 오늘날 널리 사용하는 커터 칼(cutter knife)은 분할의 원리를 적용한 간단한 예이다(그림 6.1).

분할의 원리에는 세 개의 하위원리가 제시되어 있다.

1) 대상물을 독립된 부분으로 나눈다.

- 대형 트럭을 트럭과 트레일러로 분할함
- 중앙 컴퓨터가 처리하던 작업을 개인용 컴퓨터로 대체함
- 제품별로 경영조직을 분할함
- SWOT 분석 - 내부 상황과 외부환경을 강점, 약점, 기회, 위협으로 분할하여 조직의 현황을 분석함
- 대형프로젝트를 세부과제로 분할하여 수행함
- 게임기의 화면을 분할한 닌텐도 DS
- 시장세분화: 잠재 구매자들을 공통 요구를 가진 그룹으로 무리 짓기
- 기업의 독립적인 세일즈 지역 센터
- 사우스웨스트 항공은 탑승수속 업무를 작은 단위로 나누고 간소화시켜 업무 처리 속도를 향상시켰음

그림 6.1 보통칼과 커터칼

2) 대상물을 분해가 쉽도록 설계한다.

- 조립식가구, 컴퓨터 부품의 모듈화, 접이식 자
- 필요한 길이로 조립할 수 있는 정원용 호스
- 배관시스템의 연결손(T형,+형)
- 프로젝트에 비정규직 직원을 채용하여 프로젝트팀을 구성함(프로젝트 완수 후 팀 해체)
- 유연생산시스템(다품종 소량 생산) - 필요한 수량의 제품을 생산한 후에 생산시스템 해체
- IBM의 스컹크 조직(실험적 기술 및 응용제품의 개발을 신속하고도 은밀하게 추진하는 전문가 그룹)

3) 대상물의 분할의 수준을 증가시킨다.

- 용접봉 대신 금속분말재를 사용하여 용접함
- 커튼을 블라인드로 교체함
- 면도기의 칼날을 다수개로 함

● **원리 2 : 추출(Taking out)**

대상물에서 필요한 부분이나 성질, 방해하는 부분이나 성질을 끄집어 내는 원리이다. 창문형 에어컨은 압축기가 에어컨에 일체로 붙어 있다. 압축기 모터의 소음은조용한 실내를 방해하는 부분이다. 분리형 에어컨은 추출의 원리를 적용하여 냉방과 직접적으로 관련이 없는 압축기를 추출하여 외부에 위치시켜 실내 소음문제를해결한 것이다(그림 6.2).

추출의 원리를 적용하기 위한 구체적인 하위원리는 다음과 같다.

1) **대상물에서 방해하는 부분(또는 성질)을 분리하거나 필요한 부분(또는 성질)만 끄집어 낸다.**

- 에어컨시스템의 실내 모터소음 제거를 위해 압축기를 외부에 설치함
- 윈도우즈시스템에서 '사용하지 않는 바탕화면' 모으기 기능 제공
- 줄 없는 줄넘기
- 린프로세스(lean process)에서 VA(가치부가활동) 또는 NVA(비가치부가활동)를 추출함
- 공항에서 새를 쫓기 위해 새가 무서워하는 소리만 녹음하여 방송함
- 설비의 정비업무를 외주업체에 맡김(outsourcing)
- 매장 판매를 없애고 배달 매출만 올리는 점포
- 서비스 업종에서는 상습 불만호소 고객(블랙 컨슈머) 리스트를 별도로 관리하여 디마케팅을 실시함
- 캐나다의 서커스단 시르크 뒤 솔레이유는 동물 및 마술쇼를 없앤 후 고급화 아웃소싱(마케팅, 세일즈와 광고활동의 하도급, 외주)으로 성공함
- 할인상품을 별도 판매대에서 판매함
- 증권사 객장에서 전광판 제거(미래에셋)
- 렉서스는 미국시장 진출 시 고급차의 이미지를 주기 위해 도요다브랜드를 없앰(도요타 자동차는 값싼 이미지를 갖고 있었음)

그림 6.2 창문형에어컨(일체형)과 분리형에어컨

그림 6.3 멀티펜

● 원리 5 : 결합(Merging/jointing/combining)

원리1(분할)과 2(추출)의 반대 원리로 유사한 대상물을 하나로 결합하는 원리이다. 비슷한 작업을 몇 곳에서 수행하는 경우에는 한 곳으로 모아서 수행하는 것이 더 효율적이다. 유사한 물체는 결합하여 사용하면 편리하다. 여러 가지 색상의 볼펜심을 하나의 볼펜에 결합한 멀티펜은 유사한 물체를 하나로 결합한 대표적인 예이다(그림 6.3). 결합의 원리를 적용하는데 사용할 수 있는 구체적인 하위원리는 두 가지이다.

1) 동일하거나 유사한 물체를 더 가깝게 하거나 결합한다.

- 개인용 컴퓨터들을 연결하여 네트워크를 형성함
- 여러 색상의 볼펜심을 결합하여 볼펜을 제작함(멀티펜)
- 약한 대상물을 꾸러미로 결합하여 강하게 함(유리판 등)
- 유사한 업종들끼리 모아서 배치한 쇼핑센터
- 젊은 기술자의 아이디어와 나이 든 기술자의 경험을 융합할 수 있도록 프로젝트 팀 구성
- 주말 패키지 여행상품
- 콜 센터
- 동일한 물품을 취급하는 가게들이 모여서 장사함
- 스타벅스의 바리스타(Barista)는 주문, 제조, 서비스를 동시에 제공함
- 움직이는 런닝머신 나이키 플러스 운동화(나이키 신발에 애플사 MP3플레이러를 장착하여 운동 후 운동거리 및 소모 칼로리를 알려줌)
- KT의 원스톱(One Stop) 서비스(한 번 방문으로 유선/모바일/인터넷 종합서비스 제공)
- 런던 시티은행의 원콜(One Call) 서비스
- 놀이공원의 자유이용권/복합선물세트/할인 패키지 상품
- 쇼핑몰(유통+영화+전시장+음식+스포츠센터+전문점+병원)
- 쇼핑과 옥션을 같이 하는 오픈마켓
- 스팀청소기

2) 동일하거나 유사한 부분이 병렬로 작동하도록 만든다.

- 다수개의 동일한 마이크로프로세서가 병렬 작동하도록 설계한 병렬처리컴퓨터
- 제품의 신뢰도 증가를 위해 동일한 부품을 중복으로 설계함(중복설계)
- 여러 편의 영화를 동시에 상영하는 멀티상영관

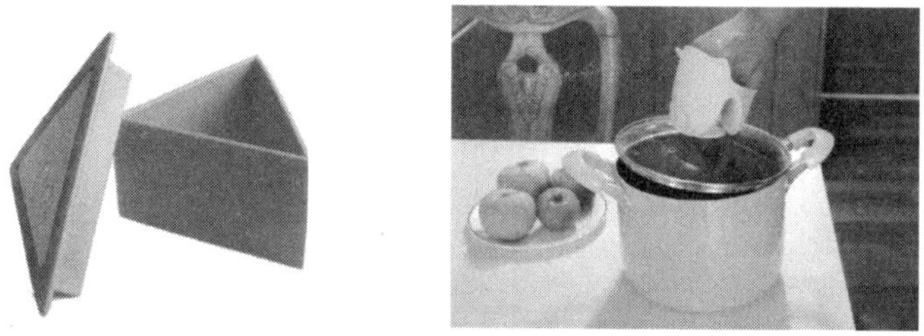

그림 6.4 매개체 사용의 예

● **원리 24 : 매개체 사용(Usage of intermediary)**

중간매개체를 사용하는 원리이다. 화학반응에서 촉매는 중간매개체로써 반응프로세스를 촉진시키는 역할을 한다. 삼각김밥을 만드는데 사용하는 삼각틀이나 뜨거운 것을 집는데 사용하는 집게나 손장갑은 중간매개체이다(그림 6.4).

매개체 사용의 원리를 적용하는데 사용할 수 있는 원리에는 두 가지가 있다.

1) 작용을 전달하거나 통과하는 매개체를 도입한다.

- 못을 똑바로 박기 위해 망치와 못 사이에 보조기구를 사용함
- 소변보기가 어려운 노인을 위해 간호사가 물을 틀어 소변보기를 도와줌
- 타협하기 어려운 협상을 할 때 편파적이지 않은 중매자를 활용함
- 물류회사의 배송시스템은 물품을 분류하는 핵심 분류 센터를 이용함
- 펀드를 이용한 간접투자
- 여행사 및 이벤트 대행사
- 중매자 결혼정보회사 변호사 공인중개사

2) 대상물을 쉽게 제거할 수 있는 물체와 임시로 결합한다.

- 뜨거운 냄비를 탁자로 옮기기 위해 냄비집게를 사용함
- 삼각김밥을 만들 때 사용하는 삼각형틀
- 컨설턴트 고용, 에이전트 고용
- 워크아웃 미팅의 촉진자(facilitator)

● 원리 26 : 복제의 사용(Usage of copies)

사용하기 불편하고, 복잡하고, 비싸고, 깨지기 쉬운 원본 대신에 복사물을 대용하는 원리이다. 세미나에 직접 참가하는 대신에 세미나 녹화테이프를 보는 것이나 한 장소에 모여서 회의하는 대면회의 대신에 화상회의를 하는 것은 복제사용의 원리를 적용한 것이다(그림 6.5).

복제의 사용의 원리를 적용하는데 사용할 수 있는 원리에는 세 가지가 있다.

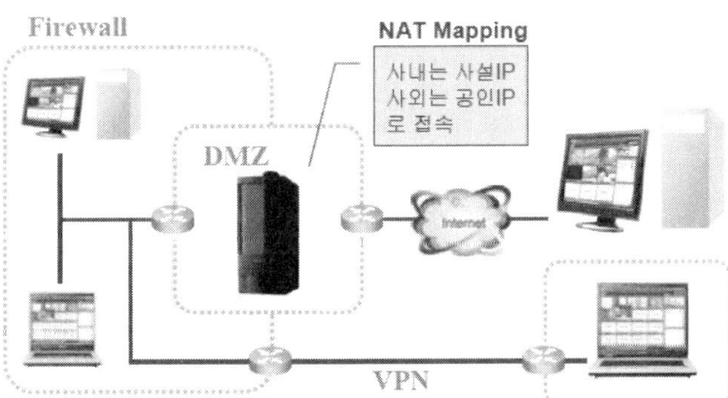

그림 6.5 화상회의시스템

1) 사용하기 불편하고 복잡하고 비싸고 깨지기 쉬운 원본 대신에 복사본을 사용한다.

- 희귀한 고서나 고문서를 마이크로필름으로 제작하여 모든 사람들이 열람할 수 있도록 하되 원본은 안전하게 보호함
- 세미나에 직접 참가하는 대신에 세미나 녹화테이프를 봄
- 소개를 받기 전에 상대방의 사진을 미리 봄
- 항공사들은 사우스웨스트 항공의 팀워크 향상 교육을 벤치마킹함
- 커머스 뱅크의 맥도날드 벤치마킹(입지선정 능력)
- 시카고 은행의 델타항공 벤치마킹(서비스 처리속도)
- 경영자 조찬 모임(세미나, 강의)

2) 광학적 복사물을 이용한다.

- 광학을 응용한 대형물체의 측정
- 회의 참석 대신 화상회의로 대체함
- 세미나 참석 대신 오디오 테이프를 청취함
- 강의식 교육을 사례연구(case study)나 e-러닝으로 대체
- 오디오 북을 이용하여 책읽기 효과를 얻음
- 결혼정보회사에서 맞선 상대자의 사진을 미리 봄

3) 적외선 또는 자외선 광학적 복사물을 이용한다.

- 침입자를 감지하기 위해 열 감지나 적외선 촬영을 함
- 인터뷰나 설문지 같은 다양한 방법을 활용하여 종업원의 도덕성과 만족도를 평가함

● 원리 27 : 저가의 일회용품(Inexpensive short-lived objects)

내구성 있는 고가의 물품 대신에 값싼 일회용품을 사용하는 원리이다. 면 기저귀는 재사용이 가능하지만 세탁에 노력과 시간이 많이 소요된다. 이런 문제의 해결을 위해 일회용 기저귀를 도입한 것이다(그림 6.6).

저가의 일회용품 사용의 원리를 적용하는데 사용할 수 있는 원리는 한 가지가 있다.

1) 내구성이 있는 고가의 물품을 저가의 일회용으로 바꾼다.

- 일회용주사기, 종이컵, 종이기저귀, 일회용 카메라
- 시뮬레이션(전쟁 및 비즈니스)
- 청소/보관하는 비용을 줄이기 위해 일회용품을 사용함
- 고급 승용차 렌터카 서비스, 정수기의 렌탈 서비스
- 프로젝트에 앞선 파일럿이나 프로토타입(Prototype)의 시범사업 구상
- 텔레마케팅과 전화조사에서 임시직을 고용함, 단기 프로젝트에서 임시직을 고용함
- 항공사의 전자티켓
- 사우스웨스트 항공은 기장 및 기내승무원들도 고객의 화물을 싣는 업무를 수행하기도 함(정시운항 및 비용절감)

그림 6.6 일회용품의 활용

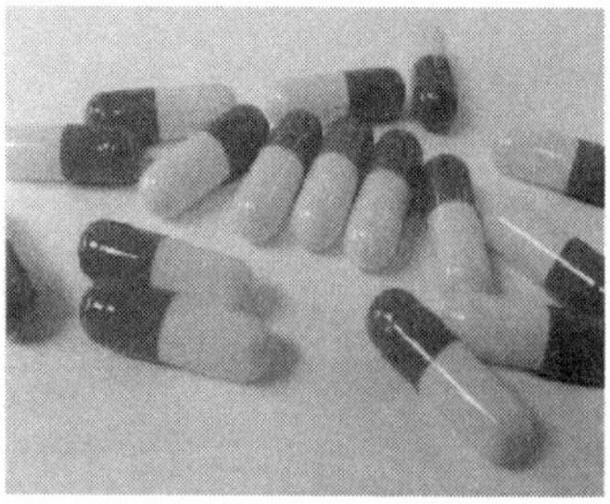

그림 6.7 캡슐형 알약

● 원리 34 : 부분의 폐기와 복원(Discarding and recovering of parts)

대상물체에서 기능을 다했거나 임무를 완수한 부분을 폐기 또는 변경시키거나 대상물이 작동하는 동안에 소모된 부분을 복원한다. 캡슐형 알약의 캡슐은 쓴 약을 위나 장으로 전달하는 기능을 한다. 임무를 완수한 캡슐은 위나 장 속에서 녹아 사라진다(그림 6.7).

부분의 폐기와 복원의 원리를 적용하는데 사용할 수 있는 원리는 두 가지가 있다.

1) 기능을 완수하면 대상물의 일부를 폐기한다.

- 녹는 물질로 만든 약의 캡슐
- 탄약이 들어 있던 총알의 탄피
- 생분해성 재료인 폴리락타이드(polylactid)로 만든 의료용 나사와 핀
- 프로젝트 수행을 위한 팀 조직
- 특수 장비의 임대
- 재활용품 가게(아름다운 가게)
- 특수장비 및 설비를 임대하여 사용
- 파리 오르세 미술관(폐쇄된 기차역을 미술관으로 개조)
- 폐쇄된 기찻길을 레일바이크 놀이공원으로 개조

2) 대상물에서 소모할 수 있는 부분을 작동하는 중간에 복원한다.

- 자체 칼날 연마기능을 갖춘 전동잔디깎기의 칼날
- 작동 중에 자체적으로 튠업(tune-up)하는 자동차 엔진
- 지속적인 개선 활동을 위한 정기적 재충전
- BPR(Business Process Restructuring)을 통한 불필요한 프로세스의 제거
- 푸드뱅크
- 가축분뇨에서 발생하는 메탄가스로 가정용 연료 사용

6.2.2 하위시스템의 정성적 특성

● 원리 3 : 국부적 품질(Local Quality)

국부적 품질은 전체를 동일하게 하지 않고 부분을 최적화하는 원리이다.

혼다(Honda)자동차의 6기통 엔진에서 채택하고 있는 VCM(variable cylinder manage-ment)기술은 출력도 좋고, 연비도 좋은 혼다만의 특별 기술이다. VCM기술은 평상시에는 6개의 실린더 중 4개의 실린더만 작동하도록 하여 연비를 높게 하고, 언덕을 오르거나 고속주행 시에는 6개의 실린더가 모두 작동하여 충분한 출력을 갖도록 한다. 식판, 맥가이버칼 등은 국부적 품질의 원리를 적용한 예들이다(그림 6.8).

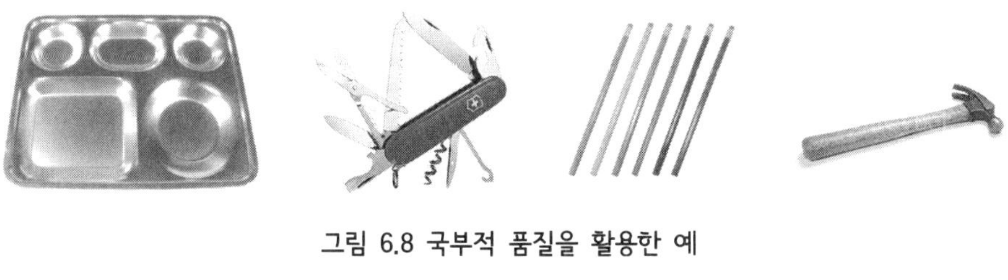

그림 6.8 국부적 품질을 활용한 예

국부적 품질의 원리를 적용하는데 사용할 수 있는 원리는 세 가지가 있다.

1) 대상물의 구조를 균일상태에서 비균일상태로 바꾼다. 외부 환경(또는 외부 영향)을 균일상태에서 비균일상태로 바꾼다.

- 탄광의 분진감소를 위해 분진이 발생하는 장소에는 미세한 물입자를 분사하고, 주변에는 거친 물입자를 분사함
- 획일적인 급여 구조에서 능력별 급여 구조로 변경
- 프랜차이즈 패스트푸드점의 메뉴에 지역고유메뉴 추가(Glocalization)
- 캐주얼데이(정장을 입지 않는 날) 지정
- 노키아의 초저가 핸드폰(Hope-on)
- 가변근무시간(flexible time)제 운영
- 지역특성에 따라 다른 판촉 프로그램을 운영
- 제품특성에 따라 생산공장의 품질수준을 다르게 함

2) 대상물의 각 부분을 가장 적합한 조건에서 기능하도록 한다.

- 식판은 각기 다른 음식을 담도록 여러 가지 형태의 모양을 갖춤
- 뜨거운 음식과 찬 음식, 고형음식과 액형음식을 구분하여 담을 수 있도록 만든 도시락통
- 영국 테스코의 글로컬(Global+Local) 표준 정책(현지화 점포 정책)
- 지역 고객들에 대한 지식을 얻기 위해 해당 지역 인력을 고용
- 마케팅에서의 대량 고객 맞춤화(Mass customization)
- 지방자치제도 및 기업의 사내 소사장 제도
- 고객 입맛에 맞는 주문 커피(스타벅스)

3) **대상물의 각 부분을 서로 다르고 유용한 기능을 수행하도록 만든다.**

- 지우개 달린 연필, 못을 뽑을 수 있는 망치, 맥가이버 칼
- 절삭공구 팁의 끝부분만 다이아몬드로 코팅하여 강도를 높임
- 유통 센터를 고객과 근접한 곳에 배치

● 원리 6 : **범용성**(Universality/Multifunction)

범용성은 하나의 제품을 여러 가지 용도로 사용하도록 하는 원리이다. 침대겸용 소파는 공간절약을 위한 획기적인 아이디어이다. 칫솔의 칫솔모 부분의 뒷면에 돌기를 만든 설태제거용 칫솔은 범용성을 활용한 예이다(그림 6.9).

범용성의 원리를 적용하는데 사용할 수 있는 원리는 한 가지가 있다.

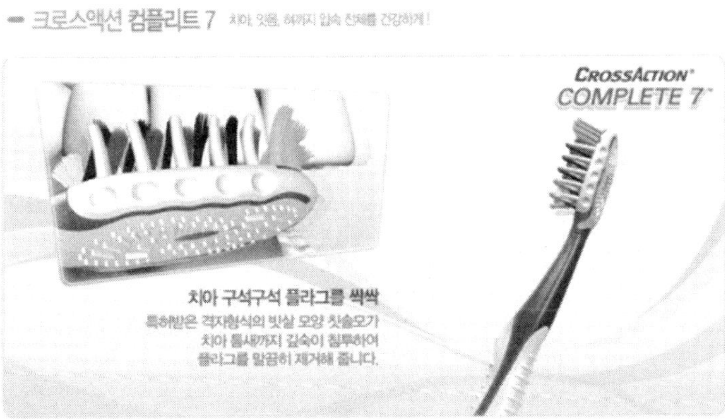

그림 6.9 설태제거용 칫솔

1) 부품 또는 대상물을 다수의 기능을 수행하도록 만들어 다른 부품의 필요성을 제거한다.

- 칫솔 손잡이에 치약이 들어 있는 칫솔
- 유모차로 전환할 수 있는 아동용 자동차 안전의자
- 앉을 수도 있고, 누울 수도 있고, 짐을 운반할 수도 있도록 조절할 수 있는 미니밴의 좌석
- 직원들이 다수의 업무 능력을 갖추도록 함
- 스타벅스의 바리스타(Barista)는 주문, 제조, 서비스를 동시에 제공함
- 자본시장통합법에 의한 투자은행의 증권, 종금, 선물, 신탁업무를 동시에 수행
- 쇼핑몰과 경매기능을 동시에 갖춘 오픈마켓
- PB(Private Banking)는 자산관리, 자산운용, 부가서비스를 동시에 제공함
- 매트릭스 조직(라인과 기능, 프로젝트 기능을 동시에 수행)
- 침대 겸 소파, 형광등 살균 램프, 축구의 수비형 공격수(리베로)
- 베이비시터를 장착한 쇼핑 카트, 계산기가 부착된 RFID 쇼핑카트
- 호텔 및 백화점 컨시어지(concierge, 콘세르쥬)는 모든 서비스를 일괄해 안내하는 역할을 함

● **원리 33 : 균일성(Uniformity)**

균일성은 재료의 물성을 일치시키는 원리이다. 다이아몬드를 연마하기 위해 다이아몬드를 사용한다. 초창기의 백열전구는 필라멘트가 타는 것을 방지하기 위해서 내부를 진공으로 만들었다. 진공으로 만들면 백열전구의 수명은 증가하지만 진공으로 인해 램프가 쉽게 깨지는 문제가 있었다. 이 문제는 백열전구 내부에 불활성 가스를 봉입하여 압력을 대기압과 동일하게 맞추어 해결하였다(그림 6.10).

균일성의 원리를 적용하는데 사용할 수 있는 원리는 한 가지가 있다.

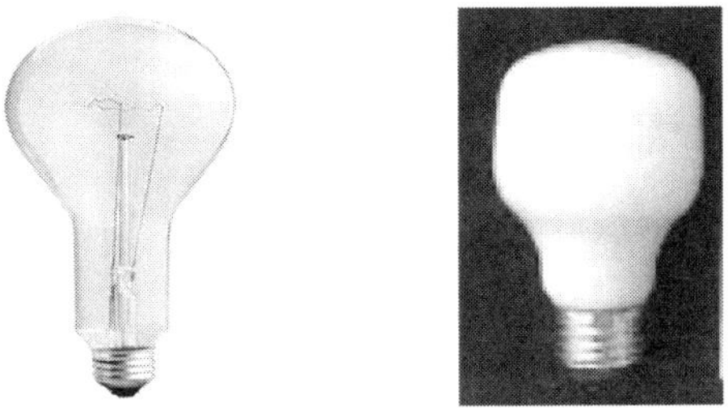

그림 6.10 백열전구(진공 및 가스충진)

1) 대상물을 동일한 재료 (혹은 동일한 물성을 갖는 재료)의 물체와 상호작용하도록 한다.

- 열변형을 방지하기 위해 열팽창율이 같은 재질로 만듬
- 화학반응을 억제하기 위해 용기를 동일한 재질의 재료로 만듦
- 다아몬드를 자르는데 다이아몬드를 사용함
- 반도체 장비의 부품을 실리콘으로 만듦
- 제품 브랜드 부여 - 같은 브랜드를 갖는 제품군
- 다른 조직간 데이터를 공유하기 위해 공통의 프로토콜(protocol)을 사용함
- 최고급 와인 샤또무통로스칠드(Chateau Mouton Rothschild)의 고가 정책 유지
- 브랜드 확장 시에도 동일 브랜드 사용
- 매스티지(Mass+Prestige, 대중화된 명품)상품
- 아날로그 카메라 형태를 유지한 DSLR 모델
- CFT(Cross Functional Team: 여러 부서의 사람들이 모여서 태스크포스팀 구성)
- 삼성전자의 신상품 개발 VIP 센터

6.2.3 하위시스템의 공간적 관계

● 원리 4 : 비대칭(Asymmetry)

인간의 신체를 비롯한 주위의 거의 모든 사물들은 대칭을 이루고 있어 무의식적으로 대칭형을 만든다. 대칭을 비대칭으로 하여 문제를 해결하는 원리이다.

레미콘 운반차량의 탱크는 비대칭으로 설계되어 있다. 소형 화물트럭의 앞바퀴와 뒷바퀴의 크기가 다르다(그림 6.11).

비대칭의 원리를 적용하는데 사용할 수 있는 원리는 두 가지가 있다.

1) 대상물의 형상을 대칭에서 비대칭 형태로 변경하거나 대상물이 비대칭이면 비대칭의 정도를 증가시킨다.

- 비대칭 혼합용기 또는 혼합효율 개선을 위해 대칭의 혼합용기 내부에 비대칭 날개 장착(레미콘, 케이크 반죽기, 믹서기 등)
- 기밀성 개선을 위해 원형의 "O-링"을 타원형이나 특수형상으로 만듦
- 여러 가지 형상의 작은 구멍을 가진 먼지 필터의 막(membrane)
- 비점수차광학(astigmatic optics)을 사용하여 색상을 융합함
- 도로의 노견 턱에 의한 충격에 잘 견딜 수 있도록 타이어의 한쪽 부분을 더 강하게 만듦
- 수요-공급 관계에서 수요 비중을 높임
- 말레이시아 페트로나스 타워 최상층부 건설 시 삼성건설은 높이 차이를 두고 두 개의 타워 크레인을 설치하여, 경쟁사인 일본 건설회사보다 먼저 공정을 완료함
- B2C 시장과 B2B 시장의 마케팅 전략 차이
- 신흥 시장과 성숙 시장의 영업전략 차이
- 운하 갑문의 수면 높이 차이를 이용하여 배를 이동시킴
- 아날로그 고객과 디지털 고객의 판촉 차이

그림 6.11
소형화물트럭

그림 6.12
타워크레인

2) 기존의 것과 다른 차별화를 만들어 낸다.

- 판매에 영향을 주는 시간(주기)의 편견으로부터 벗어남(겨울에 아이스크림 판매 등)
- 커피판매와 제조를 동시에 제공하는 차별화된 마케팅을 하는 스타벅스
- 애플사의 아이팟(iPod)은 음악을 듣는 방식을 차별화 하여 MP3시장을 주도

● **원리 7 : 포개기 구조**(Nested structures)

러시아의 마트로시카와 같이 겹상자구조로 하는 원리이다. 포개기구조를 활용한 대표적인 예는 타워크레인이다(그림 6.12).

포개기구조의 원리를 적용하는데 사용할 수 있는 원리는 두 가지가 있다.

1) 한 대상물을 다른 대상물의 내부에 넣고, 또다시 다른 대상물의 내부에 넣는 것을 반복한다.

- 망원경, 접는 라디오 안테나, 접는 지시봉
- 계량 컵 또는 스푼
- 코펠세트
- 기중기의 팔/크레인 팔
- 상점 속에 상점(꽃가게, 커피 전문점)
- 은행 내에 있는 ATM기
- 러시아 전통 인형 마트로시카(인형 속에 또 다른 인형)
- 은행의 수평적 통합에 의한 대형화(Big Bank)
- 할인점 안의 병원과 스포츠센터

2) 한 부분이 다른 부분의 빈 공간을 지나도록 한다.

- 저장을 위해 다른 의자 위에 의자를 쌓는 것
- 좌석벨트의 원상복귀
- 항공기 동체 내부에 집어넣을 수 있는 착륙장치
- 카지노 호텔 건축 구조(라스베이거스 스타일) - 손님은 화장실을 갈 때도 게임 지역을 통과하도록 만들어 놓음
- 에스컬레이터 계단의 광고
- 전시공간 내부의 상품판매장
- 개인병원 의사들이 공동 브랜드 병원(예치과)
- 유니버셜 스튜디오 상품 판매장(고객은 공연장에서 나올 때 캐릭터 상품매장을 통과해야 한다)
- 보험거래 고객에게 펀드상품 판매

● 원리 12 : 등위화(Equipotentiality)

눈높이를 맞추는 것처럼 작업과 작업조건을 맞추는 원리이다. 높은 곳에 올라가서 작업하는 것이 아니라 아래에서 작업하여 위로 운반한다. 물체를 움직이지 않고 환경을 움직인다.

물체의 밑면을 처리할 때 아래에서 작업하지 않고 물체를 뒤집어서 위에서 작업한다(그림 6.13).

등위화의 원리를 적용하는데 사용할 수 있는 원리는 두 가지가 있다.

1) **중력장에서 대상물을 올리거나 내릴 필요가 없어지도록 운전조건을 변경한다.**

- 자동차 엔진오일을 교환할 때 차를 들지 않고 작업자가 구덩이 안에서 작업함
- 파나마 운하 : 해면 높이의 차이에서 나타나는 문제를 해결하기 위해 갑문식으로 설계
- 정전기로 인한 상해를 예방하기 위해 사람과 대상물의 전기전위를 같게 해주는 접지 띠를 사용함
- 피터(Peter)원리 - 무능력 상태까지 승진(하지만 느긋함도 필요)
- 계층조직을 수평조직으로 변경
- 유조선을 이용한 물막이 공사(서산 방조제 공사)
- 커뮤니케이션은 격렬하면서도 따뜻하게 진행해야 함
- 임시로 무료제품이나 서비스를 제공하여 구매를 유도
- 해당지역의 지역 언어를 사용하는 광고
- 아메리카 은행의 초인종 효과 운영에 의한 수익 상승(고객을 아무런 정보 없이 무작정 기다리게 하는 시간을 효과적으로 활용)
- 홈쇼핑에서 주부를 쇼핑 호스트로 활용
- 태국의 아랍전문 병원

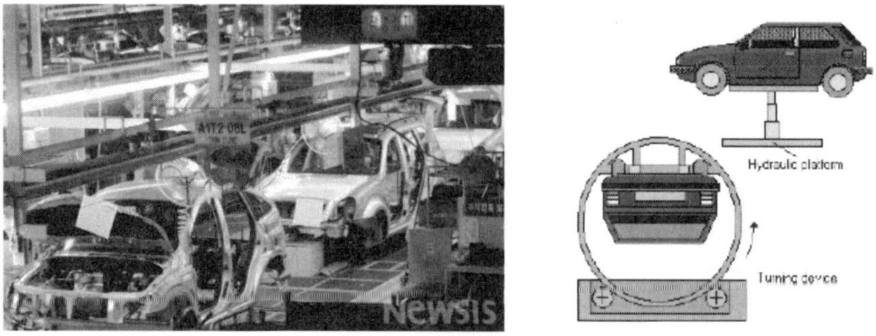

그림 6.13 자동차 생산라인

그림 6.14 나선형 계단

● 원리 14 : 회전타원체-굴곡(Spheroidality-Curvature)

물체를 직선적인 것에서 곡선적인 것으로 변경하여 문제를 해결하는 원리이다(그림 6.14).

회전타원체의 원리를 적용하는데 사용할 수 있는 원리는 두 가지가 있다.

1) 직선적인 부품, 표면, 형상을 사용하는 대신에 곡선적인 것을 사용한다. 편평한 표면을 구형으로, 육면체 형상의 부품을 공과 같은 구조로 바꾼다.

- 건축에서 강도를 높이기 위해 아치나 돔을 사용함
- 인체 공학적인 책상 및 작업 공간 설계
- 공항에서 순회하는 활주로를 만들어 활주로의 길이 제한을 없앰
- 방향 조절 파라솔
- 롤 필름(카메라 시장 확대에 기여)
- 아라비아 칼(반원형이라 칼의 강도도 높고, 적은 힘으로 물체를 벨 수 있음)
- 신발 바닥의 곡선화(마사이 워킹슈즈)
- 두바이 인공섬 팜 아일랜드는 해안선을 원형 곡선화 함

2) 롤러, 볼, 나선, 돔을 사용한다.

- 잉크가 잘 나오도록 펜 끝에 볼포인트와 롤러볼을 사용함
- 나선형 계단 : 공간 효율 향상과 미적 요소를 위해 나선형 계단을 적용함

3) 직선운동을 회전운동으로 바꾸고 원심력을 사용한다.

- 컴퓨터 마우스나 트랙볼을 사용해 모니터에 커서를 선형으로 이동하게 함
- 가구를 이동하기 위해서 실린더형 바퀴 대신에 다리바퀴를 사용함
- 돌아가면서 팀장을 맡음
- PDCA 사이클(데밍사이클)을 활용한 지속적 개선
- 설계 프로세스의 반복으로 제품의 지속적인 개선
- 각종 프로세스를 직선구조에서 고리형 구조로 전환
- 부진한 영업소와 잘 되는 영업소의 책임자 순환 근무
- 골드만 삭스는 내부 순환 보직으로 CEO를 양성함

● 원리 17 : 차원 변경(Another dimension)

차원을 1차원에서 2차원, 3차원으로 변경하여 문제를 해결하는 원리이다. 밀어서 움직이지 않으면 리프트를 사용하여 3차원 공간으로 운반하든지 롤러의 회전을 사용하여 운반한다.

차원변경의 원리를 적용하는데 사용할 수 있는 원리는 네 가지가 있다.

1) 물체의 배치 또는 운동을 1차원에서 2차원, 2차원에서 3차원으로 변경한다. 또는 그 반대로 한다.

- 적외선 컴퓨터 마우스는 평면대신에 공간에서 움직임
- 5축 절삭공구는 공구를 필요한 장소에 위치시킬 수 있음
- 매트릭스 조직 : 라인 관리에서 프로젝트 관리로 전환
- 미국 웰스 파고(Wells Fargo) 은행은 금융산업에서 소수민족으로 등한시되던 라틴, 아시아, 흑인, 인디언계 시장으로 사업영역 확대
- 고객만족도 조사(CSI)를 고객추천지수(NPS, Net Promote Score)로 전환
- 여성고객이 많은 사업부에 여성임원을 책임자로 선정
- 오프라인 교육을 온라인으로 전환(메가스터디)

2) 단층배열 대신에 다층배열 대상물을 사용한다.

- 음악 재생시간과 다양성을 증가시키기 위해 여러 장의 CD를 내장하는 카세트를 만듦
- 북쪽부분의 어두운 부분의 개선을 위해 북쪽에 볼록반사경을 설치하여 낮시간에 태양을 반사하도록 만든 그린하우스

3) 대상물을 기울이거나 방향을 돌려 옆부분에 위치시킨다.

- 덤프트럭
- 주어진 면의 반대 면을 사용한다.
- 뫼비우스의 띠를 가진 모든 디바이스
- 인쇄회로판의 양면에 집적한 전자칩
- 조직을 외부에서 관찰
- 회의시간을 비용으로 계산해봄

4) 이웃하는 영역이나 이용 가능한 영역의 반대면에 떨어지는 광선을 사용한다.

6.2.4 특수한 재료와 현상

● 원리 29 : 공기 및 유체(Pneumatics and Hydraulics)

고체부품을 기체 또는 액체부품으로 대체하여 문제를 해결하는 원리이다. 라텍스 침대, "젤(Gel)"이 든 신발 깔창 등이 이 발명원리를 이용한 것이다. 도쿄돔은 이 원리를 응용한 것으로 크기가 길이가 140m 이상, 높이가 61m 이상인 거대 구조물이다(그림 6.15, 그림 6.16).

그림 6.15 풍선집

그림 6.16 도쿄돔

공기 및 유체의 원리를 적용하는데 사용할 수 있는 원리는 네 가지가 있다.

1) 대상물의 고체요소 대신에 기체와 액체요소를 사용한다.

- 부푸는 것, 액체로 채워진 것, 에어쿠션
- "젤"을 채운 안락한 구두 밑창
- 유체시스템에서 감속 시에 에너지를 저장하고, 가속 시에 저장한 에너지를 사용함
- 공기압을 감소시키는 방법을 사용하는 "진공흡착기(vacuum holder)"
- 접는 휴대용 피아노
- 계약 시 '여유조항'의 삽입
- 충격완충을 위한 포장용 공기 비닐
- 유연한 생산방식(다품종 소량생산)
- 고정적 비즈니스 프로세스를 외부 환경 변화나 자극에 대처할 수 있도록 유연한 프로세스로 전환

2) 대상물의 중량을 감소시키기 위해 아르키메데스 힘을 사용한다.

- 고가의 조절장치 없이 금속 비행선을 연출하기 위해 수상비행기의 플로트(pontoon)를 이용하여 합성사진을 만듦

3) 부압(negative pressure) 또는 대기압을 사용한다.

- 부서지기 쉬운 화물을 수송할 때 밀봉한 고무 밴드 층으로 화물을 덮어 대기압에 의해 층이 움츠려지도록 진공상태로 만들어 화물의 움직임을 예방함

4) **액체와 기체의 가벼운 성질을 결합한 것으로 거품을 사용한다.**

- 쇄광기(stamp instrument)에 사용하는 거품윤활제
- 전기납땜인두의 공동(cavities)은 거품덩어리로 채워짐
- MP3에 소프트웨어 기능과 컨텐츠 기능 강화(애플 아이팟)

● 원리 30 : 유연한 겉모양과 박막(Flexible shells and thin films)

통상의 구조물 대신에 유연한 얇은 막 또는 필름을 사용하거나, 유연한 얇은 막 또는 필름으로 물체를 격리시켜 문제를 해결하는 원리이다. 식물의 수분 사용량을 감소시키기 위해 잎의 윗면에 폴리스티렌을 분사하여 수분의 증발을 막는 것은 이 원리를 사용한 예이다.

유연한 겉모양과 박막의 원리를 적용하는데 사용할 수 있는 원리는 네 가지가 있다.

1) **삼차원 구조물 대신에 유연한 겉모양과 박막을 사용한다.**

- 테니스 코트 보온을 위해 부풀게 할 수 있는 박막의 기구를 사용
- 고온에 사용할 수 있도록 사파이어로 유리창을 코팅함

2) **유연한 겉모양과 박막을 사용하여 물체를 외부환경과 격리시킨다.**

- 식물 잎으로부터 수분증발을 막기 위해 폴리스티렌 스프레이를 함
- 부식에 강하도록 하기 위해 코팅 처리함
- 서수조의 증발을 제한하기 위해 이극성재료로 만든 막을 띄움(한쪽은 친수성, 반대쪽은 소수성)
- 자일리톨 껌 표면처리(본질의 속성은 변하지 않고 본질을 더 효과적으로 부각시킴)
- 당의정 약, 캡슐 약
- 개방된 공간에서 일하는 사무실 근로자는 집중해야 할 때, 커튼을 이용하여 자신을 혼란스러운 외부환경으로부터 차단함

● 원리 31 : 다공성 소재(Porous materials and membranes)

대상물을 다공성으로 만들거나 다공성 물질(삽입물, 코팅) 또는 물질에 있는 구멍을 이용하는 원리이다. 다공성소재는 동일한 부피를 가지면서도 표면적이 넓고, 가볍다는 장점이 있다.

다공성 소재의 원리를 적용하는데 사용할 수 있는 원리는 두 가지가 있다.

1) 대상물을 다공성으로 만들거나 다공성 요소(삽입, 코팅)를 추가한다.

- 무게를 감소시키기 위해 구조물에 구멍을 뚫음
- GaAs디바이스에 사용하는 다공성 웨이퍼
- 황토벽이 콘크리트 벽보다 좋은 이유는 다공 구조라서 열 발산이 좋고 습도 조절이 용이하기 때문임
- 모든 계층에서 접속 가능한 인트라넷을 도입하여 내부 의사소통을 향상시킴
- 사우스웨스트 항공의 경영목표 '오렌지 조직이 되자'(껍질 한 번만 벗기면 바로 먹을 수 있는 것과 같은 기동성 있는 조직)
- 조직을 가볍게 하여 기동성을 증가시킴
- 탄소섬유 골프채: 가볍고 강함
- 조작이 쉬운 단순한 MP3플레이어(애플 아이팟)
- 슬림화된 조직

2) 대상물이 다공성인 경우에는 유용한 물질이나 기능을 들여오는데 구멍을 사용한다.

- 납땜 후 여분의 납을 제거하기 다공성 철망을 사용함
- 팔라듐스폰지(palladium sponge)의 구멍에 수소를 저장 - 수소차의 연료탱크(수소가스를 저장하는 것보다 안전함)

● 원리 38 : 강한 산화제(Strong oxidants)

일반 공기를 산소가 풍부한 공기로 바꾸거나, 일반 공기를 순수 산소로 바꾸거나, 공기를 산소공기 또는 산소로 이온화하거나, 또는 이온화된 산소를 이용하거나, 오존으로 바꾸어 문제를 해결하는 원리이다. 오존치료기는 상처의 치유속도를 빠르게 한다(그림 6.17).

강한 산화재의 원리를 적용하는데 사용할 수 있는 원리는 다섯 가지가 있다.

1) 일반 공기를 산소가 풍부한 공기로 바꾼다.

- 잠수에서 오래 견디도록 하기 위해 고밀도의 잠수용 산소통을 사용함
- 산소를 오존으로 바꿔 화학 반응을 가속화
- 정화조 부패 가속화
- 팀에 새로운 피, 새로운 요소를 추가
- 프로젝트 팀을 구성할 때 사람들 사이의 화학적 결합을 고려함
- 구글의 아이디어 칠판 제도
- 팀에 새로운 인재를 투입, 새로운 도전과제 투입
- CRM의 웨이크업(Wake Up) 프로그램(방문 빈도수가 줄어든 고객의 활성화)
- 미국 와코비아(Wachovia) 은행의 직원 에너지 충전 프로그램
- 미라이 공업 야마다 사장의 유토피아 경영(연간 휴가 140일, 70세 정년 등)
- 3M의 사내 벤처제도
- 프로젝트팀을 구성할 때 사람들의 화학 반응을 고려(흥미있는 상호작용으로 불꽃을 일으킬 사람을 찾는다)

2) 산소가 풍부한 공기를 순수 산소로 바꾼다.

- 산화이세틸렌 불꽃을 사용하여 고온에서 절단함
- 협기성박테리아(anaerobic bacteria)를 죽이고 치료에 도움이 되도록 하기 위해 고압산소 환경에서 상처를 치료함

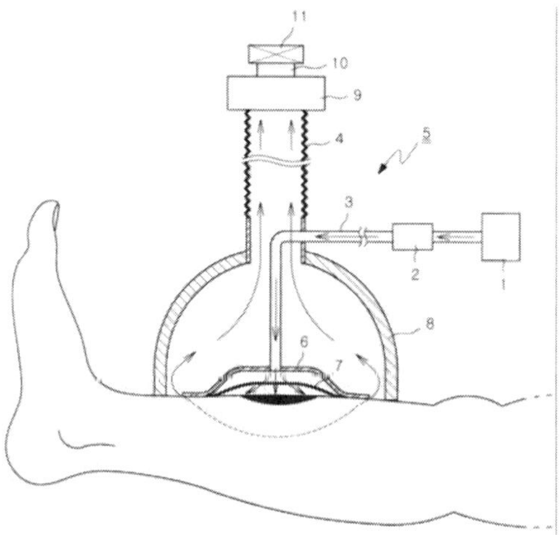

그림 6.17 오존치료기

3) 공기나 산소를 이온화 방사선에 노출시킨다.

- 공기청정기에서 오염물질을 모으기 위해 공기를 이온화 함.

4) 이온화된 산소를 사용한다.

- 반도체 표면산화 속도를 증가시키기 위해 산소를 이온화함

5) 오존화된(또는 이온화된) 산소를 오존으로 바꾼다.

- 오존에 의한 화학반응 속도 증가
- 디즈니사는 애니메이션 제작사인 애플픽사 합병 후에도 이전의 개방적인 문화를 그대로 유지하는 환경을 제공하여 성과를 향상시켰음
- 구글의 휴양지 리조트식 사무환경
- 사우스웨스트 항공의 펀(Fun) 경영(직원과 고객 간 즐거움과 신뢰 증진)

그림 6.18 감자칩 등 질소충진 포장

● 원리 39 : 불활성 환경, 진공(Inert environment, Vacuum)

주어진 환경을 불활성 환경으로 바꾸어 문제를 해결하는 원리이다. 원리38과 정 반대의 발명원리이다. 전구 내부에 아르곤가스(불활성기체)를 주입하여 필라멘트를 보호한다. 감자칩과 같은 과자는 누르면 부서져 상품 가치가 없어지므로 공기 충진 포장을 했으나 공기 중의 산소로 인한 산패 방지를 위해 질소충진 포장을 한다(그림 6.18).

불활성 환경의 원리를 적용하는데 사용할 수 있는 원리는 두 가지가 있다.

1) 정상의 환경을 불활성 환경으로 변경한다.

- 아르곤가스를 사용하여 뜨거운 금속 필라멘트의 열화를 방지함
- 불연 자재 사용
- 거품을 사용하여 불꽃을 산소로부터 차단함(화재진화)
- 진공상태에서 실리콘 웨이퍼를 처리함
- 스낵의 부서짐을 방지하기 위한 봉지 내 가스 주입
- 비즈니스 경영에서 냉각, 중립, 무관심, 무시가 필요할 때도 있음
- 빌 게이츠의 '싱크위크(think week, 매년 1주씩 업무를 떠나서 생각하는 주간을 가진다)
- 비즈니스, 정치상황에서의 냉각기

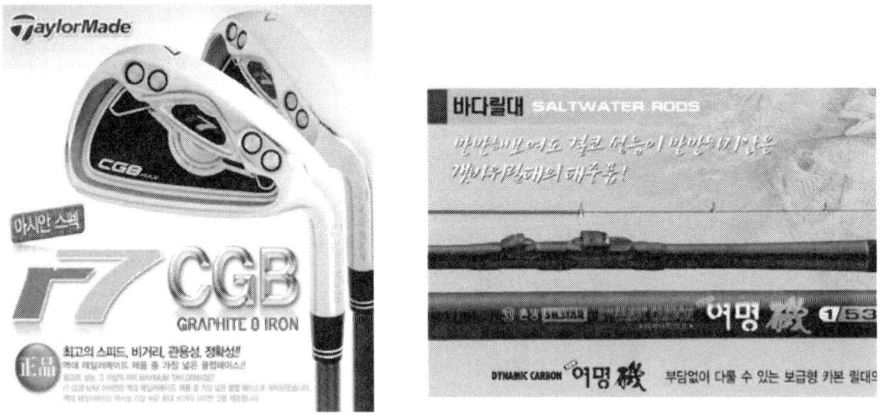

그림 6.19 낚싯대/골프채

2) 대상물에 중립적인 부품이나 불활성 첨가물을 추가한다.

- 불활성 재료를 첨가하여 분말세제의 부피를 증가시킴
- 작업 공간에 조용한 구역 도입
- 논쟁이 있는 회의에서 중간에 정회 시간을 가짐(국회의 상임위원회)
- 표준화 매뉴얼을 만듦

● 원리 40 : 복합재료(Composite materials)

단일재질을 복합재질로 바꾸어 문제를 해결하는 원리이다. 복합재료는 두 가지 이상의 성분재료로 만든 것으로 개별 성분재료가 갖고 있는 강도, 전도성, 밀도, 연성 등의 특성치들을 조합한 특성을 나타낸다. 골프채나 낚싯대 등에 많이 사용되는 복합재료는 이 원리를 이용한 것이다(그림 6.19).

복합재료의 원리를 적용하는데 사용할 수 있는 원리는 한 가지가 있다.

1) 동질의 재료를 복합재료로 변경한다.

- 복합 에폭시수지, 탄소섬유 골프채는 금속보다 더 가볍고 강함
- 유리섬유로 만든 서핑보드는 나무보다 다양한 형상으로 제작할 수 있으며 사용이 용이함
- 비행기 동체를 티타늄 복합재료를 사용해 무게를 줄임
- 화장품 냉장고, 김치냉장고
- 강의, 시뮬레이션, 온라인, 비디오 활용 학습 등 다양한 방법을 활용하여 훈련시킴
- 다른 성격을 가진 사람들로 팀을 구성함
- 강한 사람과 부드러운 사람을 조화시켜 협상팀 구성함
- 아이팟에 무선 인터넷 기능을 융합
- 해설이 있는 오케스트라(금난새의 오케스트라)
- 여러 성격 유형을 가진 사람들로 창의적인 팀을 구성
- 아날로그와 디지털 기술의 컨버전스
- 인터넷 판매에서 번들화 및 패키지화로 원가차별화 시도
- 인터넷 TV

Chapter 7

발명원리의 이해(II)

7.1 하위시스템 간의 관계 관련 원리

7.2 시스템 내부의 정보 관계 관련 원리

7.3 기타 원리

학습 목표

1. 40개 발명원리를 특성별로 분류할 수 있다.
2. 40개 발명원리의 세부원리의 의미를 설명할 수 있다.
3. 40개 발명원리에 대응하는 적용 예를 기술 분야에서 찾을 수 있다.
4. 40개 발명원리 대응하는 적용 예를 비즈니스 분야에서 찾을 수 있다.

7.1 하위시스템 간의 관계 관련 원리

7.1.1 상호작용의 방향

● 원리 9 : 예비 반대활동(Preliminary antiaction/counter-action)

반작용이 필요할 것으로 예상되는 경우에 미리 수행해 두거나 반대 방향의 힘을 갖는 물체를 미리 준비하는 방식으로 문제를 해결하는 원리이다. 열의 발생이 문제인 경우에는 미리 냉각시키고, 튀어 올라서 문제인 경우에는 미리 눌러 놓고, 식는 것이 문제인 경우에는 미리 데워 놓아 문제를 해결한다.

커피가 가장 맛있는 온도는 70˚C 정도로 알려져 있다. 추운 날씨에 맛있는 커피를 만들기 위해서는 사전에 데워 둔 커피잔을 사용한다.

예비반대활동의 원리를 적용하는데 사용할 수 있는 원리는 한 가지가 있다.

1) 유해 영향과 유용 효과를 동시에 갖는 행위를 해야 하는 경우, 유해 영향을 제어하기 위한 반대 행위를 예비 반대 활동으로 변경한다.

- 극단적인 페하지수(PH)로부터의 해를 방지하기 위해 완충제를 사용함
- 해고 전에 보상, 전직 알선, 의사소통 패키지를 미리 준비함
- 프로젝트 착수 전에 위험도를 측정하고 행동 수칙을 정의함
- 임금 피크제
- 특허, 면허, 저자권 등록으로 재산 권리 보호
- 마케팅 선도 기업이 후발 기업으로부터 전환 장벽을 높이기 위해 후발제품과 기능호환성을 갖도록 함
- 차별화 정책

2) 바람직하지 않는 작용이 추후에 발생하는 것이 알려져 있는 경우에는 대상물에 이에 반하는 행위를 하는 것을 미리 만들어 넣는다.

- 겨울에 시베리아에서는 자동차 시동 전 전기히터로 엔진을 예열 - 언 기름으로 인한 엔진 손상 예방, 연료 절약
- 철도 레일 이음매 - 온도 변화에 따른 레일의 팽창 및 수축을 감안
- 콘크리트를 붓기 전에 콘크리트 보강용 강철봉에 압축응력을 줌
- 송전시설에서 애자에 여유전선 설치
- 프로젝트가 시작되기 전에 팀워크 다지기 활동
- 변화와 혁신에 대한 저항을 줄이기 위해 영향력 있는 직원과 선임들을 끌어들여 변화 계획 수립에 참여시킴

● 원리 10 : 예비 활동(Preliminary action)

대상물에서 요구하는 행위를 미리 수행해 두는 방식으로 문제를 해결하는 원리이다. 참치캔의 손잡이를 당기면 힘이 주어져 쉽게 뚜껑을 열 수 있도록 만들어져 있다. 또한 과자봉지는 뜯기 쉽도록 뜯는 곳에 약간 잘라 둔다.

예비활동의 원리를 적용하는데 사용할 수 있는 원리는 두 가지가 있다.

그림 7.1 약간 자른 봉지

1) 요구가 발생하기 이전에 대상물에 요구되는 변화를 수행한다(전부 또는 일부). 요구되는 행위의 전부 또는 일부를 미리 수행한다.

- 병에 든 고무풀은 깔끔하고 균일하게 사용하기 어려우나 테이프 형태로 만들면 더 쉽게 적정량을 사용할 수 있음
- 수술에 필요한 모든 기구들을 봉인된 트레이(tray)에 담아 소독함
- 미리 풀칠한 벽지 및 우표, 개봉하기 쉽게 약간만 자른 포장지 및 우편봉투
- 사전 예약자 항공탑승권 자동발급기
- 선불카드
- 회의 전 미리 안건을 배포하는 것, 종료시간을 정하고 하는 회의
- 낚시하기 전에 미리 떡밥을 뿌려놓는 것
- "나무를 베는 데 8시간이 필요하다면, 나는 도끼를 가는데 6시간을 쓸 것이다"(링컨)
- 허츠(Hertz) 렌터카는 렌터카 출발 전 냉방이나 난방 기능을 먼저 진행함
- 노드스트롬 백화점은 개점시간보다 10분 먼저 오픈하여 바쁜 고객이 쇼핑을 할 수 있도록 함
- 항공권 예약 시 사전 좌석 배정제도 및 식사메뉴 사전 주문제도
- 도심공항터미널에서의 사전 출국 수속 제도
- 자기계발을 통한 자격증 취득

2) 행위를 수행하는데 가장 편리하고, 전달에 시간 손실이 없도록 대상물을 미리 정렬해 둔다.

- 외과 깁스를 할 때 미리 집어 넣는 칼날을 집어넣어 깁스를 하고. 이 칼날을 깁스의 제거에 사용함
- 칼날이 무디어졌을 때 끝부분을 자르고 사용할 수 있도록 미리 홈을 만들어 둔 커터칼
- JIT(Just-In-Time)시스템에 의해 생산자재를 적기에 라인에 투입

● 원리 11 : 사전완충(Beforehand cushioning/Cushion in advance)

안전 관련 문제의 해결을 위해 사전에 완충장치를 해 두는 원리이다. 승용차의 에어백이나 안전벨트는 사고가 났을 때 승객의 안전을 보호하는 완충장치이다. 배의 구명보트나 스카이다이버(sky diver)가 착용하는 보조 낙하산(주 낙하산과 별도)도 완충장치이다.

사전완충의 원리를 적용하는데 사용할 수 있는 원리는 한 가지가 있다.

1) 상대적으로 낮은 대상물의 신뢰도를 보상하기 위해 미리 비상수단을 준비한다.

- 자동차의 에어백, 배의 구명보트, 보조 낙하산
- 중요 데이터의 백업
- 안티 바이러스 소프트웨어를 수시로 실행
- 퓨즈 상자(Fuse Box) - 과전류 유입 시 퓨즈는 자동 훼손 되고 전원이 차단됨
- 스프링클러 - 연기와 온도를 감지하여 화재를 방지
- 공사장의 안전모
- 유통업체의 도난방지 태그
- 독극물 및 위험지대 표지판 설치
- 의자를 없애 짧고 효과적인 미팅을 촉진함
- 고속도로 위험구간의 음악도로 설치(규정속도 준수 시 음악이 흘러나옴)
- 판매량이 떨어지는 것에 대비하여 판매망을 분산해서 운영함

● 원리 13 : 반대로 하기(Reverse, The other way around)

대상물에 요구되는 행위의 반대되는 행위를 수행하여 문제를 해결하는 원리이다. 대상물의 아랫부분에서 작업을 해야 하는 경우에 대상물을 뒤집어서 하는 것, 컨테이너에서 곡물을 비울 때 컨테이너를 뒤집어 비우는 것 등이 이 원리를 적용한 결과이다.

반대로 하기의 원리를 적용하는데 사용할 수 있는 원리는 네 가지가 있다.

1) 문제 해결에 사용하는 행위를 반대로 한다(예, 물체를 냉각하는 대신에 가열함).

- 꽉 낀 부품을 느슨하게 하기 위해 바깥의 부품을 가열하는 대신에 안쪽 부품을 냉각함
- 최상 대신에 최악을 대비하는 벤치마킹
- 티저광고(광고상품을 숨겨서 호기심을 유발)
- 일본의 돈키호테숍은 무질서한 진열로 고객에게 상품을 발견하는 즐거움을 줌
- 패스트푸드를 슬로푸드로 고급화
- 카페에서 커피를 파는 대신 입장료를 받음(민들레영토)

2) 요구사항을 따라하는 행위 대신에 반대되는 행위를 수행한다.

- 도구 대신에 부품을 회전시킴
- 경기 침체기에 조직 축소 대신 공격적인 조직 확산
- 패스트푸드, 패스트 트래블(Fast Travel) ↔ 슬로 푸드, 슬로 트래블(Slow Travel)

3) 이동가능한 부분이나 외부환경을 고정되도록 하고, 고정된 부분을 이동가능 하도록 한다.

- 짧은 풀에서 수영 방향과 반대 방향으로 물을 흐르게 함
- 서있는 사람과 움직이는 바닥. 러닝머신(treadmill)
- 연마재 대신에 부품을 진동시켜 부품을 깨끗이 함
- 출퇴근 근무를 재택근무로 변경함
- 이동도서관, 이동은행, 이동 소매점
- 아시히야마 동물원의 펭귄관(수조 밑을 관광객이 걸어 다녀 펭귄이 나는 듯한 느낌)

4) 물체나 프로세스를 뒤집는다.

- 어셈블리를 뒤집어서 나사못을 잠금
- 용기를 뒤집어 내용물을 비움
- 고객이 가격을 결정하는 역경매
- 디즈니랜드 중역들의 현장 근무제도(청소, 주차장 관리, 캐릭터 역할 등)
- 두바이의 사막 위 스키장

● 원리 22 : 유해를 유익으로 전환(Convert harm into benefit)

유해한 요인을 유익한 효과로 작용하도록 만들어 문제를 해결하는 원리이다. 산불을 막기 위해 맞불을 지르는 것, 독감에 걸리지 않도록 죽은 독감바이러스로 만든 예방백신 등은 이 원리를 이용한 것이다. 유해를 유익으로 전환의 원리를 적용하는데 사용할 수 있는 원리는 세 가지가 있다.

1) 긍정적인 효과를 얻는데 유해요인을 사용한다.

- 폐열을 사용한 전력생산
- 어떤 공정에서 폐기하는 재료를 다른 공정에서 원재료로 재사용함
- 독성물질로부터 보호하는 방법을 해당 독성물질에서 찾음
- 갈등 상황을 윈윈(win-win)상황으로 바꿈(예: 가격을 낮추는 대신 장기 계약을 체결)
- 여성용 사우나 헤어캡(사우나 열을 이용하여 약품처리된 헤어캡이 미용효과를 가져옴)
- 추운 도시 하얼빈의 얼음축제
- 제품의 공급을 제한하여 희소가치를 만들어냄(유명 자동차회사 대기목록 유지 정책)
- 실패자산(일류기업들의 진정한 혁신은 '창조적 실패'에서 나옴)
- 고객불편에서 착안하여 신상품개발 및 신시장을 개척함(3M)
- 가장 창의적인 실수상 수여(BMW)

2) 다른 유해 작용을 추가하여 주된 유해 작용을 제거하여 문제를 해결한다.

- 부식성 용액에 완충제를 첨가함
- 다이버들의 산소에 의한 중독과 질소에 의한 마취를 방지하기 위해 헬륨-산소 혼합물을 사용한 잠수용 산소통 사용
- 경쟁에 대한 두려움을 도입하여 변화에 대한 두려움을 제거함

3) 유해 요인을 더 이상 유해하지 않게 되는 수준까지 증폭한다.

- 산불 진화 시 맞불을 놓아 연료를 제거함
- 고주파전류를 사용하여 금속을 가열하면 바깥층만 뜨거워지는 부정적인 효과를 표면 열처리에 사용함
- 제품의 공급을 제한하여 희소가치를 만들어냄
- 홈쇼핑에서 마감 임박을 알려서 재고 처리
- 유정에서 발생하는 화재는 폭발물로 소화함

7.1.2 상호작용의 정도와 리듬

● 원리 19 : 주기적 작용(Periodic action)

대상물에 주기적으로 작용하도록 하여 문제를 해결하는 원리이다. 연속적 작용에서 주기적 작용으로 바꾸거나, 작용이 이미 주기적이면 주파수를 바꾸거나, 작용과 그 다음 작용사이의 시간 간격을 유용하게 사용한다. 앰뷸런스나 교통경찰이 사용하는 경광등은 아무리 빛을 강하게 해도 잘 들어오지 않을 수 있으나 간헐적으로 번쩍이게 하여 잘 보이도록 한 것이다(그림 7.2).

유해를 유익으로 전환의 원리를 적용하는데 사용할 수 있는 원리는 두 가지가 있다.

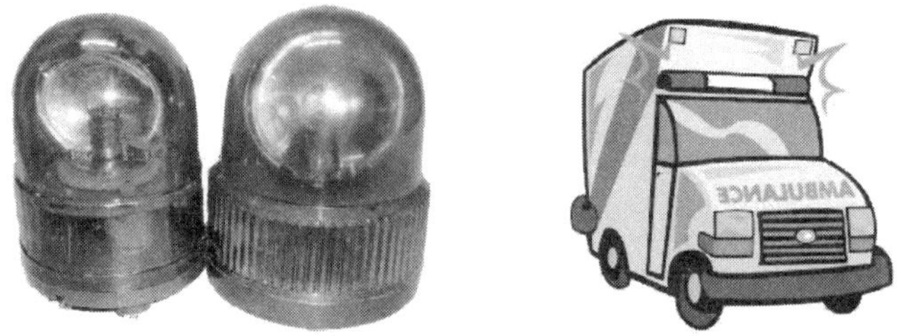

그림 7.2 경광등/앰뷸런스

1) 연속적인 작용 대신에 주기적으로 작용하거나 진동하도록 한다.

- 망치로 반복하여 때림
- 경고등이 잘 보이도록 간헐적으로 번쩍이게 함
- 썸머타임제, 안식년 휴가제
- 소프트웨어 업그레이드를 특정 시점마다 집중해서 수행하도록 전환
- 버스 전용 차로제, 가변 차선제

2) 주기적으로 작용하고 있는 경우에는 크기나 주파수를 변경한다.

- 모르스 신호 대신에 FM을 사용함.
- 연속적인 사이렌의 진폭과 주파수를 변경한 소리로 교체

3) 작용과 그 다음 작용 사이의 시간 간격을 이용한다.

- 24시간 자동차 서비스 운용(저녁 때 맡기고 다음날 아침에 찾음)
- 점심시간에 스낵과 커피를 판매하는 레스토랑
- 보일러 판매점에서 에어컨 판매(귀뚜라미 보일러)

● 원리 21 : 건너뛰기/급히 통과(Skipping, Rushing through)

건너뛰기 또는 급히 통과하기는 작용의 진행속도나 진행률을 증가시켜 문제를 해결하는 원리이다. 치아치료에 사용하는 치과용 드릴은 치아를 연마할 때 발생하는 온도상승을 방지하기 위해 고속 회전하도록 설계되어 있다(그림 7.3).

건너뛰기/급히 통과의 원리를 적용하는데 사용할 수 있는 원리는 한 가지가 있다.

1) 특정의 공정이나 단계(예, 파괴될 수 있거나, 유해하거나 위험한 작업)를 고속으로 수행한다.

- 치아연마에 사용하는 치과용 드릴 - 온도상승 방지를 위해 고속 회전
- 플라스틱 절단 시 온도전파에 의한 변형을 방지하기 위해 고속으로 절단함
- 원형(Prototype)제작
- 빠르게 실패하고 빠르게 학습
- 먼저 매 맞기 - 매 맞을 때까지 기다리는 동안의 공포
- 고속도로 톨게이트의 하이패스
- 렌터카 업체의 어비스(AVIS)는 렌트 시간이 길어지면 신청 부스를 거치지 않고 바로 배정
- 사우스웨스트 항공은 턴어라운드 시간(도착 후 재출발까지의 시간)을 15분으로 단축하여 항공기 운항 회전율을 높임
- ING의 다이렉트 상품(판매 상품 수는 대폭 줄이고 온라인 판매창구는 단순하고 신속한 체제로 바꿈)
- 신문 인쇄 잉크는 300℃의 히터로 신속하게 가열하여 말림

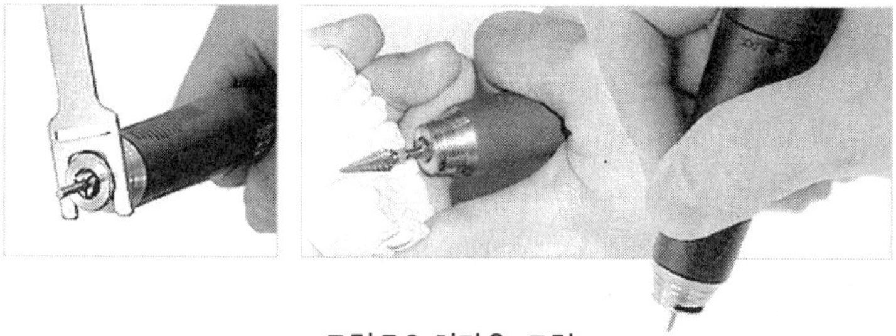

그림 7.3 치과용 드릴

7.1.3 상호작용의 정성적 특성

● 원리 15 : 동적으로 만들기(Dynamism)

대상물이 상황에 따라 동적으로 변할 수 있는 능력을 갖추도록 하여 문제를 해결하는 원리이다. 자동차 전동거울, 위장 검진용 내시경 등은 주어진 상황에 최적인 상태로 조정할 수 있다.

동적으로 만들기의 원리를 적용하는데 사용할 수 있는 원리는 세 가지가 있다.

1) 대상물, 외적환경 또는 프로세스의 특성치를 주어진 조건에서 최적이 되도록 변경하거나 최적 동작 조건을 찾을 수 있도록 허용하거나 설계한다.

- 조정가능한 핸들, 의자, 거울
- 내진 설계 : 지진 충격 흡수 장치, 베어링, 움직이는 건물
- 고객 대응 팀 - 신속대응팀 운영
- 즉각적 반응 부대
- 리츠칼튼 호텔의 2000달러 제도(고객 접점 직원이 상사의 승인 없이 사용함)

2) 대상물을 부분으로 나누어 상호 상대적인 움직임이 가능하도록 한다.

- 접이식 컴퓨터 키보드
- 절단에 사용하는 가위는 두 개의 칼을 상대적으로 움직이도록 한 것임
- 거위목처럼 휘는 회중전등
- 자바라식 문
- TV프로그램 : 무한도전, 1박2일(출연자 개인의 역할 차별화)
- 일본 아사히야마 동물원에서 직원들이 아이디어를 설계에 반영
- PSS 월드 케미칼의 전 직원의 리더화 정책: 직원 스스로 결정하고 책임지게 함
- 3M의 15%룰, 구글의 20%룰(일과 중 자기 시간 사용 비율)
- GE의 일반회의에서는 파트장은 초반에만 참석하고 실무자들만 회의 참석

3) 대상물 또는 프로세스가 고정되어 있거나 구부러지지 않는 경우, 이동 가능하게 하거나 적응성을 갖도록 한다.

- 엔진검사에 사용하는 보로경(boroscope)
- 의료용 검사에 사용하는 내시경
- 유연생산시스템(flexible manufacturing system, FMS)

● 원리 16 : 초과/부족(Partial, superfluous, or excessive action)

정확한 결과를 얻기 위해 많은 비용을 투입하는 것 보다는 "조금 더" 또는 "조금 덜"하는 방법으로 문제를 해결하는 원리이다. 페인트칠을 할 때 조금 초과해서 칠하고 여분은 제거하는 것과 동일한 원리이다. 컴퓨터의 전원공급기의 용량을 소요 용량보다 더 큰 것으로 구입하는 것은 그래픽 카드나 하드 디스크의 확장 등 부가장치가 늘어남으로 해서 컴퓨터가 더 많은 전력을 소비할 가능성을 고려한 것이다.

초과/부족의 원리를 적용하는데 사용할 수 있는 원리는 한 가지가 있다.

1) 주어진 해결방법으로 대상물의 100%를 달성하기 어려운 경우, 동일한 방법 보다 "약간 적게" 또는 "약간 많이" 사용함으로써 문제를 상당히 쉽게 해결할 수도 있다.

- 도장할 때 초과해서 칠하고 여분은 제거함
- 자동차 엿저울: 세게 밀면 뒤로 젖혀져버림
- 파레토 법칙처럼 상위 20%에 집중
- 시장에 신규로 진입 시 모든 미디어를 동원한 융단 폭격식 광고
- 2500달러짜리 초저가 자동차(인도의 타타 자동차)
- MP3에 80GB의 메모리 용량(애플 아이팟)
- 휴대폰 앞면 전체를 터치 스크린으로 한 프라다 폰
- 가장 얇은 휴대폰, 울트라 폰
- 시나리오 경영(최악 및 최선의 상태를 감안한 경영)
- 가격의 9, 99, 999원 정책
- 롱테일 마케팅: "소외된 80%고객(롱테일)에게 어필하라!"
- 두바이 세계 최고 160층 빌딩(버즈 두바이)
- 메피스토의 법칙(불순한 의도가 더 좋은 결과를 가져오는 현산): 책 베끼기 귀찮아 활자를 발명한 구텐베르크, 걷는 것이 싫어서 자동차를 만든 벤츠

● 원리 18 : 진동(Mechanical vibration)

기계적 진동이나 진동특성을 문제해결에 활용하는 원리이다. 대상물을 진동하게 하거나, 진동주파수를 초음파대역까지 증가시키거나, 대상물의 고유진동수 및 공진을 이용하거나, 압전진동기를 이용하거나, 초음파 진동 및 전자기장을 이용한다.

진동의 원리를 적용하는데 사용할 수 있는 원리는 다섯 가지가 있다.

1) 대상물을 진동시킨다.

- 진동날을 가진 전기조각칼(electric carving knife), 전기면도기
- 주조몰드의 흐름과 구조적 성질을 개선하기 위해 주조 시 몰드를 진동시킴
- 초음파 세척기(안경)
- 햅틱폰의 터치반응 기능
- 일본 마쓰이 스미모토 은행과 미국 커머스 뱅크의 주7일 및 야간영업 실시
- 조직개편을 통한 조직 활성화

2) 진동이 있는 경우에는 주파수를 증가시킨다.

- 가루를 진동으로 살포
- 방문 학습 지도(눈높이 학습)
- 기업을 찾아가는 음악회(금난새의 오케스트라)
- 다양한 방식으로 고객과 접촉
- 인터넷을 이용한 이메일 커뮤니케이션 증가 현상

3) 대상물의 공진주파수를 사용한다.

- 담석이나 신장결석을 초음파 공진법으로 파괴함
- 목재의 고유 진동주파수에 가까운 펄스 주파수를 가진 기구를 사용하여 목재를 지름

4) 기계적인 진동 대신에 압전기 진동기를 이용한다.

- 수정발진기의 진동을 사용하여 매우 정확한 시계를 만듦

5) **초음파와 전자기장 진동을 결합하여 사용한다.**

- 유도가열 전기로에서 합금을 만듦

7.1.4 상호작용을 실현하는 방법

● **원리 32 : 색상 변경(Color changes)**

대상물이나 외부환경의 색깔이나 투명도를 변경하여 문제를 해결하는 원리이다. 전염병의 위험등급을 나타내기 위해 색깔을 사용한다. 자동차의 실내거울은 후방 차량의 전조등을 약한 불빛으로 바꾸기 위해서 코팅처리한 것을 사용한다.

색상변경의 원리를 적용하는데 사용할 수 있는 원리는 세 가지가 있다.

1) **대상물 또는 대상물의 외적환경의 색상을 변경한다.**

- 사진암실에서 안전등 사용
- 색깔을 사용하여 경계 수준을 알림
- 빛을 사용하여 방이나 사무실의 분위기를 바꿈
- 회사 색의 창조 - 강력한 브랜드 이미지 창조
- CI(Corporate Identity) 통합작업을 통한 강력한 브랜드 이미지 창조(정유사마다 고유의 색을 사용하여 경쟁업체와 차별성을 부여함)
- 구글의 키워드 광고(Adword)

2) 대상물 또는 대상물의 외적환경의 투명도를 변경한다.

- 자동차의 룸미러에 코팅 - 후방 차량의 전조등을 약한 불빛으로 바꿈
- 선그라스는 반투명도를 변화
- 투명한 조직
- 애플컴퓨터의 누드PC
- 페덱스의 임원회의 실시간 현장 생중계
- 스타벅스의 점포 디자인(밖에서 안이 환하게 보인다)
- 원거리 영상회의
- GE의 콕픽(cockpit)시스템(실시간 내부정보공개 시스템)의 투명성을 통한 신뢰 구축

3) 잘 보이지 않는 대상물이나 프로세스를 관찰하기 위하여 색상이 있는 첨가물을 사용한다. 첨가물을 이미 사용하고 있는 경우에는 발광물질을 사용하는 방법을 활용한다.

- UV분광기 사용 시 형광물질 첨가
- 관측을 용이하게 하기 위해 색첨가제, 형광첨가제 사용함
- 검정색 면봉은 흰색 면봉보다 사용 유무를 쉽게 알 수 있음

● 원리 35 : 파라미터와 물성의 변경(Parameters and properties changes)

대상물의 물리직 상대(고체, 액체, 기체), 농도 또는 밀도, 유연성, 온도와 같은 물성을 변경하여 문제를 해결하는 원리이다. 산소, 질소, 천연가스 등은 액화시켜 운반한다.

파라미터와 물성의 변경의 원리를 적용하는데 사용할 수 있는 원리는 다섯 가지가 있다.

1) 대상물의 물리적 상태를 변경한다(고체, 액체, 기체).

- 산소, 질소, 천연가스 등의 운반 시 액화시킴
- 얼린 액상캔디를 액상의 초콜릿에 담금
- 텔레뱅킹, 전자투표
- 아날로그를 디지털로 전환
- 가상 쇼핑: 아마존닷컴, 사이버론(인터넷 대출)
- 인터넷 선업은행 SFNB(Security First Network Bank)

2) 대상물의 농도나 밀도를 변경한다.

- 고형비누 대신 액상비누를 사용하면 편리함
- 일반적으로 반도체의 저항률을 불순물의 농도를 조절하여 변경함
- 여섯색깔모자(Six thinking hats)사고기법
- 팀 구조를 바꿈

3) 대상물의 유연성 수준을 변경한다.

- 고무의 유연성과 내구성을 변경하기 위해 유황 처리함
- 초보자부터 전문가까지 선택해 사용할 수 있는 소프트웨어
- 게임 초보자인 성인, 여성이 쉽게 이용할 수 있는 게임기(닌텐도)
- 멕시코 세멕스사는 시멘트를 슈퍼마켓 판매가 가능하도록 소형 선물 포장을 하여 성공을 거두었음
- 씽크스토리사는 CEO를 변화 촉매자(Chief Enzyme Officer)로 지칭

4) 온도를 변경한다.

- 강자성체 물질을 상자성체 물질로 변경하기 위해 퀴리점(Curie point) 이상으로 온도를 올림
- 식품을 요리하기 위해 온도를 올림(맛, 향, 질감, 화학적 성질 등을 변경함)
- 뜨거운 공기로 물체를 건조시킴

5) 기술의 다른 특성치를 변경한다.

- 스핑고미터(Sphingometer)

● 원리 36 : 상전이의 사용(Usage of phase transitions)

상변화(phase change)와 관련된 현상을 이용하여 문제를 해결하는 원리이다. 물이 얼거나 끓을 때 발생하는 밀도 및 부피변화, 변형 열, 온도 등을 이용해 문제를 해결하는 원리이다. 예를 들어, 물이 얼 때 팽창하는 것을 이용해 바위를 깨는 것이 여기에 해당된다. 야외에 놀러갈 때 자주 사용하는 아이스박스를 저온으로 유지하기 위해 아이스 팩을 사용한다(그림 7.4).

상전이의 사용의 원리를 적용하는데 사용할 수 있는 원리는 한 가지가 있다.

그림 7.4 아이스팩

1) 밀도 및 부피 변화, 변형열, 온도 등과 같은 상변화와 관련된 현상을 이용한다.

- 물이 얼 때 팽창하는 속성을 이용해 바위를 깸
- 냉장고는 냉매의 기화와 액화현상을 이용
- 와인 얼린 조각을 액체 초콜릿에 넣어 와인초콜릿을 만듦
- 성숙기에서 유지기 시장으로의 전이과정에서 발생하는 기회요인을 활용하여 전략을 수립함
- 상품의 사용 중에 새로운 경험을 하도록 유도함
- 지도의 본질을 바꾼 네비게이터
- 책의 형질을 전자책으로 바꿈〈아마존의 킨들(kindle)〉
- 공기 없는 타이어
- 전남 함평군의 나비축제

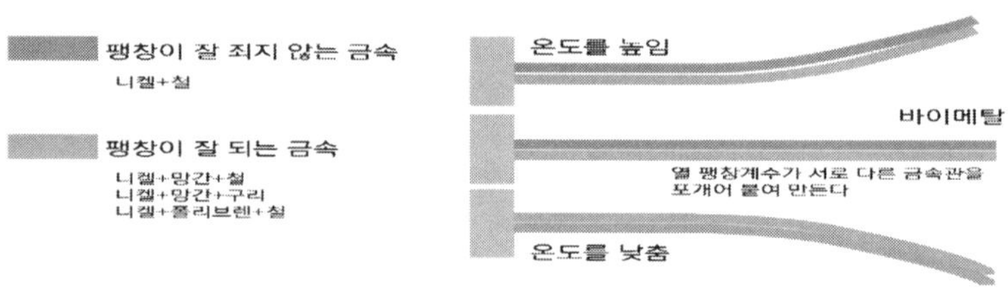

그림 7.5 바이메탈

● 원리 37 : 열팽창(Thermal expansion)

소재의 열팽창 또는 수축을 이용하거나, 열팽창계수의 차이를 이용하여 문제를 해결하는 원리이다. 바이메탈 원리를 이용한 자동 온도조절기가 이 발명원리를 이용한 것이다(그림 7.5).

열팽창의 원리를 적용하는데 사용할 수 있는 원리는 두 가지가 있다.

1) 소재의 열팽창 또는 수축을 사용한다.

- 두 대상물을 결합할 때 안쪽 부품은 냉각하여 수축시키고 바깥 쪽 부품은 가열하여 팽창시켜 결합하여 평형상태에서 단단하게 결합되도록 함
- 열정을 갖고 있으며 권한 위임을 받은 사람은 그렇지 않은 사람 3명의 몫을 해냄
- 고객관계 관리 5-20 원칙(상위 5% 고객이 20%의 매출 점유)에 의거한 관리력 집중
- 20:80 파레토 법칙의 적용
- 스튜 레오나드 슈퍼마켓은 고객이 뽑은 친절사원의 사진을 매장에 게시하여 사기를 높임
- 스칸디나비아 항공은 고객접점 직원에세 고객서비스 결정 권한을 완전히 위임함
- 사우스웨스트항공은 팀에 의사결정 권한을 위임
- 개인 블로그의 네트워크화(싸이월드)
- 기업의 메세나 활동(예술, 문화, 과학에 대한 지원)

2) 열팽창을 사용하고 있는 경우에는 열팽창 계수가 다른 다수의 소재를 사용한다.

- 바이메탈 원리를 이용한 자동 온도조절기
- 백화점의 VVIP 고객을 위한 컨시어지 서비스
- 투자성향이 강한 고객에게 펀드상품을 집중판매(미래에셋)

7.2 시스템 내부의 정보 관계 관련 원리

7.2.1 커뮤니케이션의 유형

● 원리 23 : 피드백(Feedback)

피드백은 어떤 원인에 의해 나타나는 결과가 다시 원인에 작용해 그 결과를 줄이거나 높이는 자동조절원리이다. 이와 같은 피드백을 문제해결에 사용하는 원리이다. 자동온도조절기는 피드백원리를 적용한 대표적인 예이다.

피드백의 원리를 적용하는데 사용할 수 있는 원리는 두 가지가 있다.

1) 프로세스나 작용의 개선을 위해 피드백을 도입한다.

- 오디오회로에서 자동볼륨제어
- 물탱크의 수위를 자가 조정하는 플로팅 밸브(floating valve)
- 히터에 흐르는 전류를 온도센서를 이용해서 조절하여 히터의 온도를 일정하게 유지함
- 설계 프로세스에 고객을 참여시킴
- 학생들의 수업평가결과를 수업운영에 반영하여 수업품질을 개선함
- 고객의 소리를 중요시하는 부메랑 마케팅
- 모니터링, VOC(Voice of Consumer)를 통해 평가에 필요한 정보획득
- 웰스 파고(Wells Fargo) 은행의 '챌린저 챔피온 제도'는 은행서비스의 간소화와 효율성 유지를 위한 다양한 실험 전개에 대한 용기 있는 고객의 피드백 제도임
- 골드만 삭스는 개인보상보다 팀 보상을 우선함
- 새 상품이나 서비스의 파일럿 테스트
- 댓글 마케팅, 웹사이트 커뮤니티
- 구전효과(Word of Mouth)
- 리스크 관리(빠르고 정확한 시장을 모니터링할 수 있는 체제)
- 자동차 무료시승 평가제도
- 중등학생 학습을 지도하는 멘토링 서비스(M베스트)

그림 7.6 필름카메라와 디지털카메라

2) 피드백을 사용하고 있는 경우에는 피드백의 크기나 영향을 변경한다.

- 공항에서 5마일이내에서는 비행기 자동항법장치의 감도를 변경함
- 냉각과 가열의 에너지 사용효율이 다르므로(냉각<가열) 온도센서의 감도를 냉각과 가열에 따라 변경함(가열의 사용효율이 냉각의 사용효율보다 높음)

● 원리 25 : 셀프서비스와 자가조직(Self-service and self-organization)

대상물 스스로 보완 작용을 하고, 유지보수 할 수 있게 하거나, 낭비되는 에너지나 물질을 사용하게 하여 문제를 해결하는 원리이다. 필름 카메라는 영상을 필름에 기록하므로 현상해야 결과를 볼 수 있다. 디지털 카메라는 찍은 영상을 카메라에 부착 된 LCD창을 통해 바로 확인 가능하다(그림 7.6).

셀프서비스와 자가조직의 원리를 적용하는데 사용할 수 있는 원리는 두 가지가 있다.

1) 대상물이 보조적인 기능을 수행하도록 하여 스스로 서비스하도록 한다.

- 세면대에 센서를 부착하여 물을 효율적으로 사용함
- 슈퍼마켓의 바코드는 즉각적으로 가격 정보를 제공하는 동시에 마케팅에 필요한 정보를 수집함
- 웹2.0, UCC, 위키피디아 사전은 스스로 성장하는 시스템임
- 사우스웨스트 항공 탑승수속 과정 중 직원의 도움이 필요없는 간단한 업무는 고객이 직접 처리하게 하여 수속 내기 시간을 단축함
- 슈퍼마켓과 편의점 셀프 판매대 구성
- 항공사의 예약 시 고객의 좌석 사전선택 제도
- 항공기내 개별 영상물 방영 서비스
- DIY(Do It Yourself)
- 고객이 직접 조작하는 은행의 고지서 납부용 ATM기

2) 대상물이 스스로 서비스/조직하고 보충의 작업과 수리작업을 수행하도록 한다.

- 할로겐램프의 필라멘트는 사용 중 스스로 재생 - 증발한 재료가 다시 침전됨
- 전류를 끊고 난 후 스스로 복귀하는 퓨즈시스템
- 동물의 배설물을 비료로 이용함
- 퇴직자를 재고용해 경험을 업무에 활용하도록 함
- 재활용 가구 전문점

7.2.2 실현하는 커뮤니케이션의 종류

● 원리 28 : 기계적인 부분 대용(Mechanics substitution)

기계적인 부분을 다른 수단으로 대신하도록 하여 문제를 해결하는 원리이다. 기계적 장치를 광학, 음향, 후각과 같은 감각적인 시스템으로 바꾸거나, 전기적, 자기적, 전자기적 장(Field)을 이용하거나, 고정장을 유동장으로, 비구조장을 구조장으로 바꾸거나, 필드의 상호작용 및 강자성입자를 이용하는 것이다.

기계적인 부분 대용의 원리를 적용하는데 사용할 수 있는 원리는 네 가지가 있다.

1) 기계적인 방법을 감각적인 수단(시각, 청각, 미각, 후각)으로 교체한다.

- 개나 고양이의 출입을 통제하기 위한 울타리를 음향펜스(acoustic fence, 동물만 들을 수 있는 신호)로 교체함
- 사용자에게 천연가스의 누출을 경보하기 위해 악취물질을 가스에 첨가
- GPS센서를 이용한 물류시스템(트럭의 위치를 실시간 점검)
- 갓 구운 빵의 냄새를 퍼뜨려 홍보하는 빵집
- 리더나 경영자의 현장순회관리 MBWA(Management By Walking Around)

2) 전기장, 자기장, 전자기장을 사용하여 대상물과 상호작용하도록 한다.

- 한쪽에는 양전하, 다른 쪽에는 음전하를 가하여 두 종류의 분말을 혼합함
- 전자기장 내부에서 금속에 힘을 가하여 금속코팅과 열가소성 재료의 점착력을 증가하는 프로세스를 수행함
- PC부팅 시 시작음은 회사별로 고유의 소리가 있음
- 할리데이비슨 오토바이 엔진소리를 고객은 타사와 차별적인 소리로 인식함
- 가치혁신 전략을 블루오션 전략으로 비유
- 메타포(은유 및 비유법)를 이용한 목표 및 비전 설정
- 패러디(Parady)

3) 고정장을 이동 가능장으로, 비구조화장을 구조화장으로 변경한다.

- 초창기 통신에서 전(全)방향 방송을 사용하였으나 오늘날에는 매우 상세한 방사 패턴 구조를 갖는 안테나를 사용함

4) 장 활성화 입자(field-activated particles)와 관련하여 장을 사용한다.

- 강자성 재료를 포함하는 물질을 자기장의 변화를 사용하여 가열. 온도가 큐리점을 초과하면 해당 재료는 상자성이 되어 더 이상 열을 흡수하지 않음

7.3 기타 원리

● 원리 8 : 무게보상
(Anti-weight/Counterweight/Weight Compensation)

대상물을 부력이나 상승력을 갖는 다른 물체와 결합하여 지지하거나, 대상물을 상승력을 갖는 환경(공기역학, 부력)과 상호 작용시켜 지지 하는 방법으로 문제를 해결하는 원리이다. 헬리콥터의 꼬리날개는 무게보상의 원리를 적용한 것이다. 헬리콥터의 주동력인 로터(Roter)가 한 방향으로만 회전하기 때문에 토크가 발생한다. 꼬리날개는 이로 인해 동체가 로터가 돌아가는 방향으로 회전하는 것을 막기 위해 반대 방향으로 바람을 불게 하는 장치이다(그림 7.7).

무게보상의 원리를 적용하는데 사용할 수 있는 원리는 두 가지가 있다.

그림 7.7 헬리콥터

1) 대상물의 중량을 반대로 하기 위해 상승력을 갖는 다른 물체와 병합한다.

- 수중익(hydrofoil)을 갖는 보트 - 수중익은 선박을 물 밖으로 끌어올릴 때 저항을 감소시킴
- 경주용차의 뒤쪽 날개는 자동차를 지면방향으로 압력을 증가시킴
- 헬륨가스가 든 풍선을 사용하여 광고물을 공중에 지지함
- 스토리텔링을 위한 '남이섬'의 지역 마케팅
- 유행을 타는 상품의 '뉴(New)'라는 단어와 결합
- 매출액이 줄어드는 품목을 매출이 증가하는 다른 품목과 연결하여 판매
- 아파트의 브랜드화(친근한 이미지로 활성화: 래미안, e편한세상, 캐슬)
- 날짜 마케팅: 발렌타인데이, 화이트데이, 빼빼로데이 등
- R&G의 문자 및 그림이 프린팅 된 감자칩 프링글스

2) 물체의 중량을 보상하기 위해 환경과 상호작용하도록 한다(예, 공기역학, 유체역학, 부력 및 기타의 힘).

- 비행기 날개 형상은 날개 위쪽의 공기밀도는 감소시키고, 날개 아랫부분의 밀도는 증가시켜 양력을 생성함
- 소용돌이 활주로는 항공기 날개의 양력을 개선함
- 스튜 레오나드(Stew Leonard's) 슈퍼는 쇼퍼테인먼트(Shoppertainment, 엔터테인먼트와 결합한 소매업)
- 유명 업체와의 협력(할인점 프라이빗 브랜느(PB)상품)
- 영화 및 드라마 속의 상품노출 PPL(Product Placement)
- 번들 패키지(묶음 할인판매), 로스 리더(Loss Leader)상품
- 유명인사들의 지지를 광고에 활용 - "챔피언 고객은 항상 우리 제품을 산다"

● 원리 20 : 유익작용의 지속
(Continuity of useful action/uninterrupted useful effect)

대상물의 모든 부품이 휴식 없이 풀가동 상태로 동작되게 하거나 동작중단이나 간헐적 동작을 없애 문제를 해결하는 원리이다. 잉크제트 프린터는 프린터 노즐이 좌우로 왕복하면서 잉크를 분사해 인쇄를 한다. 프린터 노즐이 한 방향으로만 인쇄하는 경우 헤드가 돌아오는 시간은 낭비가 되므로 인쇄 속도가 늦어진다(그림 7.8).

유익작용의 지속원리를 적용하는데 사용할 수 있는 원리는 두 가지가 있다.

1) 작용을 지속하도록 한다. 대상물의 모든 부분을 최대 부하에서 항상 유용기능과 립기능(유용기능도 유해기능도 아닌 경우)을 수행하도록 만든다.

- 플라이휠(flywheel)은 자동차가 정지할 때 에너지를 저장하여 모터가 최적의 동력으로 회전하도록 함
- 드릴의 날은 방향을 반대로 해도 절삭 가능
- 레미콘 차 회전: 재료를 섞어 굳지 않게 함
- 매출이 줄어드는 품목을 매출이 증가하는 다른 품목과 연결하여 판매함으로써 매출을 호전시킴
- 멀티플렉스 영화관에서 여러 영화 동시 상영
- 24시간 편의점
- 은행의 온라인 뱅킹
- 'Always On' 비즈니스를 통한 글로벌화 추진

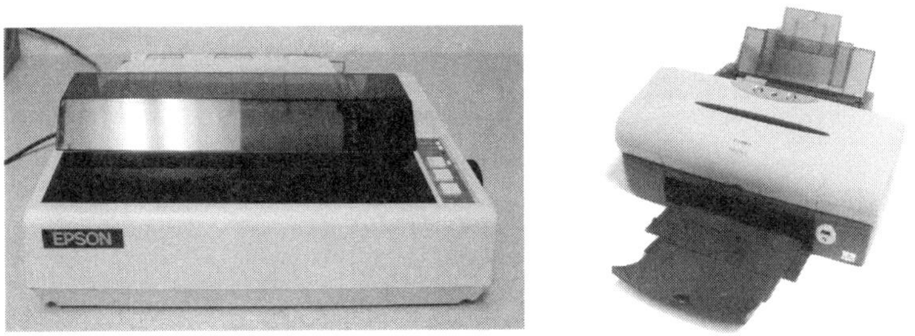

그림 7.8 도트프린터와 잉크젯프린터

2) 휴지 또는 간헐적 작용을 모두 제거한다.

- 프린트 캐리지가 되돌아오는 동안에도 인쇄(도트프린터, 잉크젯 프린터)
- 영구 원재료 공급 메커니즘을 갖는 크리스탈 증식기(crystal growing machine)
- 정치에서 대중의 관심 사항을 이슈화하거나 공약으로 내세워 투표율을 높임
- 업무가 중단된 동안 교육 훈련 실시
- 스키장의 여름 골프장
- 방학도 교육의 연장개념으로 신제도 도입

연습문제

7.1 다음 각 제품이나 시스템에서 적용한 발명원리를 적어라.
- 가. 닭꼬치
- 나. 여행용 칫솔
- 다. 걸레가 달린 슬리퍼
- 라. 수세미
- 마. 공구상자

7.2 다음 각 제품이나 시스템에서 이용한 발명원리를 적어라.
- 가. 비대칭형 뚜껑 쓰레기통
- 나. 초음파세척기
- 다. 크레인의 균형추

7.3 다음 각 제품이나 시스템에서 이용한 발명원리를 적어라.
- 가. 풍선기둥
- 나. 충격흡수장치 달린 자전거
- 다. 에어캡(포장용)
- 라. Aero Gel

7.4 다음 각 제품이나 시스템에서 이용한 발명원리를 적어라.
- 가. 고무장갑
- 나. 일회용비닐장갑
- 다. 콘크리트 못 망치
- 라. 디지털카메라

마. 교통카드

바. 저절로 물빠지는 슬리퍼

사. 게맛살

7.5 다음 각 제품이나 시스템에서 이용한 발명원리를 적어라.

가. 탄피(머스켓총)

나. 일회용 휴대전화

다. 자석을 이용한 다트판

라. 테니스라켓

마. 초고속충전기

바. 도서관 도난방지시스템

사. 교수의 안식년

Chapter 8

물질-장 분석과 자원

학습 목표

1. 시스템을 정의하고, 기술시스템의 갈등을 해결하는 방법을 설명할 수 있다.
2. 문제를 물질-장 모형으로 표현하고 물질-장 분석 절차를 설명할 수 있다.
3. 물질-장 모형을 사용하여 기술문제를 해결할 수 있다.
4. 표준해를 분류하고 특성을 설명할 수 있다.
5. 자원을 분류하고 자원의 활용방법을 설명할 수 있다.

8.1 시스템 기능 모형

8.1.1 기능모형도

입력, 프로세스, 출력을 하나로 묶은 것을 시스템이라 한다. 생물체, 사회, 기술 등은 모두 하나의 시스템이다. 시스템은 하위시스템들로 구성되며, 하위시스템은 또한 더 아래의 하위시스템으로 구성되어 입자수준에 도달할 때까지 하위시스템의 하위시스템으로 세분할 수 있다. 기술시스템은 공학영역의 시스템을 말한다. 연필에서부터 책, 음료수, 차량 등은 모두 기술시스템이다.

기술시스템은 특정의 기능을 수행하도록 설계되어 있다. 고객은 상품을 구매할 때에는 상품이 수행하는 기능에 대한 가치로 기꺼이 비용을 지불한다. 트리즈에서는 기능을 '대상(substances)에 대해서 도구(tools)가 의도한 물리적인 작용을 수행하는 것'으로 정의한다. 여기서 대상은 제어의 대상이 되는 물체이며, 도구는 대상에 물리적인 작용을 가하는 물체이다. 따라서 기능은 대상과 도구 그리고 대상에 가해지는 작용으로 기술할 수 있다. 예를 들어, "컵이 물을 담는다."라고 기능을 기술한 경우에 '물'은 대상, '컵'은 도구, '담는다'는 작용이다. 마찬 가지로 "밸브가 흐름을 막는다."라고 기술했다면 '흐름'이 대상, '밸브'가 도구, '막는다'가 작용에 해당한다. 기능은 그림 8.1과 같은 기능모형도로 나타낼 수 있다. 기능모형도는 대상에 도구가 작용을 하는 형태로 기술한다. "컵에 물을 담는다.", "밸브가 흐름을 막는다"를 기능모형도로 나타낸 것이 그림 8.2이다.

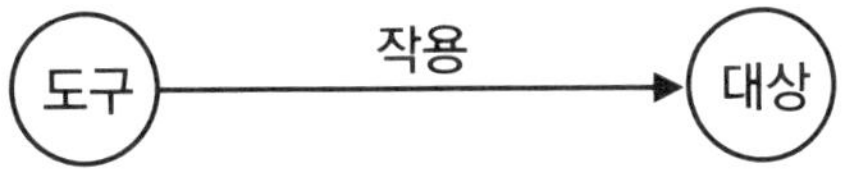

그림 8.1 기능모형도189

그림 8.2 기능모형도의 예 - 컵과 벨브

표 8.1 작용 유형별 표현

작용의 유형	기호
적절한 유용작용	
불충분한 유용작용	
존재하지 않는 유용작용	
유해작용	

대상에 가해지는 작용은 유용한 작용뿐만 아니라 유해한 작용도 있다. 작용은 ① 적절한 유용작용, ② 불충분한 유용작용, ③ 존재하지 않는 유용작용, ④ 유해작용의 4종류를 고려한다.

기능모형에서 작용을 표현할 때 위의 4가지 작용을 구분하여 표현한다. 표 8.1은 일반적으로 사용하는 작용의 표시형식을 나타낸 것이다.

8.1.2 기능모형과 문제해결

시스템의 어떤 설계파라미터를 개선하면 다른 설계파라미터가 악화되는 경우에 이를 기술적 모순이라고 했다. 무게와 강도, 엔진출력과 연료소비 등은 한 특성을 개선하면 다른 특성이 악화되는 모순 상황에 있다.

모순문제는 모순사이의 절충을 찾거나 모순을 제거함으로써 해결할 수 있다. 제5장에서는 기술적모순과 물리적 모순을 발명원리와 분리의 원리를 적용하여 해결하는 기법에 대해서 논의하였다.

모순문제는 시스템 갈등도라고 하는 기능모형도를 작성하여 해결방안을 찾을 수 있다. 표 8.2은 전형적으로 나타나는 모순문제를 시스템갈등도로 나타낸 것이다. 시스템갈등도로 표현한 모순문제는 유용작용은 유지하면서 유해 작용을 제거하여 해결할 수 있다.

표 8.2 전형적인 시스템갈등도

시스템갈등도	설명
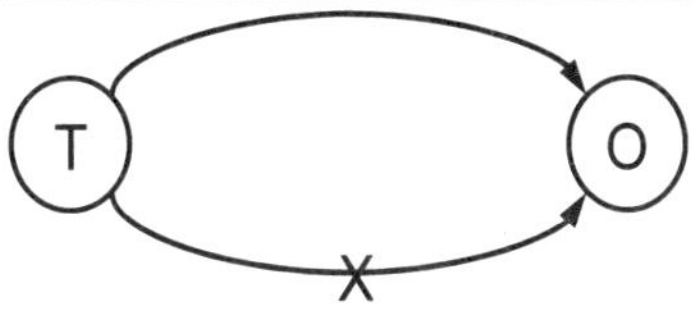	• 도구 T는 대상 O에 유용작용과 유해작용을 동시에 일으킨다. • 예 : 망치는 못을 박지만(유용작용), 못을 휘게 할 수 있다(유해작용).
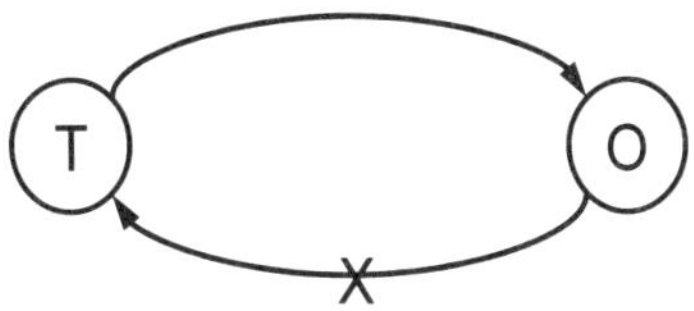	• 도구 T는 대상 O에 유용작용을 하지만 대상O가 도구T에 유해작용을 일으킨다. • 예 : 절삭도구는 작업부품을 절단하지만(유용작용), 작업부품에 의해 도구가 닳는다(유해작용).
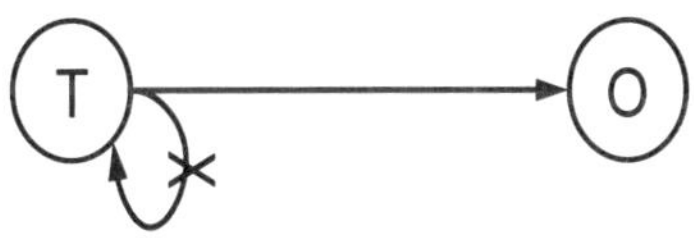	• 도구 T는 대상 O에 유용작용을 하지만 스스로에게 유해작용을 일으킨다. • 예 : 용접인두는 땜납을 녹이지만(유용작용), 스스로 가열된다(유해작용).
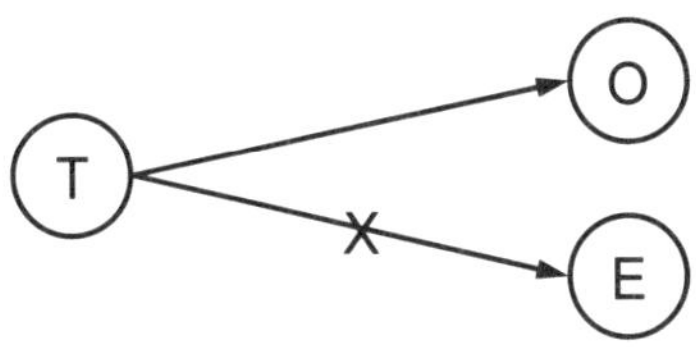	• 도구 T는 대상 O에 유용작용을 하지만 환경 또는 인접시스템(E)에 유해작용을 일으킨다. • 예 : 살충제는 해로운 해충과 곤충을 없애주지만(유용작용), 주위 식물들(환경/인접시스템)을 해칠 수 있다(유해작용).
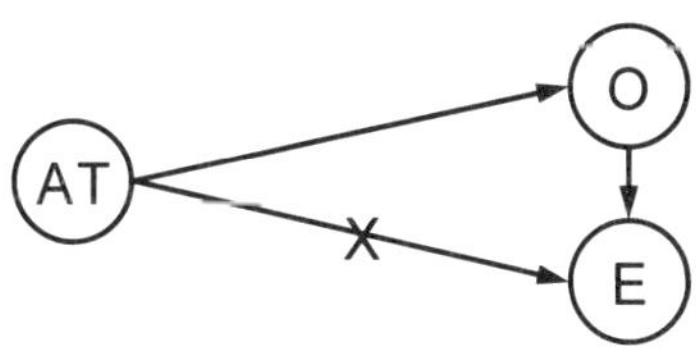	• 보조도구 AT는 대상 O에 유용작용을 하고, O는 환경 또는 시스템(E)에 유용작용을 하지만 AT는 E에 유해작용을 한다. • 예 : 절삭도구가 작업부품을 절단할 때 사용하는 냉매(AT)는 절삭도구(대상)를 냉각시키지만(유용작용), 작업부품(시스템)을 부식시킬 수 있다(유해작용).

유해 작용을 제거하는 방법에는 ① 도구나 대상의 제거(이상성 개념의 사용); ② 유해 작용이 사라지도록 갈등 요소의 변경; ③ 유해 작용을 제거하거나 중화하기 위해서 특별한 요소(도구)의 도입의 세 가지가 있다.

● **도구나 대상의 제거**

도구나 대상을 제거하여 유해작용을 제거한다. 이 경우에 제거되는 도구나 대상이 수행했던 유용작용은 계속해서 작동해야 하므로 시스템에 남아있는 부분이 수행하도록 해야 한다.

1) 대상의 제거

대상을 제거하면 대상이 수행하던 유용작용을 못하게 되므로 시스템의 다른 부분이 이를 수행하도록 해야 한다. 이 경우에는 도구와 작용이 모두 필요 없게 된다.

2) 도구의 제거

대상이 유용작용을 하도록 하는 도구를 제거하는 경우에는 제거한 도구를 대신할 다른 방법이 필요하다.

- **대상 스스로 유용작용 수행**
  도구의 제거에 따른 공백을 대상 스스로 수행하도록 한다.
- **환경이나 다른 도구 도입**
  도구의 제거에 따른 공백을 환경이나 다른 도구가 수행하도록 한다.

▶ **예 8.1 자가하역 바지선**

댐을 건설할 때 자갈, 돌 등의 짐을 스스로 부리는 바지선을 사용한다. 자갈, 돌 등을 싣고 예인선에 의해 원하는 위치까지 이동한 바지선은 스스로 뒤집어 짐을 부린다. 빈 바지선은 용골과 부력에 의해 원 위치로 복귀하게 되는데 용골이 무거울수록 더 빠르게 복귀된다. 그러나 용골이 무거우면 바지선이 운반할 수 있는 용량이 그만큼 줄어드는 시스템갈등이 발생한다(그림 8.3(a)).

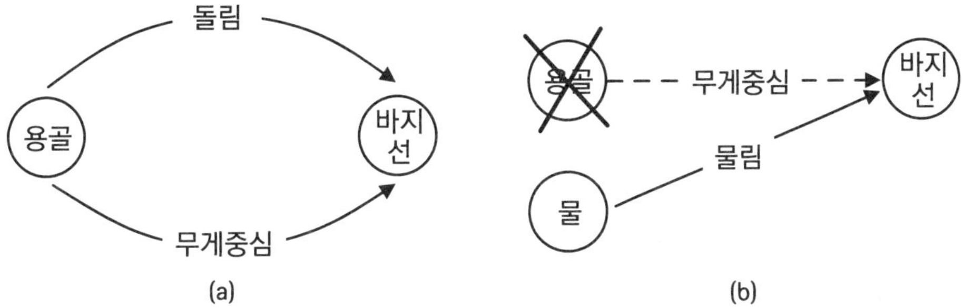

그림 8.3 시스템갈등과 해결(바지선)

용골(도구)은 바지선(대상)을 돌게 함(유용작용)과 동시에 바지선의 무게를 증가시킨다(유해작용). 유해작용을 하는 도구인 용골을 제거하여 문제를 해결하는 경우에 용골이 하는 작용을 다른 도구와 환경이 대신하도록 한다.

이 문제는 다른 도구로 용골의 외형만 만들고, 물을 채움으로써 바지선의 무게를 증가시키지 않고, 물을 채운 용골이 바지선을 돌게 하여 해결하였다(그림 8.3(b)).

● 모순 요소의 변경 방법

시스템모순 문제는 두 개 이상의 모순되는 상태를 가져야 하는 요소에서 발생한다). 이와 같은 모순문제는 모순을 야기하는 상태 중의 하나를 변경하거나 제거하는 방법으로 해결할 수 있다.

그림 8.4는 유용작용과 유해작용 사이에서 발생할 수 있는 모순요소의 유형을 나타낸 것이다. 그림 8.4에서 (a)는 요소 C가 유용작용과 유해삭용을 동시에 제공하는 모순상태임을 나타낸 것이고, (b)는 유용작용과 유해작용을 동시에 받는 모순상태를 나타낸 것이며, (c)는 유용작용을 받으며 동시에 유해작용을 야기하는 모순상태를 나타낸 것이다. 요소 C는 유해작용을 일으키지 않고 유용작용을 제공하거나, 유용작용을 받고 스스로 유해작용을 보호하거나 유용작용을 받되 유해작용을 일으키지 않아야 한다. 이와 같은 요구조건을 만족시키기 위해서는 요소 C가 반대의 물리적 상태에 있거나 상호 배타적인 특성을 가져야 한다.

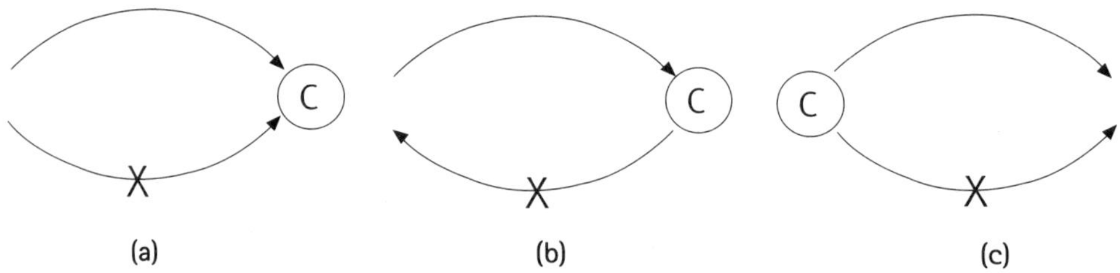

그림 8.4 유용작용과 유해작용에 대한 모순상태의 유형

즉, 요소(대상 또는 도구)가 물리적모순 상태에 있어야 한다. 물리적모순은 제5.4절에서 소개한 분리의 원리를 적용하여 해결한다.

▶ 예 8.2 휴대용 컴퓨터의 키보드

휴대용컴퓨터의 키보드는 사용에 편리하도록 충분히 큰 자판을 가져야 하고, 동시에 휴대에 편리해야 하는 두 가지의 요구사항을 만족시켜야 한다. 큰 자판은 사용을 편리하게 하는 유용작용을 함과 동시에 휴대를 불편하게 하는 유해작용을 하는 모순되는 요소이다. 즉, 키보드는 충분히 큰 자판을 가져야 하고, 휴대의 편리를 위해서 작아야 하는 물리적 모순이다.

이 모순 문제는 시간에 의한 분리의 원리에 따라 휴대 시에는 접고, 사용 시에는 펼쳐서 사용하는 접이식 키보드로 해결하였다. 휴대용 컴퓨터의 가방으로 사용할 수 있는 직물로 만든 키보드가 나왔으며(로지텍사), 기계장에서 전자기장을 사용하는 빛으로 만든 키보드가 개발되었다(VKB사, 이스라엘).

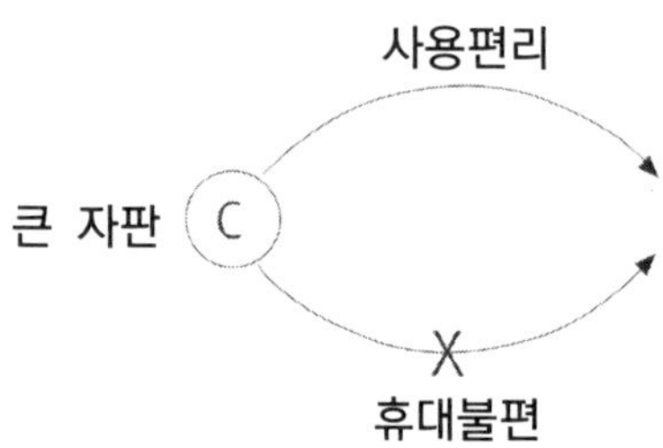

그림 8.5 휴대용컴퓨터 키보드의 모순도

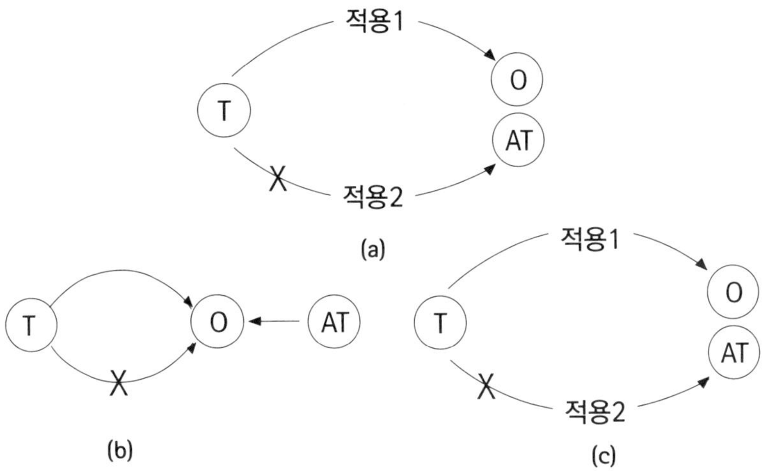

그림 8.6 유해작용의 제거/중화를 위한 도구 도입

- 새로운 도구의 도입

보조도구를 도입하여 (a) 유해작용을 막거나 (b) 유해작용을 중화하거나, (c) 대상에 작용하는 유해작용을 새로운 도구로 유도하여 문제를 해결하는 방법이다. 그림 8.6에서 (a)는 유해작용을 막는 보조도구 채용, (b)는 유해작용을 중화하는 보조도구 채용, (c)는 대상에 작용하는 유해작용을 보조도구로 유도하는 방법을 그림으로 나타낸 것이다.

▶ 예 8.3 강철 숏블라스팅(shot-blasting)기계

강철 숏블라스팅기계의 굽은 관 부분이 특별히 빨리 닳는다. 관의 굽은 부분은 지속적으로 강철구의 공격을 받아 망가진다(그림 8.7). 이 부분의 보호를 위한 특수한 코팅을 해도 거의 효과가 없다(그림 8.8(a)).

이 문제는 강철구슬에 의한 유해작용을 막는 보조도구를 도입하여 해결한다. 관에서 사용할 수 있는 보조도구로 강철구슬을 사용할 수 있다. 즉, 자석을 마모가 발생하는 부분의 외부에 부착하여 강철구슬을 붙들면 강철구슬이 보호층을 만들어 관을 보호하게 된다.

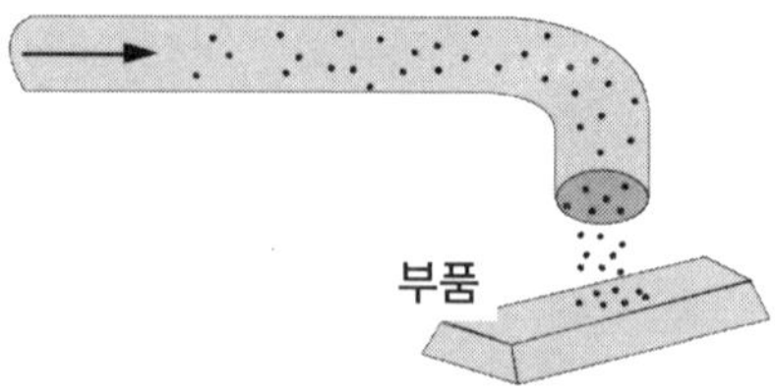

그림 8.7 숏블라스팅시스템

그림 8.8 유해작용의 중화(강철구슬)

8.2 물질-장 분석

8.2.1 물질-장 모형

물질-장모형(Substance-Field Model)은 기술시스템을 대상, 도구, 장(에너지)으로 구성된 삼각형으로 나타낸 모형이다. 여기서 장은 기능모형도에서 작용이 활용하는 에너지의 속성을 의미한다. 물질-장모형은 기능모형과 유사하나 표준해(standard solutions)라는 문제해결방법이 제안되어 있으므로 더 체계적인 방법이라고 할 수 있다.

기술시스템을 구성하는 요소인 대상과 도구를 물질(substances)이라 부른다. 장(field)은 대상과 도구가 상호작용하기 위해 필요한 에너지를 나타낸다. 장에는 기계장, 열장, 전기장, 자기장, 화학장 등이 있다. 표 8.3은 장의 유형과 세부적인 에너지를 나타낸 것이다. 마찰력, 원심력, 진동 등이 기계장의 에너지이다. 부록E에는자연계의 장과 에너지의 종류를 상세히 제시하였다.

표 8.3 트리즈에서 사용하는 장

기계장	열장	전기장	자기장	화학장
마찰력 원심력 진 동 초음파 응 력 압력구배	적외선 방사 온도 구배	단극 쌍극자 선 전하 선 쌍극자 진행파 편광파	영구자석장 일직선 전선장 솔레노이드장 자기쌍극자	화학퍼텐셜구배 표면에너지

표 8.4 물질-장 기호

물질-장 기호	설명
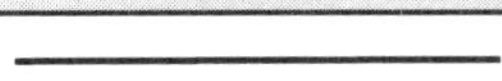	일반적인 작용
	구체적인 작용
	불충분한 작용
	해로운 작용
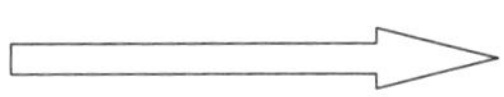	초기 물질-장 구조에서 바람직한 구조로 전이
→ F	물질이 일으키는 장
F →	물질에 작용하는 장
F'	변경된 장
S'	변경된 물질
(S_1S_2)	결합된 물질(예, 바이메탈)

물질-장모형은 물질(대상과 도구) 상호간의 작용이나 특성을 각종의 기호를 사용하여 표현한다. 표 8.4는 물질-장모형을 나타낼 때 사용하는 각종의 기호를 나타낸 것이다.

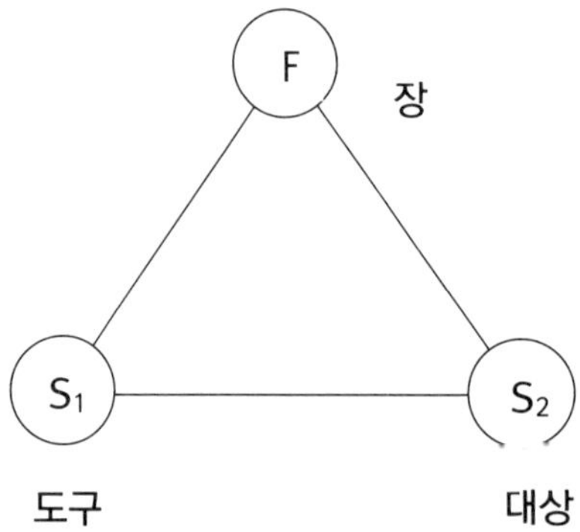

그림 8.9 물질-장 모형

시스템에 요구되는 유익작용은 어떤 대상 혹은 물질(S_1)에 의해 실현된다. 대상은 장(F)의 에너지의 도움을 받아 다른 물질(S_2), 즉 도구에 의해 작동된다. 물질-장모형은 대상을 $S_1$1으로, 장을 F로, 도구를 S_2로 표시하고, 상호관계를 선이나 화살표로 나타낸 것이다. 그림 8.9는 간단한 물질-장모형을 나타낸 것이다. 즉 'S_1은 작용을 받는 대상'이며 'S_2는 작용을 공급하는 도구' 그리고 'F는 작용을 전달하는 에너지'라는 것으로 된다.

물질-장 분석은 물질-장 모형을 사용하여 기술시스템을 표현하고, 시스템의 문제를 파악하여 해결하는 것을 의미한다. "기술시스템은 유익작용만 수행한다"는 관점에서 모형을 분석하고 유익작용이 불충분하다든지 유익작용을 방해하는 유해작용이 있는 경우에 기술시스템에 문제가 있는 것으로 파악하고 해결방안을 찾는다.

기술시스템을 구성하는 3가지의 요소(대상, 도구, 장) 중 무엇인가가 부족한 경우에 물질-장 모형을 통해 이를 확인하고, 문제해결방안을 찾는다. 그림 8.10은 물질-장 분석에서 전형적으로 나타나는 모형이다. (a)는 완전한 시스템을 나타내며, (b)는 불완전 시스템으로 세 가지 구성요소 모두가 구비되지 않은 비효과적인 시스템이며, (d)는 도구가 대상에 유해작용을 하는 시스템이다.

물질-장 분석에서는 물질-장 모형이 완전하지 않은 경우에 완전한 시스템이 되도록 부족한 부분을 보완하거나 유해작용을 제거하는 방법을 찾아 문제를 해결한다.

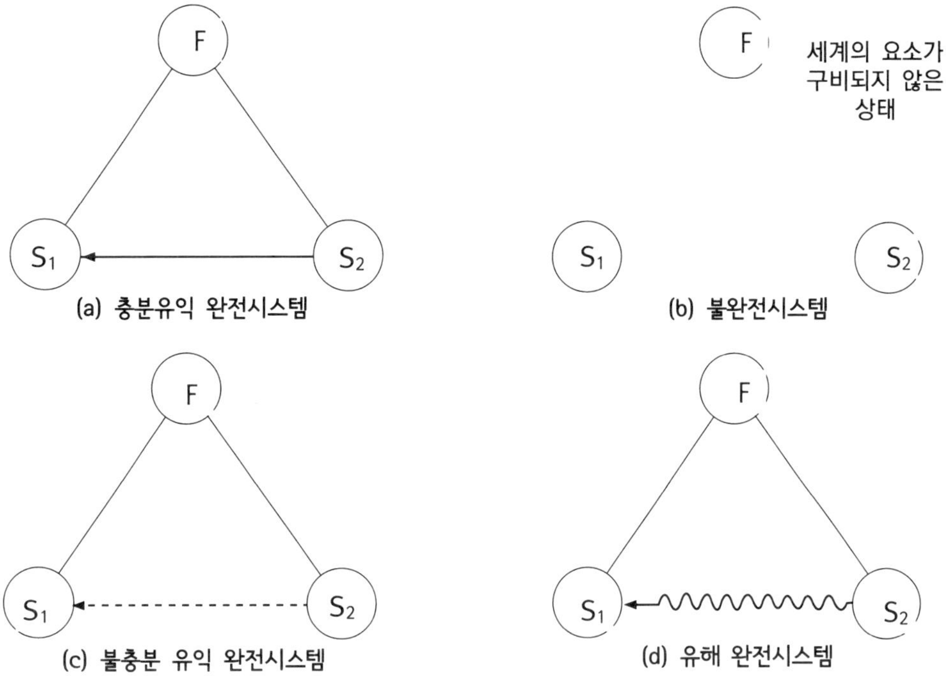

그림 8.10 물잘-장모형

8.2.2 물질-장 분석

물질-장 분석에서는 시스템 구성요소의 명확화, 물질-장 모형 구축, 표준해로부터 해결방안 탐색, 실 해결방안 도출의 4단계의 단계적 과정에 따라 문제를 해결한다. 그림 8.11은 물질-장 분석의 흐름도를 나타낸 것이다.

● 단계1 : 시스템 구성요소의 명확화

기술시스템에서 물질-장 모형의 물질(S1, S2), 장(F)에 대응하는 요소를 찾는다. 장(F)은 유익작용의 달성에 필요한 에너지, 힘 또는 반응을 공급하는 것으로 S_1과 S_2에

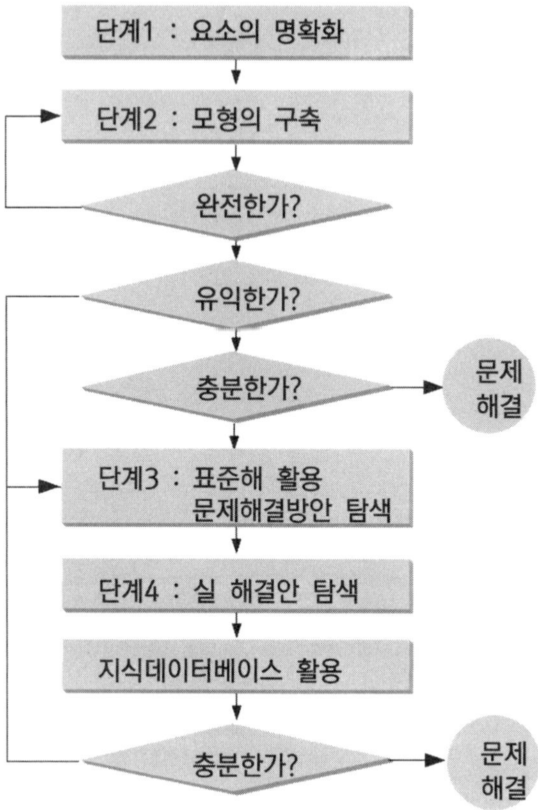

그림 8.11 물질-장 분석의 흐름도

영향을 미친다. 기계장, 온도장, 화학장, 전기장, 자기장, 전자기장이 대표적인 장으로 알려져 있으며, 각 장의 대표적인 에너지의 예는 표 8.3에 제시되어 있다.

● 단계2 : 물질-장 모형의 구축

기술시스템 구성요소 간의 상호관계를 파악하여 물질-장 모형을 작성한다. 물질-장 모형을 구성요소의 완전성과 작용의 유익성으로 분석한다. 완전성은 세 가지 구성요소인 대상, 도구, 장이 모두 존재하는지 여부를 평가하는 것이고, 유익성은 작용의 특성을 평가하는 것이다.

기술시스템이 불완전한 경우에는 어떤 요소가 빠져 있는가를 명확히 한다. 유익성은 작용이 충분 유익, 불충분 유익, 유해인지 여부를 평가한다. 물질-장 모형을 완전성과 유익성으로 평가하면 그림 8.10의 모형 중의 하나가 된다.

● 단계3 : 문제해결방안 탐색 - 표준해 활용

물질-장 모형에 결함이 있는 경우, 즉 불완전 모형이거나 불충분 유익작용 또는 유해작용이 있는 경우에는 이러한 결함을 제거하는 방안을 찾음으로써 기술시스템의 문제를 해결할 수 있다. 표준해는 결함이 있는 물질-장 모형에 새로운 구성요소를 추가하여 문제를 해결하는 방향을 제시한 것으로 76가지 유형이 있다.

단계3에서는 단계2에서 구축한 물질-장 모형이 충분 유익 완전시스템이 되도록 만드는 최적의 표준해를 선정한다.

● 단계4 : 실 해결방안 도출

표준해는 추상적인 성격의 해이다. 그러므로 선정한 최적 표준해로부터 유추발상하여 아이디어를 얻고 이로부터 해결방안을 찾는다. 이 단계에서 아이디어 발상에 지식 데이터베이스를 활용하는 것이 좋다. 트리즈 S/W에는 다수의 특허 사례가 데이터베이스로 저장되어 있으므로 이 데이터베이스를 활용할 수 있다.

▶ 예 8.4 수정액의 수정품질 개선

수정액은 틀리게 기입한 글자를 보이지 않도록 하는데 사용한다. 그러나 틀린 글자를 완전하게 덮지 못하는 문제가 있다. 이 문제를 해결하는 방안을 물질-장 분석으로 찾아보자.

● **단계1 : 시스템 구성요소의 명확화**

수정시스템과 관련된 주요 구성요소는 다음과 같다.

- 기술시스템 : 수정시스템
- 요구 기능 : 오자 제거
- 대상(S_1) : 노트 위의 오자
- 도구(S_2) : 수정액
- 장(F) : 화학장(수정액이 오자를 덮고 건조하여 부착시키는 에너지)

● **단계2 : 물질-장 모형 구축**

현재의 시스템은 대상(오자), 도구(수정액), 장(화학장)을 모두 갖추고 있으므로 완전시스템이다. 그러나 수정액이 오자를 지우는 유익작용은 하나 충분히 지우지 못하므로 불충분하다. 그림 8.12는 수정시스템의 물질-장 모형을 나타낸 것이다.

● **단계3 : 문제해결방안 탐색 - 표준해 활용**

그림 8.11의 불충분 유익 완전시스템에 대응하는 표준해는 그림 8.12의 (a), (b)의 두 개가 있다. 이들 표준해를 기반으로 유추발상하여 문제해결의 아이디어를 얻는다.

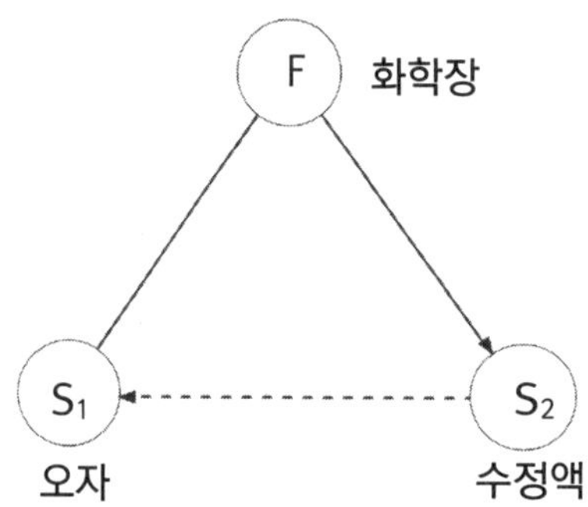

그림 8.12 수정시스템의 물질-장 모형

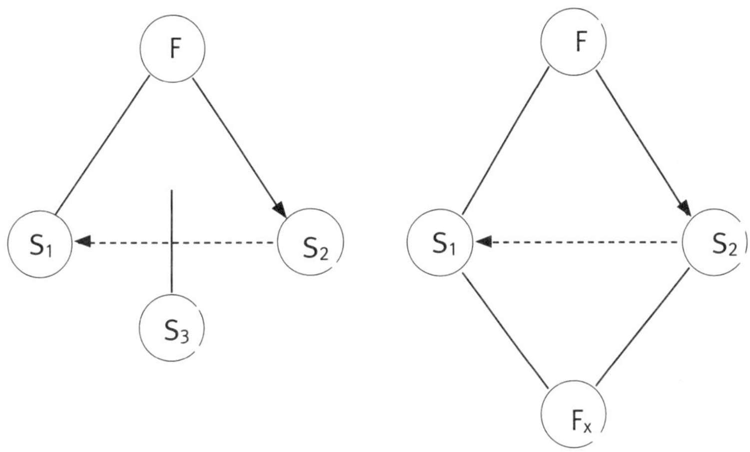

표준해 A : 제3의 물질을 도입하여 충분한 유익작용이 되도록 한다.
(a)

표준해 B : 제2의 장을 도입하여 충분한 유익작용이 되도록 한다.
(b)

그림 8.13 표준해

● **단계4 : 실 해결방안 탐색**

단계3에서 선정한 표준해는 추상적인 해이다. 이 단계에서 선정한 표준해를 기반으로 우추발상하여 문제해결의 아이디어를 도출한다.

- **표준해 A** : 제3의 물질을 도입하여 충분한 유용작용이 되도록 함.

  아이디어1 : 스펀지, 흡착지 등과 같이 흡착성이 있는 제3의 물질(S_3)의 모세관 힘을 이용하여 액의 수송성을 향상시킨다.

- **표준해 B** : 제2의 장을 도입하여 충분한 유용작용이 되도록 함.

  아이디어2 : F_{CH}외에 제2의 장으로서 기계장(F_{ME})을 도입하여 수정액이 확실하게 공급되도록 한다.

물질-장 분석으로 문제를 해결할 때 주의해야 할 것은 장의 활용이다. 장을 추가로 도입할 때에는 다음 세 가지 원칙을 따르도록 한다.

첫째, 장을 도입할 경우에는 시스템 내부에 존재하고 있는 장을 이용한다. 예를 들어, 자동차 냉각 시스템에 배기가스나 공기가 들어가 기포가 생기는 문제가 발생한다. 이 문제는 배수탱크를 설치해 부력으로 공기를 제거하여 문제를 해결할 수 있다. 그러나 이렇게 하더라도 공기탱크의 압력이 낮아져 작은 방울은 완전히 제거할 수 없는 문제가 있다. 이 문제는 새로운 장(원심력)을 도입하여 비중이 낮은 공기방울을 안쪽에 모이도록 한 다음에 분리하여 해결한다.

둘째, 주위의 환경에 존재하는 장을 이용한다. 예를 들어, 교량 위에 배수구를 설치하여 빗물을 배출하는 것은 충분하지 않다(중력만 사용). 이 문제는 배수구 끝에 환기용 노즐을 부착하여 해결할 수 있다.

셋째, 시스템 내부의 장, 환경에 존재하는 장을 사용할 수 없는 경우에는 시스템과 환경에 존재하는 물질을 이용하여 장을 생성한다. 예를 들어, 베어링의 온도가 올라가 품질이 떨어지는 것을 방지하기 위해 온도센서를 사용한다. 이 때 베어링의 축수와 케이스 간에 다른 종류의 금속을 사용하여 열의 발생에 의한 기전력이 생기도록 하면 쉽게 온도를 측정할 수 있다.

8.3 표준해

표준해는 물질-장 모형이 충분 유익 완전시스템이 아닌 경우에 이를 해결하는 방안을 모은 것으로 76개가 있다. 76가지 표준해 전체의 내용은 부록D에 실었다.

8.3.1 표준해의 분류

표준해는 해의 특성에 따라 5개의 유형으로 분류한다. 분류1~분류3의 표준해는 기술시스템의 성능 개선에 관한 문제를 대상으로 물질-장 모형에 기반을 두고 문제해결의 방향을 제시하고 있다. 분류4의 표준해는 기술시스템의 성능 검출 또는 측정에 관한 문제를 대상으로 하고 있다. 분류5의 표준해는 기술시스템의 단순화를 위한 표준해이다.

● **분류1 : 물질-장의 합성과 파괴**

분류1은 2개의 하위분류가 있다. 물질-장 모형이 불완전하거나 물질-장 모형에서 유해작용이 발생하고 있는 경우에 분류1의 표준해를 적용한다.

하위분류	내용	표준해의 수
1	물질-장의 합성(Synthesis of Su-Fields)	8
2	물질-장의 파괴(Destruction of Su-Fields)	5

● **분류2 : 물질-장의 전개**

분류2에는 4개의 하위분류가 있다. 물질-장 모형이 비효율적인 경우(유익작용이 불충분)에 적용한다.

하위분류	내용	표준해의 수
1	복합 물질-장으로 변화(Transition to complex Su-Fields)	2
2	물질-장의 강화(Enforcing of Su-Fields)	6
3	리듬 부합에 의한 물질-장 강화(Enforcing of Su-Fields by fitting(matching) rhythms)	3
4	자성 물질-장 시스템으로 변화(Transition to ferromagnetic Su-Field systems)	12

● 분류3 : 상위시스템/미세수준으로 변화

분류3에는 2개의 하위분류가 있다. 분류2의 물질-장 모형 개선을 분류3의 표준해에 적용한다. 분류3의 표준해는 기술시스템의 진화와 관련되어 있다.

하위분류	내용	표준해의 수
1	이중/다중 시스템으로의 변화(Transition to bi- and poly-systems)	5
2	미세수준으로 변화(Transition to the micro level)	1

● 분류4 : 검출 및 측정 표준해

분류4에는 5개의 하위분류가 있다. 측정형 물질-장 모형으로 검출 및 측정에 관한 문제에 적용한다.

하위분류	내용	표준해의 수
1	간접적 방법을 사용한 검출 및 측정 문제 해결(Roundabout ways to solve problems of detection and measurement)	3
2	물질-장 측정시스템의 합성(Synthesis of Su-Field measurement systems)	4
3	측정 물질-장의 강화(Enforcing of measuring Su-Fields)	3
4	자성 물질-장 시스템으로 변화(Transition to ferro Su-Field systems)	5
5	측정시스템 진화의 방향(Direction of measuring system evolution)	2

● **분류5 : 표준해 사용을 위한 표준**

분류5에는 5개의 하위분류가 있다. 분류1~분류4까지의 표준해를 적용하여 얻은 해결안은 복잡도가 증가한다. 클래스5는 표준해를 적용하여 얻은 해결안을 단순화 하는데 적용한다.

하위 클래스	내용	표준해의 수
1	물질-장의 구축, 재구축, 파괴에 물질의 추가(Adding substances at construction, reconstruction, and destruction of Su-Feilds)	4
2	물질-장의 구축, 재구축, 파괴에 장의 추가(Adding fields at construction, reconstruction, and destruction of Su-Feilds)	3
3	상전이(Phase Transitions)	5
4	물리적 효과의 특이성 적용(Application peculiarities of physical effects)	2
5	입자의 창조(Creation of particles)	5

8.3.2 표준해의 활용

이 절에서는 자주 사용하는 표준해를 중심으로 표준해의 세부 내용과 활용 예를 소개한다.

● **물질-장의 완성**

물질-장 모형이 불완전한 경우에는 누락된 요소를 도입하여 문제를 해결할 수 있나.

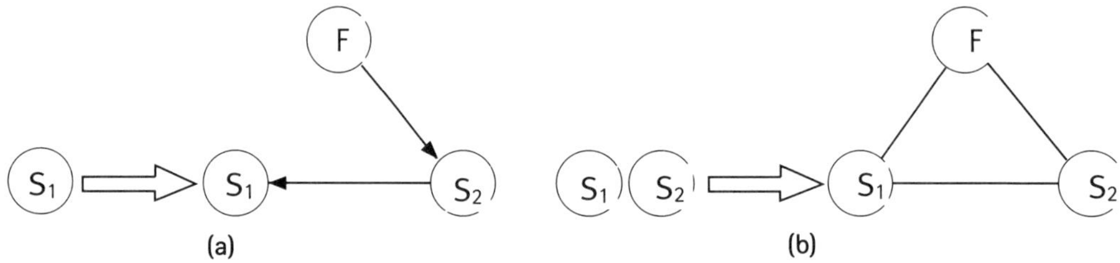

그림 8.14 표준해 1-1-1 : 물질-장 모형의 완성

표준해 1-1-1(물질-장의 완성) : 대상의 변경이 필요하지만 변경이 어렵고, 물질이나 장의 도입은 어렵지 않은 경우, 누락된 요소의 도입을 통해 물질-장 모형을 완전하게 하여 문제를 해결한다.

▶ 예 8.5 분말에서 공기제거

분말 상태의 재료에서 공기를 제거하는 프로세스는 원심력이 발생하는 조건에서 행하여 효과를 증대시킬 수 있다. S_1, S_2는 각각 공기, 분말이며, 빠진 요소 원심력장(기계장)을 도입하여 물질-장 모형을 완성시켜 해결한 문제라 할 수 있다.

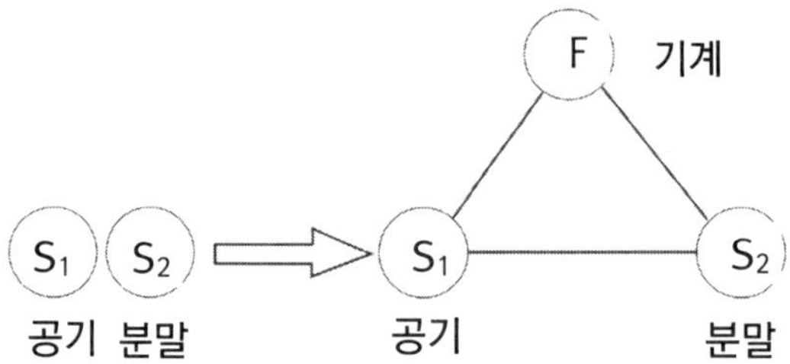

● 물질-장의 파괴

물질-장 모형에서 대상과 도구 사이에 유용작용과 유해작용이 동시에 존재할 때 유해작용을 제거하고 유용작용을 유지하여 문제를 해결한다.

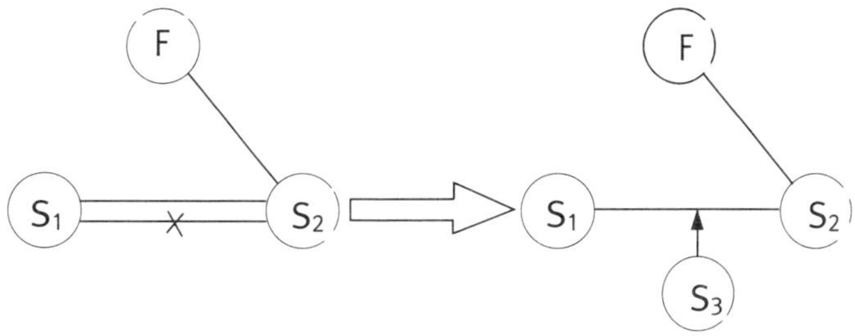

그림 8.15 표준해 1-2-1 모형

표준해 1-2-1(신규물질의 추가에 의한 유해 상호작용 제거) : 물질-장 모형의 두 물질 사이에 유용작용과 유해작용이 동시에 발생하고, 두 물질 사이에 직접적인 접촉을 유지하지 않아도 되는 경우, 제3의 외부물질을 두 물질 사이에 도입하여 해결할 수 있다.

▶ 예 8.6 알루미늄 디스크 만들기

과학실험에 사용하기 위해서 알루미늄 호일로 원형의 디스크를 수천 개 제작해야 한다. 절단기에 알루미늄 호일을 넣고 자르면 호일이 얇기 때문에 구부러지거나 모서리부분이 찢어지는 문제가 발생한다.

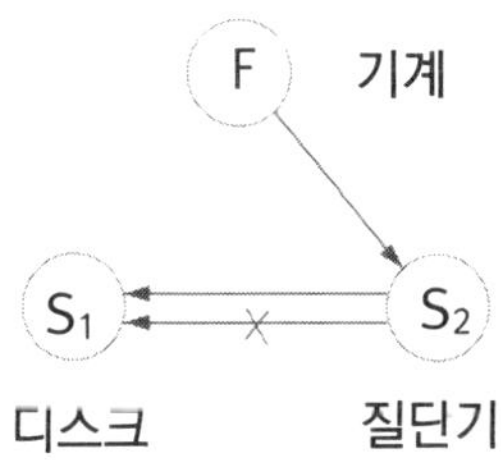

이 문제는 표준해 1-2-1을 적용하여 제3의 물질을 도입하여 해결할 수 있다. 물이 들어 있는 용기에 가공하지 않은 디스크를 가지런히 넣고 물을 얼게 한 다음에 가공하면 쉽게 가공할 수 있다.

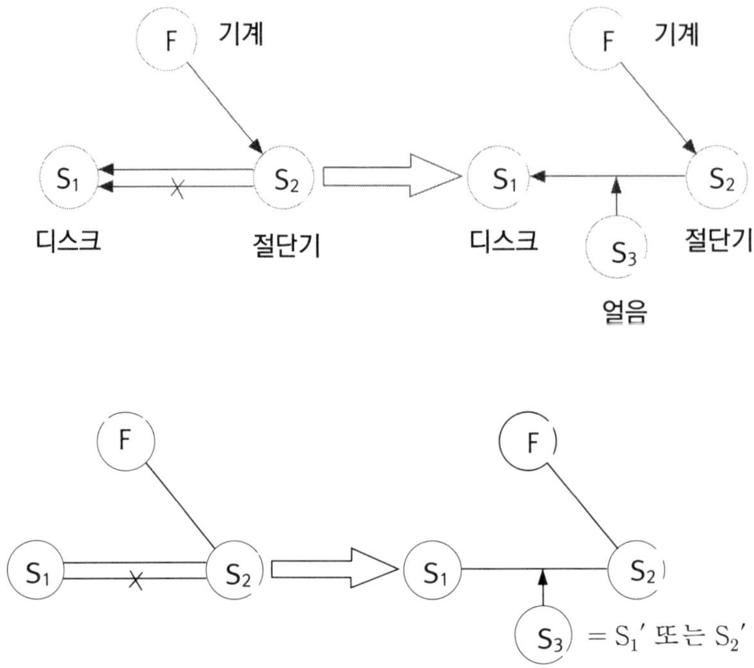

그림 8.16 표준해 1-2-2 모형

표준해 1-2-2(기존물질의 변형에 의한 유해 상호작용 제거) : 물질-장 모형의 두 물질 사이에 유용작용과 유해작용이 동시에 발생하고, 두 물질을 직접적인 접촉을 유지하지 않아도 되지만 외부물질의 도입이 금지되어 있거나 바람직하지 않은 문제의 경우, 내부물질을 변형한 제3의 물질을 두 물질 사이에 도입하여 해결할 수 있다.

▶ 예 8.7 강철 숏블라스팅 기계(예 8.3)

강철 숏블라스팅기계의 굽은 관 부분이 특별히 빨리 닳는다. 관의 굽은 부분은 지속적으로 강철구슬의 공격을 받아 망가진다. 이 부분의 보호를 위한 특수한 코팅을 해도 거의 효과가 없다.

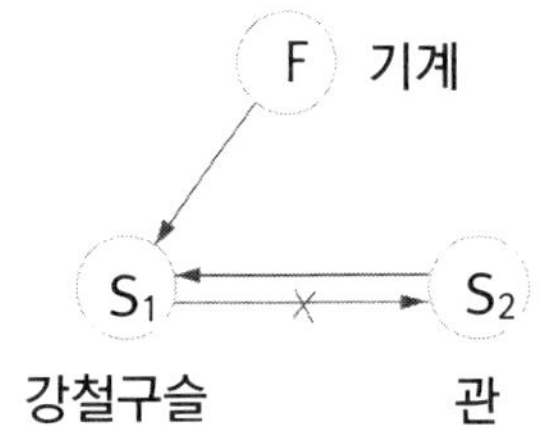

그림 8.17 강철 숏블라드스팅기계의 물질-장 모형

이 문제는 관의 굽은 부분에 자석을 부착하여 강철구슬 스스로가 관을 보호하도록 하여 해결하였다(그림 8.17).

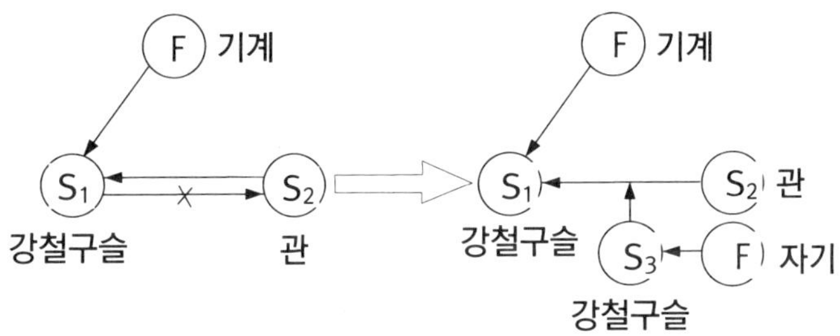

그림 8.18 표준해 1-2-2를 활용한 문제해결 모형

- **검출과 측정의 물질-장**

검출과 측정의 문제는 물리적 상태를 측정해야 하는 시스템에서 검출과 측정을 할 수 없는 경우에 발생한다. 시스템의 일부 파라미터를 측정하거나 검출해야 한다는 것은 시스템의 성능에 문제가 발생할 수도 있다는 표시이다. 따라서 측정과 검출의 문제는 파라미터의 측정과 검출이 필요 없도록 하는 것이 가장 기본적인 접근법이다.

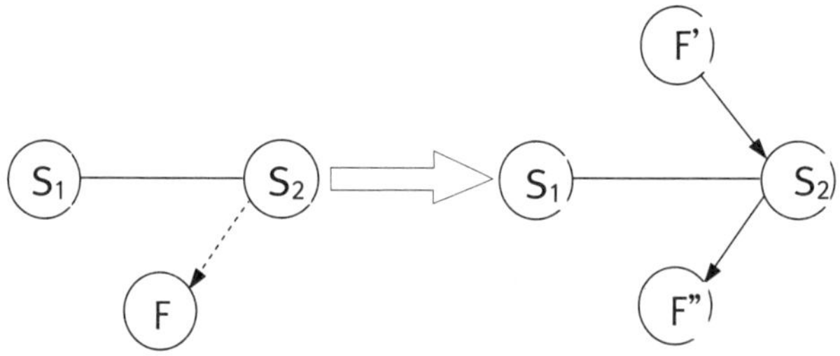

그림 8.19 표준해 4-2-1 모형

표준 4-1-1(측정 대신 변경) : 시스템에 측정이나 검출이 필요한 문제가 있는 경우, 측정과 검출이 필요 없도록 시스템을 변경하여 해결할 수 있다.

▶ 예 8.8 영구전기모터의 과열

전기모터는 온도센스를 사용하여 온도를 감지하도록 하여 모터의 과열을 막는다. 이 경우 모터의 극을 과열 임계온도점과 동일한 큐리점를 가지는 합금으로 제작하면 과열이 발생하면 모터가 스스로 멈추도록 할 수 있다(온도센서의 제거).

표준 4-2-1(측정 가능한 물질-장의 창조) : 물질-장 요소의 측정 또는 검출이 어려운 경우, 물질-장 모형 또는 두 물질-장 모형을 합성하여 생성되는 장을 이용하여 해결할 수 있다. 즉, 파라미터를 직접 검출 또는 측정하는 대신에 새로운 장에 의해 생성 가능한 다른 파라미타를 검출 또는 측정하는 방법을 사용한다. 이 경우 시스템에 도입되는 새로운 장은 파라미터를 쉽게 검출하거나 측정할 수 있어야 하며, 이 파라미터의 상태나 값은 원래 측정하고자 하는 파라미터의 값을 대신할 수 있어야 한다.

▶ 예 8.9 냉장고 배관의 냉매 유출 여부 검사

냉장고 배관에 있는 냉매의 유출을 검출하고자 한다. 단순하면서 비용-효과적이며, 신뢰성이 높은 시각적인 검출방법이 필요하다.

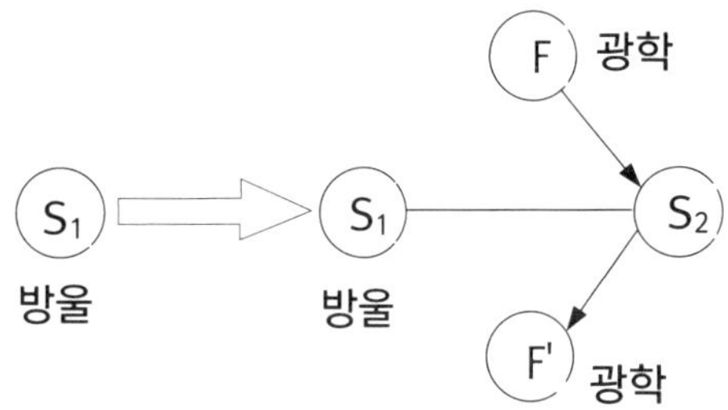

그림 8.20 표준해 4-2-1을 활용한 문제해결모형

이 문제는 냉장고 배관 외부면에 코팅한 페인트 층을 활용한다. 누출이 일어나면 페인트가 부풀어 육안검사가 가능하다. 다른 접근법은 UV복사를 가시광선으로 변환하는 발광체를 활용하여 냉장고 배관을 UV로 조사하여 냉매에 첨가된 작은 양의 발광체가 누출위치에서 발광하도록 하여 해결하는 것이다(그림 8.20).

8.4 자원

문제해결과정에서 전문가를 두드러지게 하는 것 중의 하나는 시스템 내부를 들여다보고 필요한 자원들을 찾아내고 이들 자원을 문제 해결에 활용할 수 있는 능력이다. 자원은 시스템과 시스템 주위의 놀고 있는 모든 것이다. 자원은 시스템 내부, 하위시스템, 상위시스템에 있을 수 있으며, 숨겨져 있을 수도 있다. 매우 저렴한 비용으로 이용가능한 에너지나 물질, 시스템의 빈 공간이나 틈, 폐기물, 부산물, 유해물질과 유해 장 등은 모두 이용할 수 있는 자원이다. 기술시스템의 자원은 시스템과 관련된 모든 곳에서 찾을 수 있다.

8.4.1 자원의 분류

자원은 크게 물질자원, 장(에너지)자원, 공간자원, 시간자원, 정보 및 지식자원, 기능자원으로 분류할 수 있다. 표 8.4는 이들 자원의 세부적인 내용을 나타낸 것이다.

표 8.5 자원의 분류

범주 구분	자원의 유형
물질 자원	• 원재료와 제품 • 폐기물 • 부산물 • 시스템요소 • 주위환경에서 얻은 물질 • 저가의 물질 • 시스템에서 생성된 유해물질 • 시스템에서 변경된 물질
장 자원	• 시스템의 에너지 • 환경 에너지 • 기존의 에너지원으로 만들 수 있는 에너지/장 • 시스템 낭비로부터 유도할 수 있는 에너지/장
공간 자원	• 빈 공간 • 다른 시스템의 인터페이스에 있는 공간 • 수직배열에 의해 생성된 공간 • 포개기배열에 의해 생성된 공간 • 기존 시스템요소의 재배열에 의해 생성된 공간
시간자원	• 작업 전 기간 • 효율적인 스케줄링에 의해 생성된 시간대 • 병렬작업에 의해 생성된 시간대 • 작업 후 기간

범주 구분	자원의 유형
정보 및 지식자원	• 이용 가능한 모든 물질에 대한 지식(재료의 성질, 변형 등) • 이용 가능한 모든 에너지에 대한 지식(에너지의 성질, 이용 등) • 과거의 지식 • 다른 사람의 지식 • 작동에 관한 지식
기능자원	• 이용되지 않거나 충분히 이용하지 않는 시스템의 주기능 • 이용되지 않거나 충분히 이용하지 않는 시스템의 보조기능 • 이용되지 않거나 충분히 이용하지 않는 시스템의 유해기능

8.4.2 자원의 분석

자원은 내부자원과 외부자원으로 분류할 수 있다. 내부자원은 문제발생 시간대에 문제발생영역에서 얻을 수 있는 물체, 물질, 장을 말한다. 외부자원은 문제발생시점 이전에 발생하는 현상이나 문제발생영역 주위에서 얻을 수 있는 물체, 물질, 장을 의미한다.

내부자원과 외부자원은 준비자원(ready resources), 유도자원(derivative resources), 차동자원(differential resources)으로 분류할 수 있다. 문제 해결에 필요한 자원이 시스템 내부에 이용에 적합한 형태로 존재하는 경우가 많다. 이들 자원은 사용할 준비가 되어 있다는 의미에서 준비자원이라 한다. 반면에 어떤 자원은 일정기간 동안 축적하거나 변형을 한 다음에 사용할 수 있다. 이런 유형의 자원을 유도자원이라 한다. 또한 물질이나 장이 갖고 있는 성질의 차이를 시스템의 자원으로 활용할 수 있다. 이런 유형의 자원을 차동자원이라 한다.

준비자원은 존재하는 상태 그대로 사용할 수 있다. 물질, 장, 공간, 시간 자원은 대부분의 시스템에서 사용 가능한 자원이다. 물질자원은 시스템과 시스템 환경을 구성하고 있는 모든 재료를 포함한다. 따라서 이상최종해(IFR)에 도달하지 못한 모든 시스템은 이용 가능한 물질자원을 갖고 있다.

유도자원은 변형을 거친 다음에 사용할 수 있는 자원이다. 원래 상태로는 유용하지 않으나 변형하면 자원이 될 수 있는 원재료, 제품, 폐기물, 하위시스템, 물, 공기 등이 유도자원이다. 예를 들어, 발전소에서 배출되는 온수는 변형하여 온실에 사용할 수 있다. 유도자원은 상전이나 화학반응을 사용하여 얻는 경우가 많다.

차동자원은 시스템의 물질이나 장의 구조와 성질의 차이로 얻을 수 있는 자원이다. 구조적 차이에 대해서 살펴보자. 이방성(異方性)은 방향이 서로 다른 물질의 물리적 성질의 차이를 의미한다. 이방성은 결정체의 가장 기본적인 특성이다. 기본 기능의 수행과 유용기능의 성능 증대에 이방성을 사용할 수 있다. 이방성의 공학적 성질(다이아몬드 세공), 전기적 성질(수정발진기), 음향성질(초음파탐지기), 기계적 성질(외과용메스 가공), 화학적 성질(열간압연강의 식각), 기하학적 성질(작은 알의 품질검사) 차이를 자원으로 활용할 수 있다.

시스템의 각 부분간의 장의 비동질성은 장의 에너지 차이라는 자원으로 사용할 수 있다. 예를 들어, 높이 솟아 있는 용광로의 굴뚝은 지상의 대기압과 굴뚝 꼭대기의 대기압 차이를 이용하여 용광로의 공기 흡인력을 증가시키기 위한 것으로 장의 에너지(대기압)의 증감을 활용한 것이다.

8.4.3 자원의 사용법

자원을 유용하게 사용하기 위해서는 시스템에 주어진 자원과 자원의 가용도를 먼저 확인해야 한다. 자원의 추정은 정량적인 면에서 해당 자원의 불충분, 충분 또는 무제한인지 여부를 확인하고, 정성적인 면에서 유용자원, 중립자원 또는 유해자원인지 여부를 확인하는 것을 의미한다.

자원의 가용도는 준비도 측면에서 해당 자원이 준비자원, 유도자원 또는 차동자원인지 여부, 위치상으로 운전영역에서 얻을 수 있는지의 여부, 운전기간에 얻을 수있는지 여부, 현시스템·하위시스템·상위시스템의 어디에서 얻을 수 있는지 여부를 확인한다. 또한 비용면에서 고가, 저가 또는 공짜인지 여부를 확인한다. 표 8.5는 각 자원에 대한 추정과 가용도를 확인하는 체크리스트를 나타낸 것이다.

최소의 비용으로 최대의 성과를 얻기 위해서는 다음의 순서로 사용할 자원을 탐색하는 것이 좋다.

1. 부수적인 자원. 특히, 폐기되는 자원
2. 외부 환경 자원
3. 도구 자원
4. 시스템의 하위시스템 자원
5. 원상태의 물체 또는 제품(변경이 금지되어 있지 않은 경우)

사용하기 쉬운 자원은 무제한으로 이용 가능한 자원이다. 공기, 물, 공기나 물의 온도, 태양과 바람 에너지 등과 같은 환경으로부터 얻을 수 있는 자원이 이런 유형의 자원이다. 환경에 존재하지 않는 자원을 사용해야 하는 경우에는 시스템 자체에 적정량 존재하는 자원을 우선적으로 고려한다. 이런 유형의 자원은 시스템 또는 인접시스템의 유용기능과 중립기능과 연결되어 있다(예, 시스템에 의해 생성되거나 소비된 물질이나 에너지).

이용 가능한 자원의 양이 충분하지 않으면 사용이 쉽지 않다. 이런 형태의 자원을 확보하기 위해서는 추가적인 노력을 해야 한다.

자원은 다음의 순으로 유용도(degree of utility)가 높다.

1. 유해자원(특히, 제조과정의 폐기물, 쓰레기, 사용하지 않은 에너지)
2. 준비자원
3. 유도자원
4. 차동자원

이와 같은 방식으로 자원을 분석하고 사용하면 시스템의 이상성이 증가되고 시스템 제조와 관련된 생태학적 파라미터가 개선된다. 자원을 유도자원이나 차동자원으로 변형하는 경우에는 시스템의 복잡도가 증가되고, 추가적인 에너지와 자금이 소요되므로 이상성에서 점점 멀어지는 의사결정이 됨에 주의해야 한다.

8.4.4 자원 한계의 극복

자원은 숨어있거나 이용가능하지 않은 경우가 많다. 그러므로 자원의 한계를 극복하기 위해서는 다음의 일반적인 지침을 활용한다.

1. 가장 중요한 작용과 하위시스템과 관련된 자원에 집중한다.
2. 자원의 합리적이고 효과적인 사용법을 조사한다(낭비, 폐기, 정지의 배척).
3. 다른 프로세스에서 폐기되거나 낭비되는 자원을 사용한다.
4. 다른 하위시스템의 유용한 자원을 공유하고, 이들 하위시스템을 동적으로 변하도록 조절한다.
5. 하위시스템의 숨겨진 성질에 따라 생성되는 자원을 사용한다.
6. 프로세스의 요구에 따라 다른 자원을 변형하여 사용한다(환경자원의 사용).

표 8.7은 자원의 종류별로 자원의 한계를 극복하는데 도움이 될 수 있는 지침들을 정리한 것이다.

표 8.7 자원의 한계를 극복하는 방법

자원의 종류	자원의 한계 극복 방법
공간자원	▸ 시스템의 가장 중요한 요소를 가장 값비싼 영역에 두고, 나머지 요소는 덜 값비싼 영역에 둔다. ▸ 고밀도로 배치하고, 여유 공간(틈새, 공동)을 사용하며, 한 물체를 다른 물체의 내부에 넣는다. ▸ 이웃 하위시스템의 표면이나 표면의 안쪽 면을 사용한다. ▸ 다른 차원(점, 선, 면, 입방체)을 사용한다. ▸ 조밀한 기하학적 배치를 사용한다(예, 나선형 배치). ▸ 물체의 형상을 동적으로 변하게 만들어 다른 물체의 내부에서 일시적으

	로 만들어지는 여유 공간을 사용하도록 한다.
시간자원	▸ 가장 값비싼 시간대에서 시간 낭비가 최소화되도록 하기 위해 일부 단계를 미리 실행하고, 하위시스템이 곧바로 반응하도록 한다. ▸ 더 집중적으로 하고, 일시정지를 제거하고, 정지와 휴지시간을 배제하며, 연속적인 프로세스로 만든다. ▸ 순차적 실행에서 병렬식 실행으로 변경한다.
재료자원	▸ 적은 양의 물질을 부피를 크게 하여 펼치고자 할 경우에는 얇은 막, 가루(먼지), 증기를 사용한다. ▸ 주어진 물질과 혼합하는데 필요한 물질을 환경에서 얻어 사용한다(첨가제, 거품, 부풀릴 수 있는 물체(예, 에어백), 액체가 들어 있는 물체(예, 아이스팩) 등을 사용한다. ▸ 프로세스의 요구에 따라 변형된 환경 물질을 사용한다(예, 얼음, 가스, 분출액)
에너지자원	▸ 값비싼 에너지의 사용을 제한하고, 대신 저렴한 에너지를 사용한다. ▸ 인근 시스템의 에너지 자원을 사용한다. ▸ 에너지의 흐름의 세기가 제한된 경우 - 해당 에너지의 흐름을 사용하여 흐름의 세기를 더 높일 수 있도록 만든다. - 시스템의 숨겨진 성질을 사용하여 다른 유형의 흐름을 추가한다. - 다른 유형의 에너지 흐름으로 변형한다. ▸ 시스템과 인근 시스템의 에너지 낭비를 이용한다. ▸ 환경자원을 사용한다.

자원을 분석할 때 다음의 자원을 가볍게 생각하고 지나치는 경우가 많다.

- **시스템의 사용하지 않는 특수한 성질이나 특성**

- 완전하게 다 사용하지 않는 하위시스템 자원
- 하위시스템 간의 배열, 상호 적응, 상호 전달
- 시스템에 쉽게 내장할 수 있는 하위시스템
- 약간의 변경으로 얻을 수 있는 새롭고, 기대하기 않은 시스템의 성질이나 특성

예를 들어, 시스템의 중량이나 주기적으로 발생하는 작용력을 사용하여 성과나 효과를 증진시키는 것, 수리모형이나 컴퓨터 시뮬레이션에 근거하여 최적 파라미터(온도, 습도, 조도 등)를 결정하여 사용하거나 초과하는 시스템 용량을 사용하는 것, 제조시간을 감소시키기 위해서 조립단계에서 하위시스템(부품)의 선정, 정렬, 조정이 필요 없도록 하는 것, 제동장치와 같이 수동적으로 얻은 에너지을 누적하여 사용하는 것, 보조적인 목적을 수행하고 필요성이 없어진 하위시스템을 사용하는 것 등이 놓치기 쉬운 자원을 유용하게 사용한 예이다.

▶ 예 8.10 전선의 자원

그림 8.21과 같은 구리전선에 확인되지 않은 문제가 있다고 하고, 이 문제의 해결을 위해 활용할 수 있는 자원들에 대해서 살펴보자.

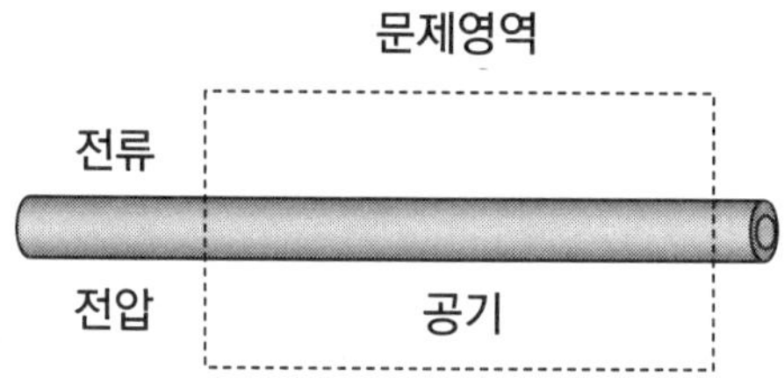

그림 8.21 전선의 문제영역

준비자원은 구리전선, 공기, 전압, 전류 등에서 찾을 수 있다. 이들 각 자원에서 활용할 수 있는 자원들은 그림 8.22와 같이 정리할 수 있다.

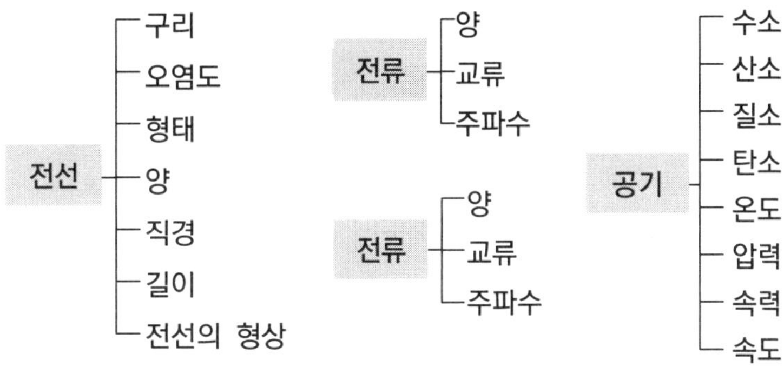

그림 8.22 전선의 준비자원

준비자원들로부터 유도되는 자원은 저항, 자기장, 산화, 습기, CO/CO_2, 냉각/가열 등이 있다. 그림 8.23은 유도자원의 유도 형태를 나타낸 것이다.

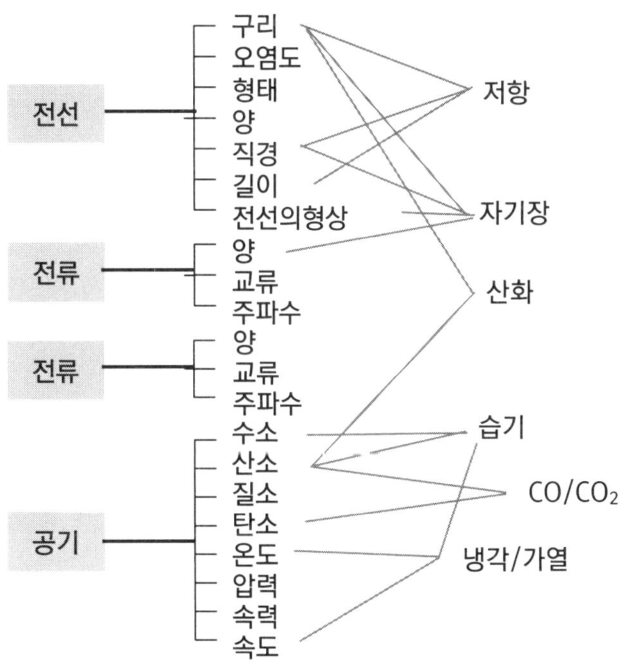

그림 8.23 전선의 유도자원

연습문제

8.1 두께가 얇은 관에 구멍을 뚫는 경우에 관의 벽이 찌그러져서 원하는 구멍을 뚫기가 어렵다. 뚫는 방법을 고안하라.

8.2 다음 기능에 대해서 물질-장 모형을 작성하라.

앉기	머리빗기
자전거 타기	주전자에 물 끓이기

8.3 다음의 물품들이 갖고 있는 자원을 물질자원, 장자원, 공간자원, 시간자원, 정보/지식자원, 기능자원으로 분류하여 제시하라.

볼펜	머그컵
휴대폰	차주전자
스테플러	허리띠
전화기	연필
모니터	기타 생활용품

Chapter 9

기술의 진화

9.1 기술시스템의 진화

9.2 기술진화의 법칙

9.3 기술진화라인

9.4 기술시스템 진화의 활용

학습 목표

1. 알츠슐러의 8가지 기술시스템진화법칙을 나열할 수 있다.
2. 알츠슐러의 8가지 기술시스템진화법칙의 내용을 예를 들어 설명할 수 있다.
3. 기술시스템의 진화라인을 설명할 수 있다.
4. 주어진 기술시스템의 진화단계를 파악하여 기술전략을 수립할 수 있다.

9.1 기술시스템의 진화

기술시스템은 사회의 변화 요구를 만족시키고, 경쟁에서 생존하기 위해 지속적으로 변화한다. 기술시스템은 변증법적 논리에 의한 진화와 우발적 창조에 의한 출현의 두 가지 형태에 의해 발전한다. 변증법적 논리는 하나의 사상이 지속적으로 발전하면 이에 상응하는 엔트로피가 증가하고, 엔트로피가 일정 수준 이상이 되면 반대의 엔트로피를 지닌 다른 사상이 나타나게 되며, 두 개의 장점을 합치면서 융합되어 새로운 사상으로 발전한다는 논리이다. 기술시스템도 이와 같은 논리로 발전해 왔다.

기술의 진화는 기술시스템의 일반적인 발전 방향을 의미하는 기술진화의 법칙과 기술시스템 진화의 세부단계를 의미하는 기술진화라인으로 구분할 수 있다.

기술시스템 진화의 법칙은 알츠슐러가 발견한 '제품을 포함한 수많은 기술시스템은 결코 우발적으로 진화하지 않고 반드시 어떤 일정한 패턴을 따라서 진화한다'고 하는 기술시스템 진화원리에 기반을 두고 있다. 기술시스템 진화법칙에는 표 9.1과 같이 8가지 법칙이 있다.

표 9.1 기술시스템 진화법칙

번호	기술시스템 진화법칙
1	이상성 증가의 법칙(Law of increasing Ideality)
2	구성요소 불규칙 발전 법칙(Law of uneven development of parts)
3	상위시스템으로 이행 법칙(Law of transition to a supersystem)
4	시스템 구성요소 완전성의 법칙(Law of completeness of parts of a system)
5	시스템 에너지 전도성의 법칙(Law of energy conductivity in a system)
6	리듬 조화의 법칙(Law of harmonization of rhythms)
7	미시수준으로 이행 법칙(Law of transition from macro to micro level)
8	물질-장 개재 증가의 법칙(Law of increasing substance-field involvement)

표 9.2 14가지 진화라인

번호	진화라인	번호	진화라인
1	신물질의 도입	8	가동성의 향상
2	개량물질의 도입	9	리듬의 조화
3	유사물의 단일 ⇨ 이중 ⇨ 다중	10	작용의 조화
4	이질물의 단일 ⇨ 이중 ⇨ 다중	11	제어성의 향상
5	물질 또는 물체의 세분화	12	선구조의 기하학적 진화
6	공간의 세분화	13	입체구조의 기하학적 진화
7	표면의 세분화	14	트리밍(trimming)의 증대

기술시스템은 성능이 더 나은 시스템으로, 적은 자원을 투입하고 제조할 수 있는 시스템으로, 다수 개의 기능이 결합된 시스템으로 발전하도록 직접적이거나 시장의 힘을 통해 압력을 받고 있다. 기술시스템의 진화법칙은 진화과정에서 시스템요소들 사이 또는 시스템과 환경 사이에 있는 의미 있고, 안정적이며 반복되는 상호 작용들이라 할 수 있다.

기술진화라인은 기술시스템 진화의 세부단계를 말한다. 기술진화라인에는 표 9.2와 같이 14가지의 법칙이 있다.

▶ 예 9.1 자동차의 진화

지난 50년 동안 자동차는 공기역학적 요구조건, 새로운 재료와 시스템의 가용성(예, 에어백, 잠김방지 브레이크), 전동기구의 변화(예, 전륜구동, 작지만 강력한 엔진), 소비자의 구미, 설계자의 예술적 감각 등에 의해 설계가 변화되어 왔다. 흔적도 없이 사라진 변화도 많지만 일부는 진화 발전하였으며, 3~5년 마다 새로운 설계 경향이 나타나고 있다.

9.2 기술진화의 법칙

9.2.1 이상성 증가의 법칙

이상성 증가의 법칙은 '기술시스템은 이상성의 수준을 높이는 방향으로 진화 한다'는 것을 의미한다. 이상성은 시스템의 유익작용의 합을 시스템의 유해작용의 합으로 나눈 비율이다. 유익작용에는 기술시스템이 기능함으로 발생하는 가치 있는 결과가 모두 포함되며, 유해작용에는 기술시스템의 비용, 시스템이 점유하고 있는 공간, 시스템이 소비하는 에너지, 시스템이 만들어 내는 소음, 폐기물 등이 포함된다.

앞에서 정의한 바와 같이 이상최종해(IFR)는 유익작용은 크고 유해작용이 0인 상태이다. 이상성증가의 법칙은 IFR에 도달하는 방향으로 기술시스템이 진화함을 의미한다.

▶ 예 9.2 개인용컴퓨터의 진화

개인용컴퓨터는 소형화, 경량화되면서 CPU의 성능 향상, 메모리의 대용량화 등을 실현하고 있다. 비용면에서도 과거에 비해 상당히 저렴하게 되었다. 개인용컴퓨터는 이상성 증가의 법칙에 충실하게 따른 형태로 발전되어 온 제품이다(그림 9.1).

9.2.2 구성요소 불규칙 발전 법칙

기술시스템 전체로 보면 발전은 단조롭게 진행되는 것처럼 보인다. 그러나 시스템의 구성요소들을 보면 각기 서로 다른 속도로 발전한다. 이러한 현상은 시스템의 복잡도

그림 9.1 개인용컴퓨터의 진화(소형화/경량화)

가 높을수록 두드러지게 나타난다. 시스템 구성요소의 성능이 균등하지 않으면 시스템의 갈등이 나타나고, 이 갈등을 해결하기 위해 새로운 기술의 개발이 필요하게 되며 이에 따라 시스템의 진화가 촉진된다.

예를 들어, 화물선의 운반능력이나 엔진출력은 크게 향상되었으나 브레이크 시스템의 발전속도는 운반능력이나 엔진출력의 발전속도에 비해 늦다. 개인용 컴퓨터의 CPU의 처리 속도, 메모리의 용량 등은 비약적으로 발전하고 있으나 입력방식의 발전은 상대적으로 늦은 편이다.

▶ 예 9.3 자동차의 불규칙 발전

자동차의 주요 구성요소인 구동계와 제어계의 진화단계를 살펴보자.

- **구동계** : 타이어는 처음부터 고무계통으로 만들어졌으며, 원리도 형상도 그대로이다. 엔진 또한 가솔린엔진이 기본이며 원리는 불변이다(최근에 전기구동형의 엔진이 출현함). 자동차의 구동계는 현재 성숙기 단계에 있다.
- **제어계** : 자동차 내비게이션은 과거에는 없었으나 지금은 발전 속도가 매우 빠른 제품이다. 자동차의 제어계는 성장기 단계에 있다.

9.2.3 상위시스템으로 변화 법칙

상위시스템으로 변화의 법칙은 '시스템은 자신의 발전 한계에 도달하면 상위시스템의 하위시스템으로 변화한다'는 것이다. 이와 같은 방식으로 원래 시스템은 새로운 시스템의 하위시스템으로 변화하는 것이다.

단일시스템은 하나의 기능을 수행하도록 설계한 시스템이다. 이중(다중)시스템은 두 개(두개 이상)의 단일 시스템으로 구성된다. 이중시스템의 기능은 단일시스템의 기능과 동일할 수도 있고 그렇지 않을 수도 있다.

렌즈를 예를 들어 살펴보자. 단일시스템은 단일렌즈이다. 두 개의 렌즈는 이중시스템(망원경, 현미경, 안경)을 구성하고, 3개 이상의 렌즈는 다중시스템(성능이 우수한 망원경이나 현미경)을 구성한다.

이중시스템과 다중시스템으로의 변화는 진화라인법칙 중의 하나이기도 하다.

▶ 예 9.4 이중시스템과 다중시스템

- **이중시스템** : 가위(두 개의 칼), 안경, 쌍안경, 총열이 두 개인 사냥총, 반도체다이오드, 술이 든 캔디 등
- **다중시스템** : 책, 다색 잉크펜, 다중서랍캐비넷, 트랜지스터, 다중실린더를 가진 엔진, 다층케이크 등

9.2.4 시스템 구성요소 완전성의 법칙

기술시스템은 에너지원으로 '엔진', 시스템 기능을 실행하는 '동작기관', 엔진에서 동작기관에 에너지를 전달하는 '전달장치', 그리고 전달장치를 통하여 시스템을 제어 또는 조작하는 '제어장치'의 4가지 기술요소를 갖고 있어야 한다. 그림 9.2는 독립적인 기술시스템의 일반적인 구조를 나타낸 것이다.

4가지 기술요소 하나라도 빠져 있거나 불충분한 기술시스템은 시장 경쟁에서 생존하기 어려우므로 이를 보완해야 한다. 자동차를 비롯한 모든 기술시스템은 4가지 기술요소는 반드시 갖추고 충분히 기능해야 한다. 시스템 구성요소 완전성의 법칙은 시스템을 구성하는 이들 4가지 기술요소가 완전하게 되는 방향으로 기술시스템이 진화한다는 법칙이다.

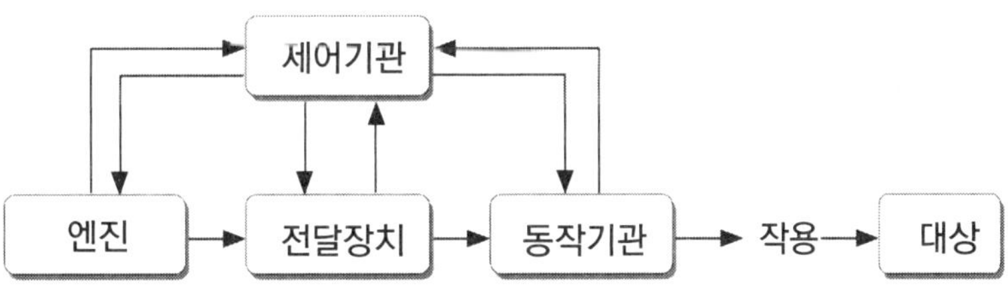

그림 9.2 기술시스템의 구조

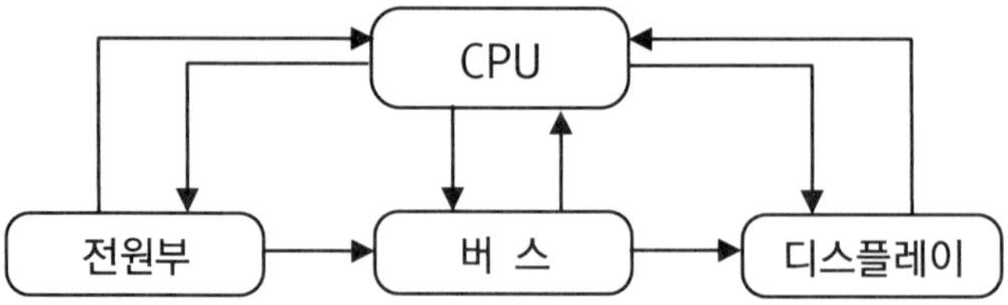

그림 9.3 개인용컴퓨터의 기본 기술요소

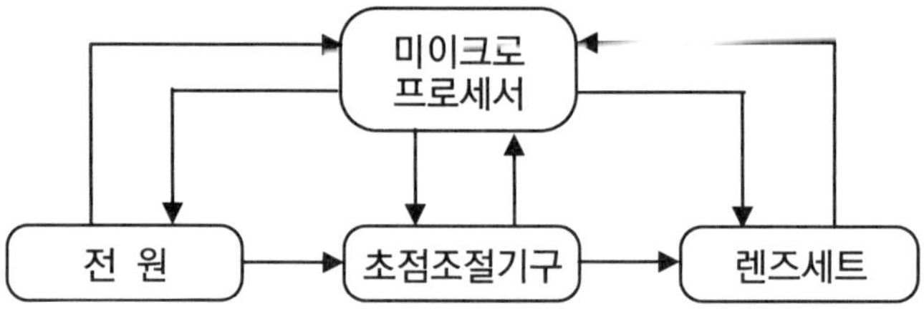

그림 9.4 디지털카메라의 기술요소

▶ 예 9.5 시스템구성요소 완전성 법칙

개인용컴퓨터는 전원부(엔진), 디스플레이(동작기관), 버스(전달장치), CPU(제어기관)가 4가지 기술요소이다. 이 4가지 구성요소는 각각 완전하게 되는 방향(성능, 신뢰도 등의 향상)으로 진화함으로써 개인용컴퓨터는 진화해 가고 있다(그림 9.3).

디지털카메라의 초점조절시스템의 경우에 엔진은 전원, 동작기관은 렌즈세트, 전달장치는 초점조절기구, 제어기관은 마이크로프로세서이다(그림 9.4).

9.2.5 시스템의 에너지 전도성의 법칙

기술시스템은 엔진계에서 동작기관계로 에너지 전달의 효율을 높이는 방향으로 진화한다. 이를 시스템의 에너지 전도성의 법칙이라 한다. 에너지는 샤프트나 기어와 같은 '물질', 자계와 같은 '장' 혹은 대전입자의 흐름이라는 '물질-장'을 통해 전

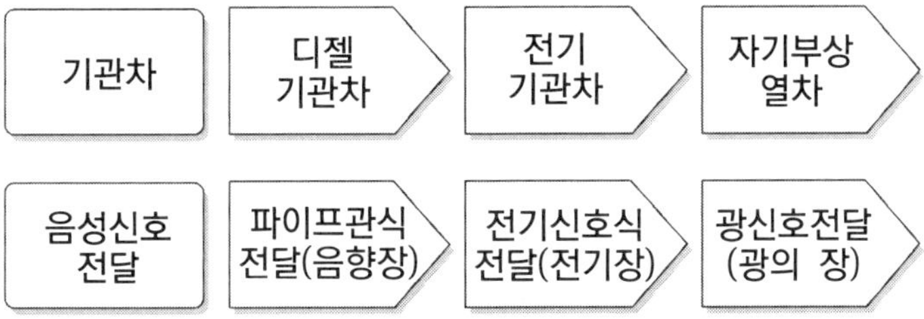

그림 9.5 에너지 전도성의 법칙(기관차, 음성신호)

달된다. 시스템의 에너지 전도성의 법칙은 '에너지 전달단계의 감소'와 '제어하기 쉬운 에너지 형태로 전환'이라는 두 가지 진화라인 중에서 적어도 하나와 관련된다. 제어하기 가장 어려운 에너지는 중력이며, 기계에너지, 열에너지, 전자기에너지의 순으로 제어가 쉽다(그림 9.5).

9.2.6 리듬 조화의 법칙

기술시스템이 최적의 성능을 갖기 위해서는 구성요소들의 작용주기가 동기화되어야 한다. 기술시스템은 구성요소(부품)가 갖고 있는 리듬(규칙적인 반복)이나 자연주파수를 일치시키는 방향으로 진화한다. 이를 리듬조화의 법칙이라 한다. 리듬조화가 정상적이지 않으면 기술시스템의 구성요소들이 서로 방해하는 작용을 하여 성능이 저하될 수 있다.

시스템 개발단계에서 리듬조화의 법칙은 다음과 같이 적용할 수 있다.

- 구성요소들 사이에 있는 주기적인 동작과 파라미터의 조화
- 공진의 사용
- 바람직하지 않는 주기적 동작의 제거

시스템 구성요소들 사이의 조화는 고유진동수나 다른 동적특성과 관련이 있을 뿐만 아니라 구성요소들의 작용 순서와도 관련이 있다.

리듬 조화의 법칙을 응용할 때에는 다음 세 가지 법칙을 적용한다.

- **법칙1** : 기술시스템의 장비나 설비의 고유 진동수를 장의 작용과 일치하도록 조정하거나 혹은 의도적으로 일치하지 않도록 함으로써 문제를 해결할 수 있다.
- **법칙2** : 여러 기술시스템에서 장의 진동수를 서로 일치하도록 조정하거나 혹은 의도적으로 일치하지 않도록 한다.
- **법칙3** : 두 가지의 작용이 서로 양립할 수 없는 경우에 한 작용은 다른 작용이 정지하고 있을 때 작용하도록 한다. 즉, 한 가지 작용이 정지상태에 있을 때 다른 작용을 작동하게 함으로써 두 작용이 동시에 작용할 수 없다는 문제를 해결할 수 있다.

9.2.7 미시수준 이행 법칙

기술시스템은 물질로 구성되어 있다. 모든 물질은 여러 가지 물리적 구조를 갖는 계층구조로 되어 있다(그림 9.6).

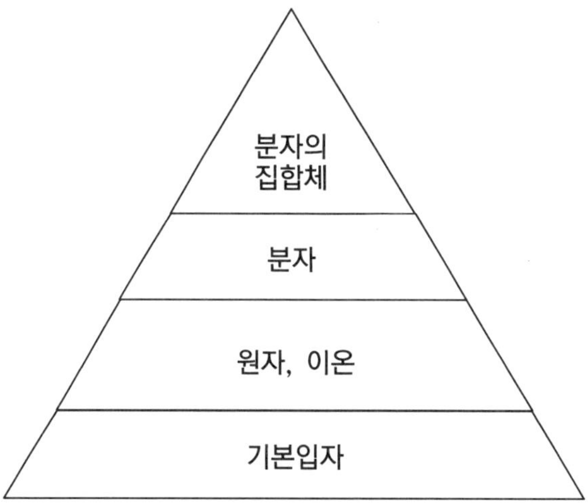

그림 9.6 물질의 계층구조

진화과정에서 기술시스템은 거시에서 미시수준으로 진화한다. 예를 들어, 축, 레버, 기어 등과 같은 거시 물체가 수행했던 기능을 분자, 원자, 이온, 기본입자와 같은 미시 물체가 수행하도록 임무를 위임해 간다.

미시수준으로 이행법칙은 '기술시스템은 미시수준 구조의 사용이 증가하는 방향으로 진화한다'는 것을 의미한다. 미시수준으로 이행 법칙에 따라 발전해 온 대표적인 예가 전자공학이다. 진공관으로 가득 찬 전자제품이 트랜지스터 그리고 LSI로 발전해 온 과정이 이 법칙을 설명하는 좋은 예이다.

▶ 예 9.6 금속가공기술의 진화

금속가공기술의 진화를 미시수준으로 이행 법칙으로 설명할 수 있다.

- **전통적인 금속가공기술** : 밀링, 드릴링, 연마 등은 절단도구를 제거할 재료에 대고 힘을 가하여 제거할 부분을 분자의 집합체인 결정격자 단위에서 가공한다.
- **전기와 전기화학 가공** : 금속에 대한 화학 용액의 에칭반응을 사용하여 금속을 제거한다.
- **플라즈마 불꽃 절단가공** : 원자수준의 도구인 고온 플라즈마가 작업부품을 녹여 작업부분을 절단한다.
- **레이저와 전자빔 가공** : 기본입자 도구인 강력한 광선빔과 고속 전자빔으로 물질을 증발시킨다.

미시수준으로의 이행은 두 가지의 경우로 구분할 수 있다. 첫 번째는 거시수준 구조가 수행했던 기능들을 미시수준 구조가 인수하는 것이며, 두 번째는 미시수준 구조가 거시수준 구조의 물리적 특성과 행동양태를 제어하는 방법이다.

예를 들어, 기계적인 절단도구를 레이저가 방출하는 광자로 대체하는 것은 첫 번째 경우이고, 밝은 빛에 노출되었을 때 검어지는 광변색렌즈는 제조과정에서 염화은 결정을 유리에 첨가하는 방법을 사용한 것으로 두 번째 경우이다.

9.2.8 물질-장 개재 증가의 법칙

물질-장 개재 증가의 법칙은 '물질-장 모형이 완전하지 않은 시스템은 완전성을 향하여 진화한다'는 것을 의미한다. 또한 장이 기계장이나 온도장에서 전기장, 자기장으로 진화하는 경향을 의미한다.

▶ 예 9.7 카메라의 기록방식

카메라는 필름이라는 물질1(S_1)에 광량이라는 물질2(S_2)를 부여하여 화상을 필름에 태워 기록한다. 사진은 화상이 기록된 필름을 화학적으로 처리하여 현상하므로 화학장(F_{CH})이 작용하는 시스템이다. 카메라는 촬영상황에 따라 충분하고 정확하게 광량을 필름에 부여하여 선명한 화상을 얻을 수 있도록 하는 방향으로 진화하여 왔다. 또한 사용하는 장을 화학장에서 전기장으로 변경하여 자기매체(S_1)에 전기장(F_E)을 통해 광량(S_2)을 기록하여, 선명한 디지털 화상을 얻는다. 이것이 디지털카메라이다.

9.2.9 기술시스템의 진화법칙 : 추가

● 동특성과 제어성 증가 방향으로 진화

기술시스템은 정적인 것에서 동적인 것으로 진화한다. 동특성이 높아지면 이에 따른 제어의 필연성도 생기므로 제어성도 높아진다.

예를 들어, 의자는 보통의 의자에서 상하로 조정할 수 있는 의자로, 다시 전후좌우 가변식의 의자로 진화하였다. 최근에는 운전자의 체형(자세)에 맞게 형상이 자동 제어되는 의자를 자동차에 장착하고 있다. 비행기의 착륙장치는 고정된 착륙장치에서 비행 중에는 집어넣고, 착륙을 위해서는 펼쳐지도록 진화하였다.

● 인간개입 감소방향으로의 진화

기술은 인간이 보다 지적인 작업을 하도록 진화한다. 이 진화법칙은 단순한 반복작업과 같이 중요성이 낮은 기능을 기술시스템이 수행하도록 하는 방향으로 진화하는 것을 나타낸다.

세탁기나 청소기 등과 같은 가전제품은 주부의 사소한 일을 대폭적으로 감소시켰고 이에 따라 주부는 자신의 시간을 지적 활동에 사용할 수 있게 되었다. 모든 자동화기기는 인간의 노동력을 사용하지 않게 하여 비용을 감소시키기 위한 것이다.

9.3 기술진화라인

9.3.1 신물질의 도입

두 물체 간의 작용을 개선해야 하는 경우에 신물질을 기술시스템에 도입한다. 도입하는 장소는 물체의 내부, 외부, 물체의 주변 환경, 물체 사이 등이 있다(그림 9.7).

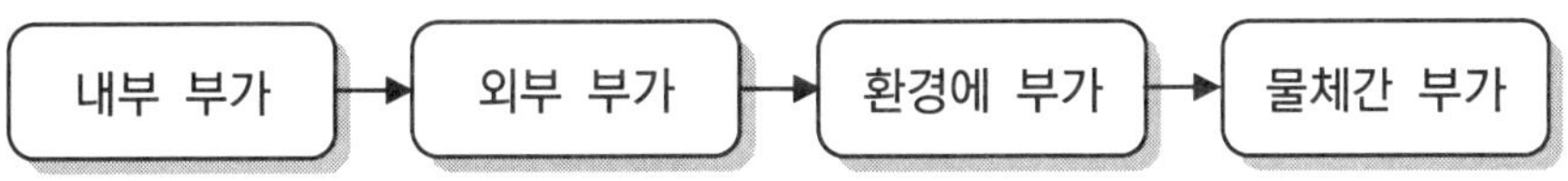

그림 9.7 신물질의 도입에 의한 진화라인

▶ 예 9.8 자동차 바퀴의 진화

자동차의 바퀴는 강성체인 외측 바퀴 주위에 압축공기를 채운 고무타이어가 부착되어 있다. 자동차 바퀴는 다음과 같이 물질을 부가함으로써 다양한 기능향상을 실현한다(그림 9.8).

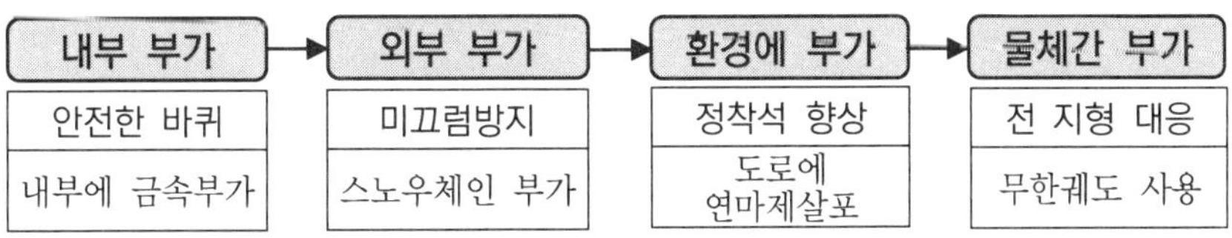

그림 9.8 자동차 바퀴의 진화

9.3.2 개량물질의 도입

두 물체 간의 작용을 개선해야 하는 경우에 각종의 장치를 부가하되 두 물체에서 얻을 수 있는 물질을 개량하여 사용한다. 도입하는 장소는 물체의 내부, 외부, 물체의 주변 환경, 물체 사이 등이 있다(그림 9.9).

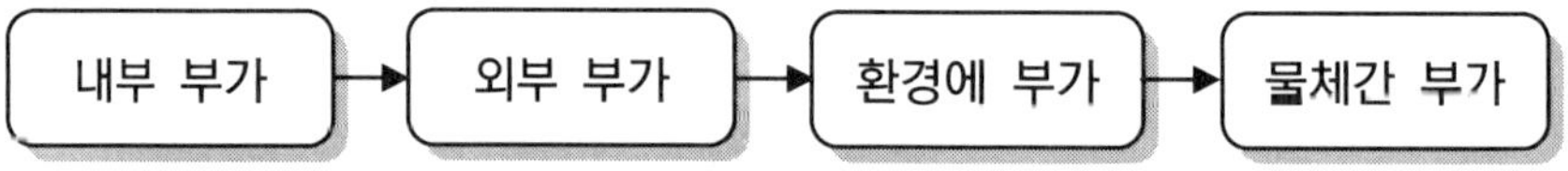

그림 9.9 개량물질의 도입에 의한 진화라인

▶ 예 9.9 드릴의 진화

드릴봉은 나선상의 홈이 파진 봉으로 끝부분은 절단용 칼날이며, 절삭으로 생겨난 조각은 나사선을 타고 배출된다. 드릴은 개량물질을 도입함으로써 다음과 같이 개선된다(그림 9.10).

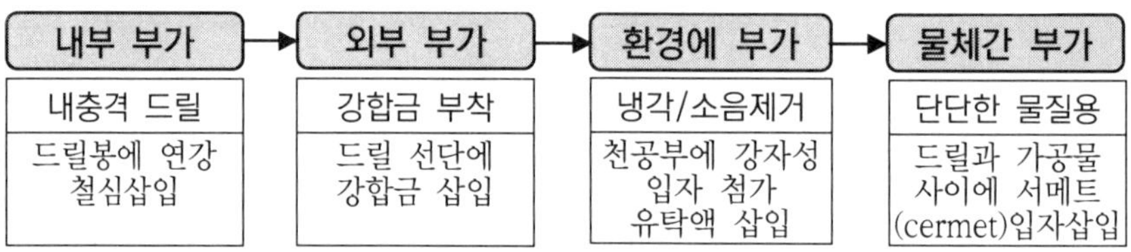

그림 9.10 드릴봉의 진화

9.3.3 유사물의 단일 ⇨ 이중 ⇨ 다중 이행

물체가 요구기능을 충분히 수행하지 못하는 경우에 유사물체를 부가하여 개선한다. 단일계에서 이중계를 거쳐 다중계로 이행하며, 다중계에 포함된 물체의 수는 점점 증가한다. 또한 상위수준으로 이행함에 따라 복수의 다중계가 하나의 단일계를 이루게 된다 (그림 9.11).

9.11 단일, 이중, 다중으로 진화

▶ 예 9.10 프로펠러의 진화

프로펠러는 단일계에서 복합다중계로 다음과 같이 진화하였다.

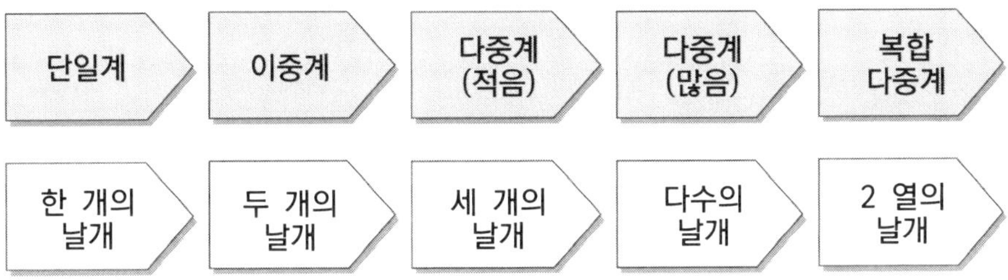

그림 9.12 프로펠러의 진화

9.3.4 이질물의 단일 ⇨ 이중 ⇨ 다중 이행

시스템의 구성요소만으로는 요구기능을 충분히 수행하지 못할 경우에 새로운 물체를 도입하여 요구기능을 실현할 수 있다. 기능이 더욱 개량되면 개개의 물체가 통합되어 하나의 범용시스템이 되어 구성요소수의 모든 기능을 수행하게 된다.

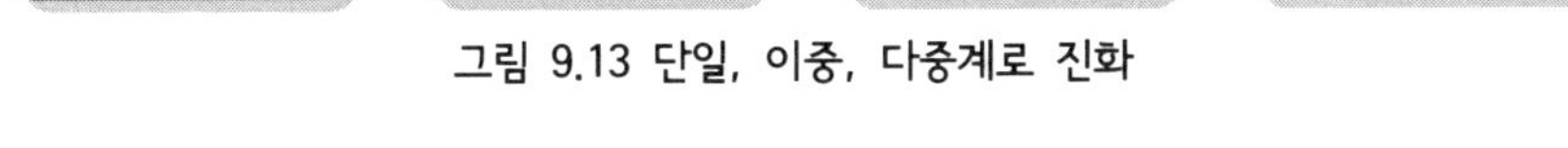

그림 9.13 단일, 이중, 다중계로 진화

▶ 예 9.11 광원의 진화

나전구에 덮개나 반사판을 부가하여 일정하고 부드러운 광원을 얻을 수 있으며, 특정 부분을 조사할 수 있다.

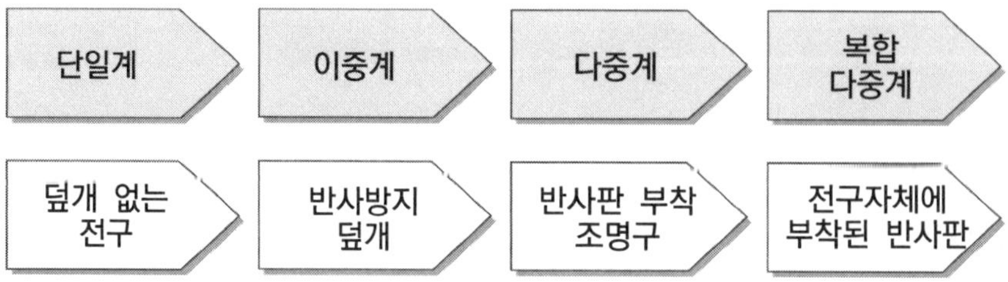

그림 9.14 전구의 진화

9.3.5 물질 또는 물체의 세분화

한 덩어리로는 효과가 크지 않고 동작의 신뢰도가 낮기 때문에 가능하면 세분화시켜 신뢰성을 높인다. 한 덩어리를 몇 개의 부분으로 분할 또는 분말로 교체한다. 분말의 다음 단계는 분자나 원자, 즉 유체나 플라즈마로 세분화 한다.

그림 9.15 물질 또는 물체의 세분화

▶ 예 9.12 인쇄기구의 진화

활자를 별개의 블록으로 만들어 인쇄했던 것을 전자식으로 제어되는 핀에 의해 문자의 형태가 만들어진다.

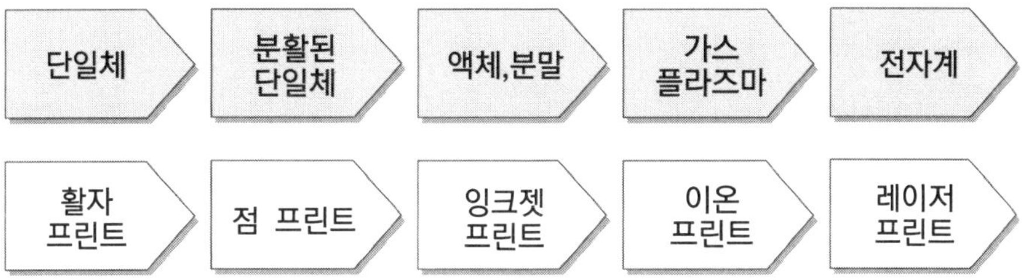

그림 9.16 인쇄기구의 진화

9.3.6 공간의 세분화

기술시스템을 개발할 때에는 공간을 세분화하여 점차 효과적으로 활용하게 된다. 단일체의 물질에 다른 물질이나 동공을 도입하고, 복수개로 분할한다. 가운데가 빈 구조의 동공부의 개수가 증가하면 동공부의 개개 크기는 감소한다. 각각의 동공에 활성물질인 전자계가 도입된다.

그림 9.17 공간의 세분화

▶ 예 9.13 다리미 바닥면의 진화

다리미의 바닥면은 개구부가 없는 기술에서 투명 바닥면으로 진화하였다.

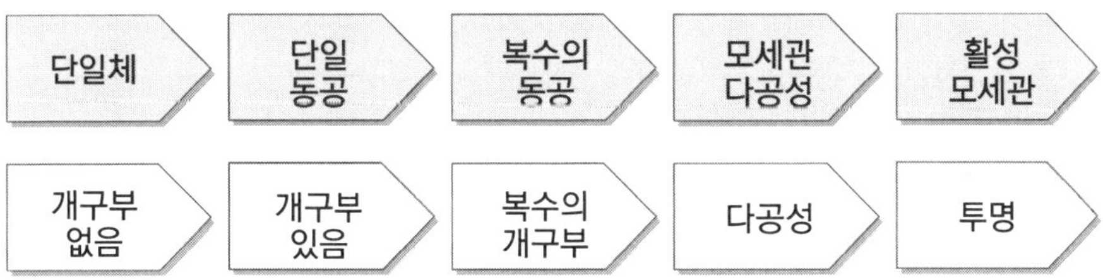

그림 9.18 다리미 바닥면의 진화

9.3.7 표면의 세분화

기술시스템을 개발할 때 표면을 세분화시켜 유익작용의 효율을 증가시킬 수 있다. 표면에 돌기를 만들고, 돌기의 개수를 증가시키면 표면이 거칠어진다. 또한 거친 표면에 활성물질을 도입하면 표면이 활성화 된다.

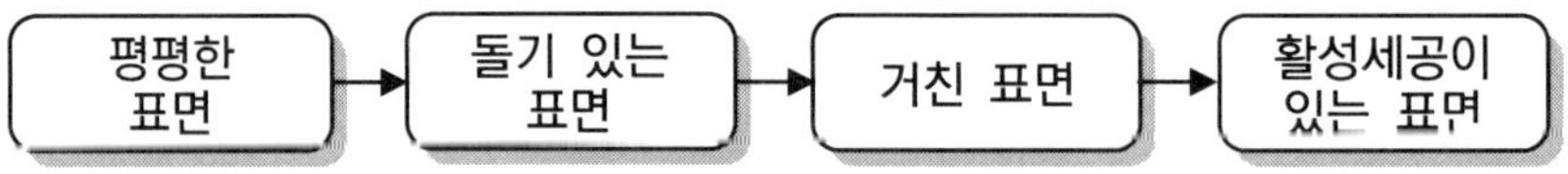

그림 9.19 표면의 세분화

▶ 예 9.14 자동차타이어의 진화

표면이 매끈한 타이어는 노면과의 마찰력이 약하므로 표면에 커다란 돌기를 부착하여 마찰력을 개선한다. 그러나 타이어가 무거워지기 때문에 속도를 내는데 장애가 된다. 타이어 표면에 작은 돌기를 부착하면 아스팔트 지면과의 접지력이 충분하고, 속도도 향상된다. 경주용 자동차의 타이어 표면은 점착성 고무가 피복되어 있어 미끄럼이 방지된다. 이런 유형의 타이어는 회전할 때의 저항이 적고 고속주행이 가능하다.

그림 9.20 자동차 타이어의 진화

9.3.8 가동성의 향상

강성요소를 갖고 있는 기술시스템은 움직임에 대한 적응능력이 부족하므로 강성요소를 보다 유연하고 동적인 것으로 진화시킨다. 강성구조에 조인트가 부착되고, 개수가 증가하며, 유연성을 갖는 시스템이 된다. 기술시스템의 요소를 분자, 전자 수준에서 개발함으로써 최고의 유연성을 얻는다.

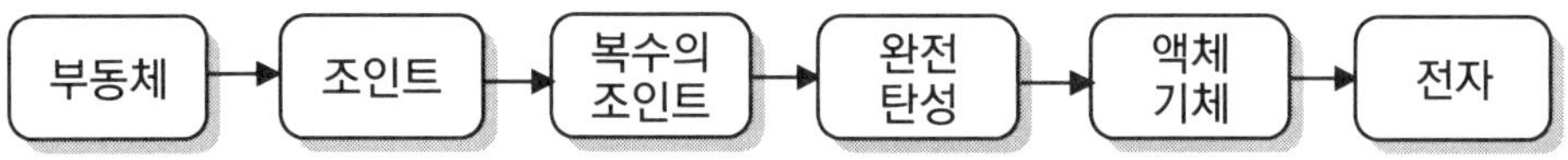

그림 9.21 가동성 향상으로 진화

▶ 예 9.15 문의 진화

한 개의 여닫이문을 경첩으로 고정시킨 시스템이 두 개의 문짝을 경첩으로 부착한 문으로 진화했다. 접이식 문은 복수의 판을 연결한 것으로 진화한 것이며, 감아올리기 식 문은 더욱 가는 복수의 판을 가로로 연결한 것이다. 에어커튼은 기체를 사용한 문이며, 빛 잠금장치는 빔을 사용하여 문을 통과하는 물체를 감지한다.

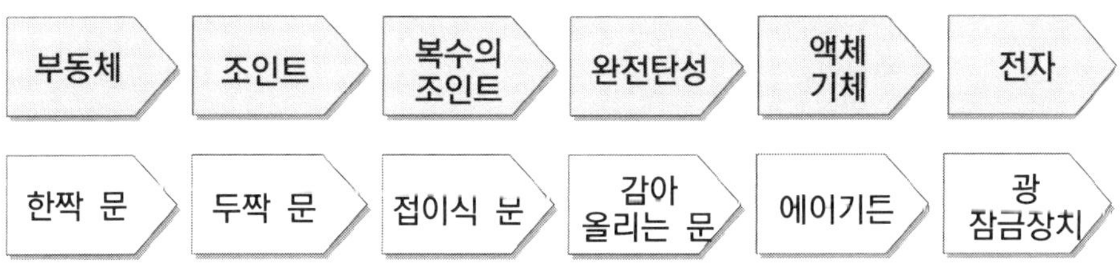

그림 9.22 문의 진화

9.3.9 리듬의 조화

기술시스템이 최적의 성능을 갖기 위해서는 구성요소들의 작용주기들이 동기화되어야 한다. 기술시스템은 구성요소(부품)가 갖고 있는 리듬(규칙적인 반복)이나 자연주파수를 일치시키는 방향으로 진화하며, 이를 리듬조화의 법칙이라 한다. 이 원리를 위반하면 기술시스템의 구성요소들이 서로 방해할 수 있고 성능이 저하된다.

그림 9.23 리듬조화에 의한 진동

▶ 예 9.16 전기청소기의 진화

전기청소기는 바닥에 개구부가 있는 상자구조로 개구부로 공기가 흡입되어 먼지를 표면에서 제거한다. 펄스를 사용하여 먼지를 표면으로부터 쉽게 분리하여 제거한다. 펄스의 주파수를 대상물의 고유진동수에 맞추면 공진에 의해 먼지를 보다 효율적으로 분리할 수 있다. 또한 워트제트, 회전브러쉬를 결합하여 사용하면 대상물의 표면을 더욱 깨끗하게 할 수 있다. 압전소자를 사용하여 전기청소기의 바닥에 부착된 작은 돌기에 진행파를 유도하면 돌기가 대상물에서 먼지가 일어나도록 한다. 이 청소기로 융단이나 카펫을 청소하면 표면뿐만 아니라 안쪽 깊숙이까지 깨끗하게 할 수 있다.

그림 9.24 전기청소기의 진화

9.3.10 작용의 조화

설계파라미터의 값을 동작조건에 따라 변경해야 하는 기술시스템은 단계적으로 값을 변경하는 시스템에서 연속적으로 변경할 수 있는 시스템으로 진화한다. 즉, 설계파라미터의 값을 시스템의 동적조건에 최대한 정확하게 맞추는 것이 가능하도록 진화한다.

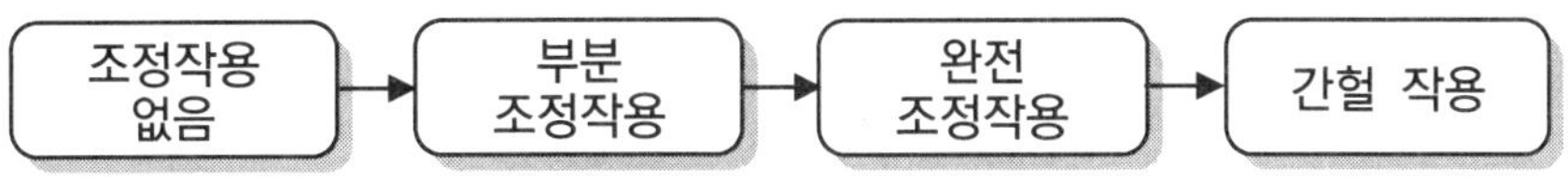

그림 9.25 작용 조화로의 진화

▶ 예 9.17 냉각시스템의 진화

자동차의 엔진은 냉각수가 든 재킷 내에 설치되어 있으며, 가열된 냉각수는 라디에이터에서 팬의 송풍을 받아 냉각된다. 초창기 시스템은 엔진이 최적 온도에 도달하기 이전에도 펜이 작동하도록 되어 있었다. 다음에는 엔진이 저온일 때에는 작동하지 않도록 부분적으로 조정되는 팬으로 진화했다. 또한 자동온도조정장치를 부착하여 엔진이 저온일 때는 액체가 엔진주위를 뒤덮지 않고, 온도가 높아진 다음에 냉각이 시작되는 시스템으로 진화했다. 엔진은 저온에서 부드럽게 시동되지 않는 문제를 해결하기 위해 전기를 사용하는 예열기로 냉각액을 미리 가열하여 손쉽게 시동할 수 있는 시스템으로 진화했다.

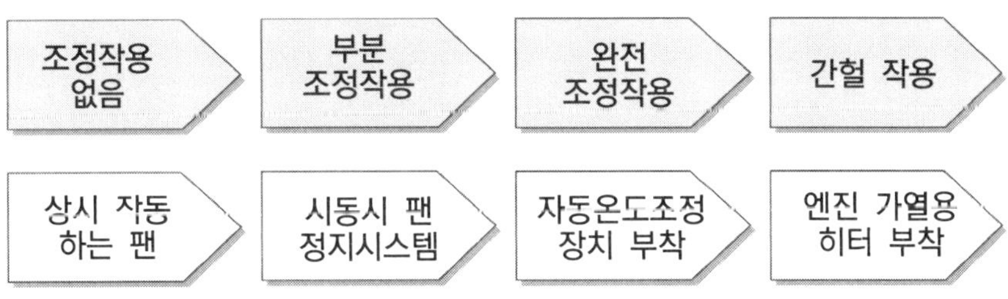

그림 9.26 엔진 냉각시스템의 진화

9.3.11 제어성의 향상

사람이 기술시스템에 개입하지 않고 작동하도록 설계한다. 최신의 기술시스템은 조작자가 개입하지 않고 자동으로 작동하도록 설계된다.

그림 9.27 제어성 향상으로 진화

▶ 예 9.17 작동장치의 진화

수동으로 스위치를 조작하여 구동시키는 작동장치에 릴레이(기동장치)를 장착하여 반자동으로 진화하며, 광다이오드를 사용한 피드백시스템을 도입하여 센스로부터 신호를 사용하여 자동으로 제어되는 시스템으로 진화한다.

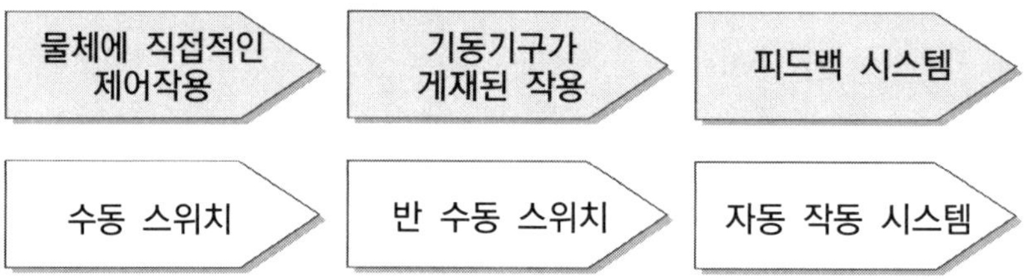

그림 9.28 작동장치의 진화

9.3.12 선구조의 기하학적 진화

기술시스템의 점구조는 선구조로 다음에는 2차원 곡선, 3차원 곡선으로 진화한다.

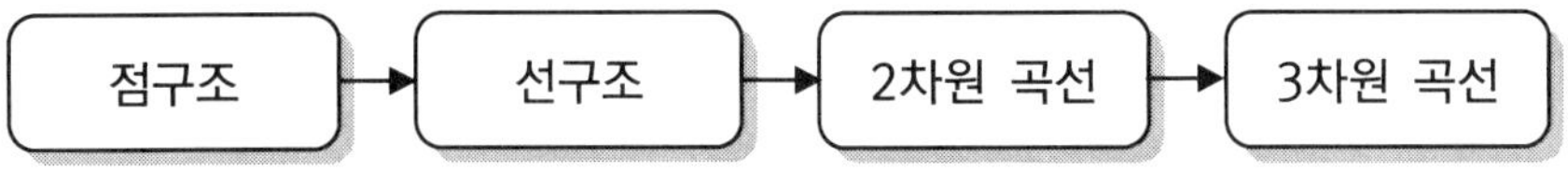

그림 9.29 선구조의 기하학적 진화

▶ 예 9.18 전구의 진화

필라멘트 전구는 점광원이다. 더 효율적인 전구는 직선상의 광원이다. 직선광원을 U자 형으로 하면 광원의 크기가 작아진다. 복잡형상의 전구는 작으면서도 발광면적은 크다.

그림 9.30 전구의 진화

9.3.13 입체구조의 기하학적 진화

기술시스템의 작용면의 형상은 평면에서 원통면, 구면, 복합면으로 진화한다.

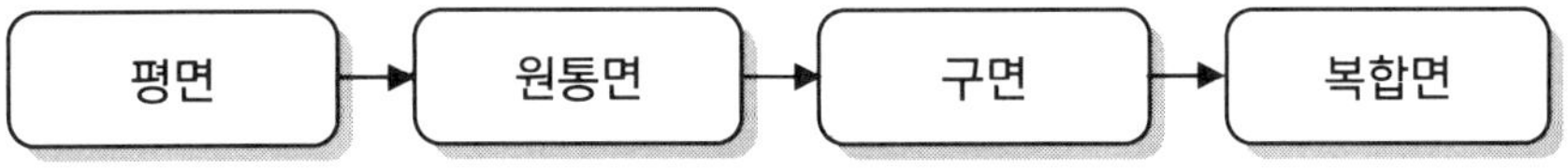

그림 9.31 입체구조의 기하학적 진화

▶ 예 9.19 연료탱크의 진화

시각기둥형 연료탱크는 평면 금속판을 리벳 또는 용접으로 접합한다. 원통형으로 만들면 같은 양의 재료로 더 큰 용량의 연료탱크를 제작할 수 있다. 구형(求刑)의 연료탱크는 같은 양의 재료로 만들 때 용량이 최대이며, 내부압력에 강한 구조이다. 또한 자동차 등의 빈 공간에 탑재할 목적으로 공간형상에 맞는 형상의 연료탱크를 고분자물질을 사용하여 제작한다.

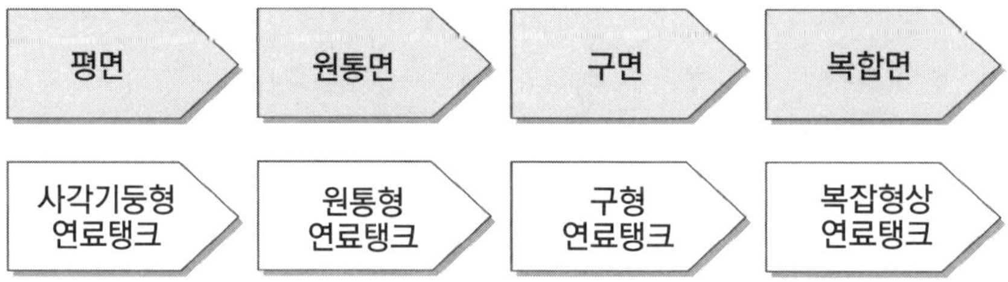

그림 9.32 연료탱크의 진화

9.3.14 트리밍의 증대

기술시스템을 개발할 때 부품의 수를 가능하면 최소화하려는 경향이 있다. 이에 따라 기술시스템을 구성하는 부품의 수는 점차 감소해 간다. 중요하지 않은 부품은 제거하고, 해당 부품이 수행하던 기능은 시스템에 남아 있는 다른 부품이 수행하도록 한다.

▶ 예 9.20 자동차계기판의 진화

자동차의 계기판은 속도, 엔진의 회전수, 가솔린 잔량, 온도 등 차의 상태를 나타내는 각종의 계기류가 부착되어 있다. 계기판은 계기를 조합하여 계기의 개수가 감소되고, 계기의 표시장치를 한곳으로 모으고, 전면유리에 표시하는 형태로 진화한다.

9.4 기술시스템 진화의 활용

차세대 기술과 제품 콘셉트의 개발을 위해서는 기술시스템의 진화단계를 파악하고 기술진화의 법칙과 진화라인을 활용하여 혁신의 방향을 설정한다. 혁신의 방향이 설정되면 다수 개의 설계콘셉트를 개발할 수 있으며, 이들 설계콘셉트를 평가하여 최종의 설계방안을 얻는다.

● **단계 1 : 시스템의 진화단계 분석**

기술시스템의 일생은 유아기, 성장기, 성숙기, 쇠퇴기로 구분할 수 있다. 유아기의 발명은 대개 3, 4, 5수준이고, 성장기의 발명은 대개 1, 2 수준이나 발명의 개수가 많다. 성숙기에는 발명의 수준은 낮지만 산업표준 형태의 발명 개수가 많다는 특성이 있다.

이 단계에서는 발명활동 분석을 통해 주어진 기술시스템의 현재 상태를 파악하여 "기존 기술을 개선하는 것이 바람직한가, 아니면 새로운 기술을 개발하는 것이 더 나은가?'에 대한 답을 해야 한다. 현 기술시스템의 진화단계는 다음의 절차로 파악한다.

1. 시스템의 주요 성능파라미터를 파악하여 정한다.
2. 선정한 파라미터와 관련된 특허를 수집한다.
3. 특허에 기술된 내용을 분석하여 해당 특허의 수준을 결정한다.
4. 평균적인 발명수준과 발명수를 시간축에 대하여 그래프를 그린 다음 S곡선의 형태와 비교하여 현 기술시스템의 진화단계를 확인한다.
5. 해당 기술에 대해 향후 개발해야 할 발명의 수준을 정한다.

현 기술시스템의 진화단계에 따라 다음의 활동을 할 수 있나.

- **유아기인 경우.** 이 단계에서는 새로운 아이디어로 새로운 제품을 만들 필요가 있기 때문에 주요 혁신을 기대할 수 있다.

- **성장기인 경우.** 시스템의 개선에 주안점을 두고 재료의 강도, 연료의 효율 등과 같은 물리적 한계를 개선한다.
- **성숙기/쇠퇴기인 경우.** 기존 시스템을 개선할 새로운 시스템을 탐색한다.

▶ 예 9.20 기술시스템의 진화단계 분석

가상의 제품 A에 대해서 최근 10년 동안에 출원된 특허를 분석하였다. 대부분의 특허는 1수준과 2수준의 특허임을 확인하였다.

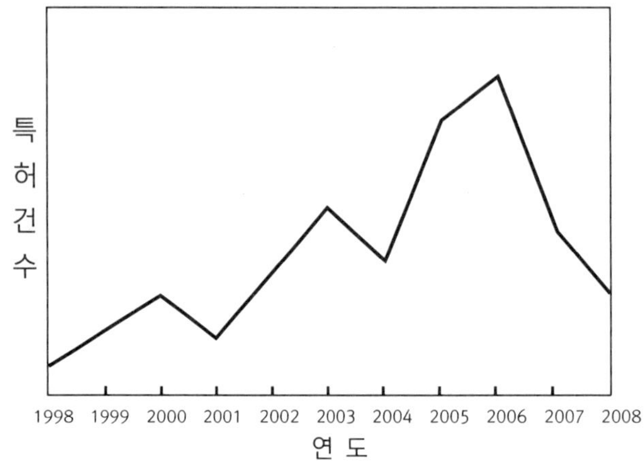

이 제품에 대해서 과거 10년 동안의 특허 수를 그림으로 나타낸 결과 다음의 그래프를 얻었다. 이 그래프에서 보면 A제품은 기술이 성숙한 지 오래되었고, 한계에 도달했다는 것을 확인할 수 있다(쇠퇴기). 따라서 이 회사는 새로운 과학원리에 기반을 둔 기술혁신 방안을 찾아야 한다는 결론을 얻는다.

● 단계 2 : 가능성이 높은 혁신의 선택

이 단계에서는 진화의 법칙과 진화라인을 사용하여 해당 제품에 대한 기술진화의 방향을 선정하고, 새로운 아이디어를 발상한다.

▶ 예 9.21 유체분석기용 제어기 개발

A사는 유체분석기에 사용하는 제어기를 개발하여 시장에 진입할 계획을 하고 있다. 유체분석은 파이프라인에서 액체시료를 채취하여 특수용기에 넣고, 이 용기를 유체분석기에 넣어 분석하는 것이 일반적이다. 시장조사 결과에 의하면 고객들은 사용에 불편이 없는 제어기를 원하고 있다.

개발팀에서는 상황에 적합한 진화법칙과 진화라인을 탐색하였다. 그 결과 상위수준시스템으로 전이법칙으로의 진화가 적합한 것으로 파악하였다. 즉, 보조기능을 수행하는 컴포넌트를 주기능을 수행하는 컴포넌트와 통합하는 방향으로 개발전략을 세우게 되었다. 유체분석에서 파이프라인은 주기능이고, 유체분석기는 보조기능이다. 이에 착안하여 유체분석기를 파이프라인에 통합하는 방향으로 기술개발의 방향을 설정하고 개발을 시작할 수 있었다.

● 단계 3 : 설계콘셉트 개발

이 단계에서는 단계2에서 선정한 기술개발의 방향에 따라 진화의 다음 단계로 전이하는데 따라 발생하는 시스템 갈등문제를 해결하는 다수 개의 설계콘셉트를 개발한다.

▶ 예 9.22 착용가능 컴퓨터의 개발

컴퓨터는 독립적인 장치로써 장소를 옮겨서 사용할 수 있으나 대개 위치를 고정하고 사용해야 한다. 많은 사람들은 이동하면서 컴퓨터에 접속하여 사용할 수 있기를 원한다(예, 걷거나 방안에 누워서 천정을 보며 컴퓨터에 접속함).

상위수준시스템으로 전이법칙을 적용하여 주기능을 수행하는 의복과 보조기능을 수행하는 컴퓨터를 통합하는 방향으로 진화 방향을 설정하고 착용가능한 컴퓨터시스템을 개발하기로 하였다.

컴퓨터는 고성능 집적회로를 사용하기 때문에 많은 열을 발생 시킨다. 열은 컴퓨터와 사용자에게 모두 해로운 영향을 줄 수 있으므로 집적회로의 칩을 냉각해야 하고, 열을 발산시켜야 한다. 냉각팬, 히트싱크, 히트파이프와 같은 냉각장치는 부피가 커서 입을 수 있는 컴퓨터에 적용하는데 부적합하다. 입을 수 있는 컴퓨터는 일상용품으로 제조하기 위해서는 이와 같은 시스템 갈등을 해결할 수 있는 설계콘셉트를 개발해야 한다.

● **단계 4 : 설계콘셉트 선택과 기술기획**

이 단계에서는 단계3에서 개발한 설계콘셉트들을 평가기준에 따라 평가하여 최적의 설계콘셉트를 선정하고, 구체적인 설계를 위한 기술계획을 수립한다. 평가기준은 일반적으로 제품의 요구기능으로부터 도출한 설계목표를 기반으로 한다.

▶ **예 9.23 결정행렬법을 활용한 최적 컨셉트의 선택**

최적의 설계콘셉트를 선택하기 위해서는 평가기준을 객관적으로 설정하고, 평가기준에 따라 콘셉트들을 평가해야 한다. 결정행렬법은 설계콘셉트 평가 사용할 수 있는 유용한 방법들 중의 하나이다. 결정행렬법의 구체적인 방법에 대해서는 제10장을 참고하기 바란다.

다음은 위성방위시스템의 설계콘셉트로 제시된 5개의 대안에 대해서 결정행렬법을 활용하여 최적의 콘셉트를 결정한 결과이다.[14)]

- 대안 1 : 레이더교란용 위성의 사용
- 대안 2 : 중요 하위시스템을 중복설계한 위성
- 대안 3 : 다중방위메커니즘을 갖춘 시스템
- 대안 4 : 외부표면을 강화한 위성
- 대안 5 : 이동원격 지상기지에 의해 제어되는 시스템

이들 설계콘셉트들을 시스템의 설계목표인 생존능력, 비용최소, 신뢰도, 운용수명, 보전최소의 다섯 가지 기준으로 결정행렬을 작성하였다.

---
14) 전영록 외 5인 공역, 공학설계, 교보문고, 2009, pp. 264~275

표 9.3 결정행렬

평가기준 / 대안	생존능력	비용최소	신뢰성	운용수명	보전최소	합계
	100	80	80	60	40	
대안 1	9	4	7	5	6	2320
대안 2	5	7	9	8	6	2540
대안 3	6	5	6	7	4	2140
대안 4	5	8	6	5	8	2240
대안 5	7	2	8	8	4	2140

표 9.3의 결과로부터 두 번째 대안인 '중요 하위시스템을 중복설계한 위성'이 가장 높은 점수를 받아 최적의 콘셉트로 선택된다.

연습문제

9.1 다음의 특징이 있는 소비제품의 예를 들어라.

a. 신물질의 도입

b. 개량물질의 도입

c. 유사물의 단일 ⇨ 이중 ⇨ 다중이행

d. 이질물의 단일 ⇨ 이중 ⇨ 다중이행

e. 물질 또는 물체의 세분화

f. 공간의 세분화

g. 표면의 세분화

h. 가동성의 향상

i. 리듬의 조화

j. 작용의 조화

k. 제어성의 향상

l. 선구조의 기하학적 진화

m. 입체구조의 기하학적 진화

n. 트리밍의 증대

9.2 다음의 제품에 대해서 진화과정을 설명하라.
세탁기, TV, 냉장고, 빔프로젝터, 일반 내구소비재

9.3 다음의 기술시스템의 4가지 기본 기술요소는 무엇인가?
에어컨, 세탁기, TV, 냉장고, 빔프로젝터

Chapter 10

트리즈의 기타 논제

학습 목표

1. 아리즈의 문제해결 프로세스를 설명할 수 있다.
2. 아이디에이션 프로세스를 설명할 수 있다.
3. 혁신상활질문지를 활용하여 문제를 구체적으로 정의할 수 있다.
4. IP를 사용하여 간단한 공학문제를 해결할 수 있다.
5. 설계컨셉트를 평가할 수 있다.

10.1 아리즈

10.1.1 아리즈의 특징과 역사

아리즈(ARIZ)는 발명적 문제해결 알고리즘(Algorithm for Inventive Problem Solving)을 의미하는 러시아어 머리글자의 영문표기이며, '아리즈'라 부른다. 아리즈는 트리즈의 기법들을 통합한 문제해결 알고리즘이다. 아리즈는 개별 트리즈기법으로 해결하기 어려운 복잡한 문제를 해결할 때 적용할 수 있는 사고프로세스이다. 아리즈는 1956년에 처음 발표되었다. 이후 수많은 문제를 해결하는 과정에서 개정을 거듭하여 1985년에 ARIZ-85C로 최종판이 발표되었다. ARIZ-85C가 발표된 이후에도 이에 대한 연구가 계속되어 ARIZ-92가 아이디에이션사에 의해 발표되었다.

아리즈는 전통트리즈 방법인 모순해결, 물질-장 분석과 표준해, 기능분석과 효과집 활용 등과 다면사고(재능사고), 이상최종해, 자원분석 등의 추가적인 개념과 기법들을 통합하여 문제분석과 해결과정을 체계화한 알고리즘이다.

아리즈의 특징은 다음의 세 가지로 정리할 수 있다.

첫째, 기술시스템의 이상성 향상을 목표로 하는 사고프로세스이다. 아리즈는 트리즈 활용자를 위한 문제해결의 알고리즘으로 이상성의 향상을 목표로 하는 사고프로세스이다.

둘째, 복잡한 문제의 모순해결을 목표로 한다. 아리즈는 트리즈의 모순행렬표나 분리의 원리와 같은 표준기법만으로는 해결할 수 없는 복잡한 문제 – 시스템수준의 개선이나 개발에 관한 문제 등 – 의 모순해결에 효과적인 사고 프로세스이다.

셋째, 현재 보유하고 있는 자원을 활용한 문제해결을 목표로 한다. 문제를 해결할 때 새로운 재료나 설비의 도입과 같은 신규 자원을 도입하는 것이 아니라 현재 가지고 있는 자원을 효과적으로 활용하는 것을 전제로 하는 문제해결방법론이다.

10.1.2 ARIZ-85C의 문제해결프로세스

ARIZ-85C는 크게 9개 부와 40개의 단계로 되어 있다. 또한 44개의 주석, 11개의 규칙, 2개의 표, 9개의 기술적모순 도식모형과 예, 11개의 물리적모순 해결원리와 예도 포함되어 있다. ⟨표 10.1⟩은 ARIZ-85C의 구성을 나타낸 것이다.

아리즈는 복잡한 문제의 해결에 적용하는 알고리즘이다. 이 방법을 적용하기 위해서는 80시간 이상의 트리즈 기본 개념 및 방법론에 대한 사전공부가 필요하다고 한다. 아리즈는 순차적이고 기계적으로 단계를 따라가는 것이 아니라 문제를 충분히 검토하고 분석하여 문제해결과정의 논리적 오류를 수정하며 문제를 해결하는 절차로 구성되어 있다.

표 10.1 아리즈-85C의 구성

단계	세부단계
1. 문제분석	1.1 최소변경문제 정의 1.2 모순요소들 정의 1.3 기술적모순의 도식 모형작성 1.4 심화분석을 위한 도식모형 선정 1.5 모순 심화 1.6 문제모형 요약 1.7 1차 표준해결법 적용검토(심화된 기술적모순 상황)
2. 문제모형 분석	2.1 작용영역(OZ) 정의 2.2 작용시간(OT) 정의 2.3 물질-장 자원의 정의
3. 물리적모순과 이상최종해 정의	3.1 IFR-1의 정의(심화된 기술적모순) 3.2 IFR-1의 심화(이상최종해 해결자원 선정) 3.3 거시수준 물리적모순 정의 3.4 미시수준 물리적모순 정의 3.5 IFR-2의 정의(물리적모순, 솔루션 모형) 3.6 2차 표준해결법 적용 검토(물리적모순)

단계	세부단계
4. 물질-장 자원의 활용	4.1 현명소인(SLP, small little people)모형 모의실험 4.2 IFR로부터 한 발짝 물러나기 4.3 물질 자원들을 결합시켜 활용하기 4.4 빈 공간 활용하기 4.5 유도자원 활용하기 4.6 전기장 활용하기 4.7 장과 해당 장에 민감한 물질 활용하기
5. 지식베이스 적용	5.1 표준해결법 적용(3차) 5.2 유사문제 적용 5.3 물리적모순 해결에 분리원리 적용 5.4 물리적모순 해결에 물리적 효과 및 현상 적용
6. 문제변경/교체	6.1 기술적 해결안으로 전환 6.2 여러 문제들이 결합된 문제인지 확인 6.3 문제변경 6.4 최소변경문제 재정의(상위시스템 이행 법칙)
7. 물리적모순해결방법 분석 및 해결안 평가	7.1 해결 콘셉트 점검 7.2 해결 콘셉트 예비평가 7.3 특허를 검색하여 해결콘셉트의 우선순위 점검 7.4 해결 콘셉트를 실행할 때 발생할 수 있는 하위문제 추정
8. 해결안의 적용	8.1 상위시스템의 변화에 대한 평가 8.2 도출 해결안의 새로운 적용 탐색 8.3 다른 문제에 해결 콘셉트 적용
9. 문제해결프로세스 분석	9.1 이론적 문제해결과정과 실제문제 해결과정 비교 9.2 도출된 해결 콘셉트와 트리즈 지식 비교

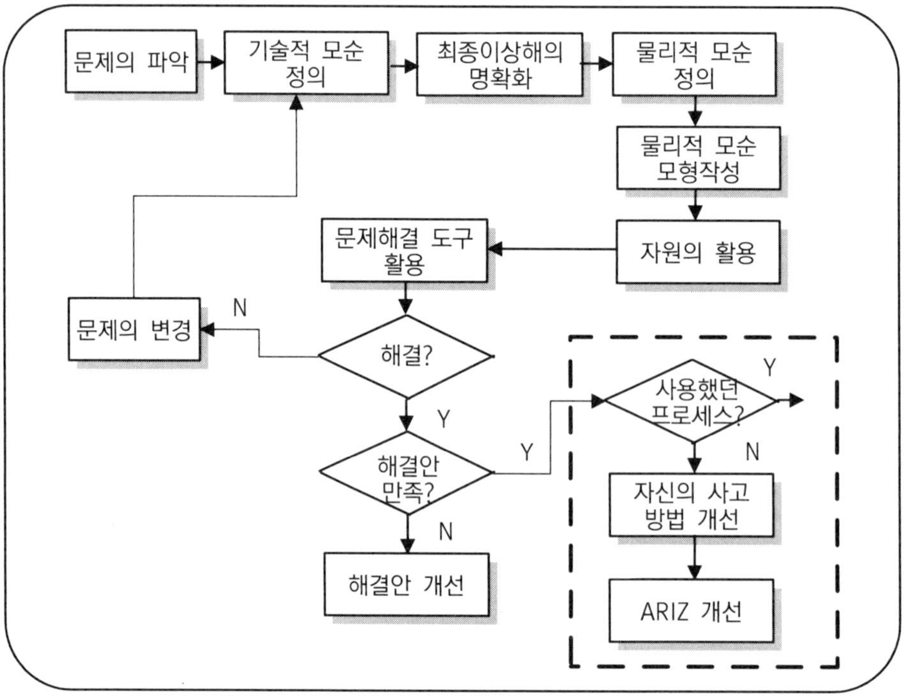

그림 10.1 ARIZ-85C의 흐름도

그림 10.1은 아리즈-85C의 문제해결 흐름도를 나타낸 것이다. 이 흐름도에서 보면 반복과정을 통해서 논리적 오류를 지속적으로 수정하는 방법으로 문제를 해결한다는 것을 알 수 있다. 또한 이런 과정에서 발상하는 각종의 아이디어를 항상 기록하여 문제해결의 실마리를 삼을 수 있도록 한다.

▶ 예 10.1 전파수신에 간섭을 일으키지 않는 피뢰침의 개발

군사시설에 사용되는 전파망원경을 낙뢰로부터 보호하기 위하여 전파망원경 주변에 많은 수의 피뢰침을 설치하였다. 그러나 피뢰침이 전파를 흡수하여 전파방해가 발생하였다. 이 경우에 전파망원경의 전파수신감도가 떨어지는 문제가 발생한다. 이 문제의 해결방안을 아리즈85를 활용하여 해결해 보자.

● 단계1 : 문제분석

1.1 최소변경문제 정의(최소한의 시스템의 변화로 문제해결방안 찾기)

- '전파를 수신'하기 위한 기술시스템은 '전파망원경의 안테나, 전파, 번개, 피뢰침'으로 구성되어 있다.

1.2 모순요소들의 정의

- 생성물(product) : 번개, 전파
- 도구(tool) : 전도성 막대

1.3 기술적 모순의 도식모형 작성

- 기술적모순 1 : 많은 수의 전도성 막대
- 기술적모순 2 : 적은 수의 전도성 막대

1.4 도식모형 선정

- '전파망원경'이라는 기술시스템의 기본 기능은 '전파의 수신'이다. 따라서 '전파의 수신'에 가장 적절한 '기술적모순 2'를 선정한다.

1.5 모순심화

- '전도성막대가 적다'는 상황 대신에 '전도성막대가 전혀 없다'고 생각한다.

1.6 문제 모형작성

- '번개와 안테나는 있지만 전도성 막대는 없다.'
- '전도성 막대는 번개로부터 안테나를 보호'하지만 '안테나는 전도성 막대 때문에 성능이 떨어진다.' '전도성 막대가 하나도 없는 상황'에서는 '안테나의 성능이 감소되지 않지만,' '안테나는 번개로부터 보호되지 않는다.'
- '전도성 막대가 하나도 없어서' '안테나의 성능이 감소되지 않으면서도' '번개로부터 안테나를 보호할' 어떤 X-요소가 필요하다.

1.7 표준해의 적용

- 1-1-6 최소한의 조치
- 1-2-2 제3의 물질을 내부에서 도입
- 5-1-16 일시적 도입
- 5-1-2 도구대신 생성물 사용

● 단계 2 : 자원분석

2.1 작용영역(OZ)의 정의

- 안테나 보호문제의 경우 작용영역은 기존의 전도성 막대가 차지했던 공간이다. 현재 문제에서는 전도성 막대가 하나도 없는 경우를 고려하므로 실제 작용영역은 빈 기둥 혹은 공기기둥으로 정의한다.

2.2 작용시간(OT)의 정의

- 안테나 보호문제의 경우 작용시간은 번개가 치는 T1과 번개가 치기 전까지의 시간 혹은 다음 번개가 치기 전까지의 시간 T2로 나누어진다.

2.3 물질-장 자원의 정의

- 안테나 보호문제에 있어 전도성 막대가 하나도 없는 상황을 고려하고 있다. 따라서 주위환경에 있는 물질과 장만을 고려하면 된다. 이 경우 주위환경에는 공기, 바람, 구름, 빛, 습기 등이 있다.

● 단계 3 : 최종이상해와 물리적모순의 정의

3.1 최종이상해 IFR-1 도출

- X-요소는 시스템을 복잡하게 하지 않고 동시에 추가적인 유해작용 없이 '번개가

치는 시간 T1 혹은 다음 번개가 치는 시간 T2 전에' '전도성 막대가 차지하는 공간'에서 '안테나의 전파수신을 방해하지 않으면서도' '전도성 막대가 없어서 번개를 유인하지 못하는 점'을 해결할 수 있는 것이어야만 한다.

3.2 도출된 IFR-1의 심화

- 안테나 보호문제에서 전도성 막대가 전혀 없는 상황이므로 도구가 없는 상태이다. IFR-1을 좀 더 구체적으로 표현하기 위하여 X-요소는 "공기" 또는 "공기막대"라는 단어로 대체할 수 있다.

3.3 거시수준의 물리적모순 규명

- '공기기둥'은 '작용시간' 동안 '번개를 차단'하기 위해 '전도성이 있어야' 하고 '전파를 흡수하지 않기' 위해 '전도성이 없어야' 한다.
- 공기기둥은 번개가 칠 경우에는 전도성이 있어야 하고, 번개가 없는 경우는 전도성이 없어야 한다.
- 번개는 매우 드물게 발생하고 매우 짧은 시간이다. 진화법칙 '리듬조화의 법칙'이 적용되어 공기기둥이 전도성이 되는 시기는 번개와 같은 시간이 되어야 한다. 다음은 번개가 치는 동안에 공기기둥이 전도체로 되고 번개가 사라진 후에는 전도성이 사라지게 하는 방안을 찾는 것이다.

3.4 미시수준의 물리적모순의 규명

- '번개차단을 위한 전도성을 가지기' 위해 '번개가 치는 동안' '공기기둥'은 '자유전하가 있어야' 하며 동시에 '전파가 흡수되는 것을 방지하기' 위해 '공기기둥'은 '자유전하가 없어야' 한다.

3.5 IFR-2 도출

- '공기기둥 속의 중립분자'는 '번개치는' 동안 스스로 '자유전하가 되어야' 하며 '번개가 친 후'에는 스스로 '중립분자가 되어야' 한다.

3.6 표준해를 적용하여 물리적모순 해결

- 표준해를 적용하여 문제가 해결되지 않으면 단계4로 간다. 만약 표준해를 적용하여 문제가 해결되었다면 단계7로 갈 수 있다.

● 단계 4 : 자원활용

4.1 현명소인모형

- 현명소인모형을 사용하여 모순의 모형을 그림으로 나타낸다.
- 현명소인들이 모순 없이 주어진 조건에 따라 활동하게 한다.

4.2 이상해에서 한 발짝 물러나기

- 이상해결책보다 조금 부족한 상황을 상상한다.
- 두 요소가 붙어 있는 상황이면 약간 떨어진 상태를 상상한다.

4.3 물질-장 자원의 활용

- 새로운 물질을 도입하지 않으면서 새로운 물질을 만드는 방안을 생각한다.
- 공간의 상태를 바꾸면 물성이 나온다.

4.4 공간, 기공의 활용

- 공기와 빈 공간의 결합이 저밀도 공기를 만든다.
- 낮은 공기업에서는 전기 절연성이 파괴된다.

4.5 파생된 자원의 활용

- 기존의 자원을 분해/결합 또는 새로운 장으로 전환해 보라.

4.6 전자기장 이용

- 전자기장을 활용하는 방안을 찾아본다.

4.7 장과 그 장에 민감한 물질 활용하기

- 자기장-강자성체, 자외선-형광, 열-형상기억합금, 열-초전도

● 단계5 : 지식DB의 활용

※ 대부분 단계4에서 해결책이 나온다. 그러나 답을 찾지 못한 경우 단계5로 진행하고 반대의 경우 단계7로 간다. 단계5는 각종 과학/기술지식을 활용하는 보다 높은 수준의 단계이다.

5.1 표준해의 사용

- 표준해를 활용하여 IFR-2와 파트4의 물질-장 자원을 활용한 해결방안을 찾는다.
- 단계4.6 이전에는 기존의 물질-장 자원만을 사용한다.
- 단계4.6의 기존 물질-장 자원으로 안 되면 변형된 물질-장을 도입한다.

5.2 유사문제 활용

- 아리즈를 사용한 기존의 문제해결방안을 참고헌다.
- 유사한 물리적모순 해결예를 찾아서 참고한다.
- 발명문제 해결책들의 물리적모순의 같은 경우가 많다.

5.3 물리적모순 해결에 분리의 원리 적용

- 분리의 원리를 적용하여 본다.

5.4 물리적모순 해결에 과학지식 적용

- 주변의 전문가, 전문서적, 인터넷 등을 참고하여 전문지식을 높인다.

● 단계 6. 문제의 재구성

※ 문제의 해결책을 찾지 못한 경우 문제의 표현을 달리하여 다른 시각으로 분석한다. 원점으로 돌아가 문제의 본질을 다시 분석한다.

6.1 기술적해결안으로 전환

- 문제해결책이 나온 경우 기술적해결책으로 전환하라. 이 단계에서 작동원리, 개략적인 설계도를 작성한다. 필요한 경우 축소모형을 제작하여 타당성을 종합적으로 분석한다.

6.2 문제의 유형(단일 또는 복합) 분석

- 문제가 여러 가지 결합된 경우이면 분리하여 각각 분석한다.

6.3 문제변경

- 문제가 해결되지 않은 경우, 단계1.4를 다른 기술적모순으로 변경하는 방안을 찾는다.

6.4 최소문제 재진술

- 문제가 해결되지 않은 경우 단계1.1로 되돌아가 상위시스템에서 최소문제를 재진술한다.

● 단계 7 : 물리적모순 해결방안 분석

※ 해결책의 수준을 점검하는 단계이다. 물리적인 모순은 이상적인 해결책으로 되어야 한다. 보다 새로운 방안이 있는지를 여러 각도로 다시 한 번 분석한다.

7.1 콘셉트해결안의 점검

- 해결책의 결과를 점검하고 보다 좋은 방안이 있는지를 생각해 본다.
- 외부로부터 새로운 물질이나 장을 도입하지 않는 해결책인가를 생각해 본다.

7.2 콘셉트해결안의 평가

- 전반적인 해결안의 수준의 정도를 평가한다.

7.3 특허등록 가능성 검토

- 관련 해결책에 대한 특허조사를 통하여 신규성의 검토

7.4 해결안의 적용에 따른 추가 문제 분석

- 상용화의 문제들이 무엇인지를 분석한다.

● 단계 8 : 도출된 해결안의 적용

※ 다른 유사문제의 해결에 적용될 수 있는지를 검토한다.

8.1 상위시스템의 변경 정도 검토

8.2 해결안의 유용성 평가

8.3 다른 문제 해결에 활용

● 단계 9 : 문제해결과정 분석

※ 개인의 창의력 증진을 위하여 진행과정을 철저하게 분석한다.

9.1 이론적인 해결과정과 실제 해결과정의 비교

9.2 도출된 해와 트리즈 지식과의 비교

10.1.3 ARIZ-92

ARIZ-85C 이후의 아리즈는 알츠슐러 이외의 트리즈전문가에 의해서 버전 개선이 되어 왔다. ARIZ-92는 아이디에이션사에서 개발한 것으로 ARIZ-92의 기본 프로세스는 그림 9.2와 같다. ARIZ-92의 상세단계의 수는 약 100개 정도이다. 아리즈를 사용할 경우에 어느 버전을 활용하여 문제를 해결할 것인가를 미리 결정해야 한다. 최신의 버전을 사용하는 것이 효과적이라고 생각하는 것이 자연스럽지만 새로운 버전의 아리즈일수록 복잡하고 단계의 수도 많다.

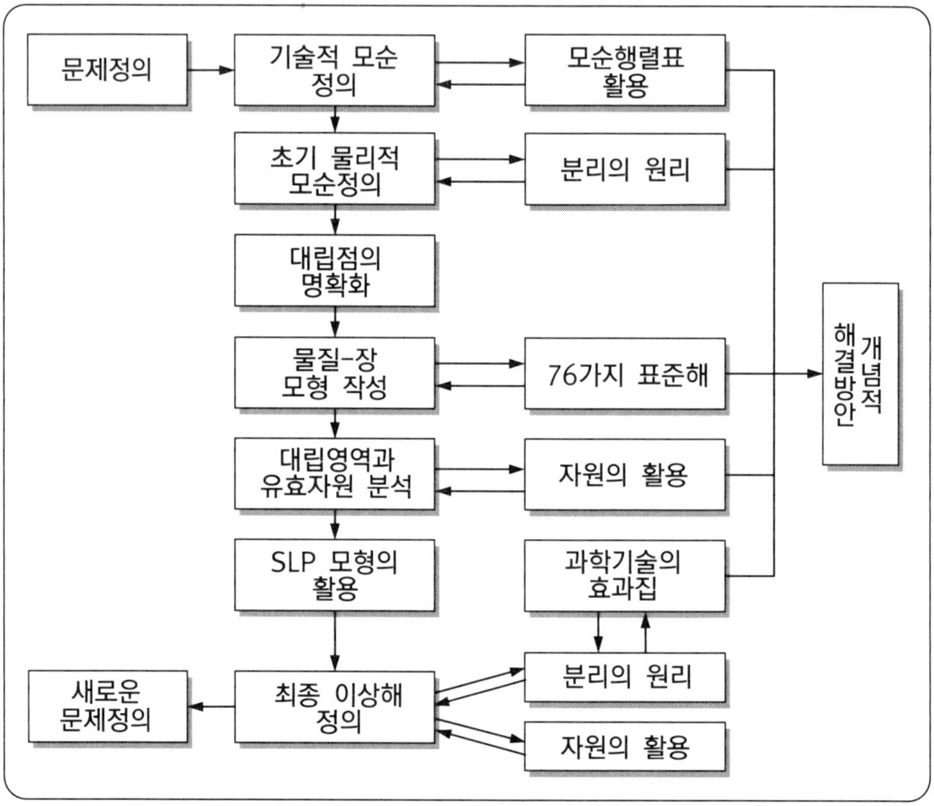

그림 10.2 ARIZ-92의 기본 프로세스

그림 10.3 앰풀제조공정

▶ 예 10.2 주사앰풀제조

제약회사 A는 제조공정에 심각한 문제를 안고 있다. 약액을 충진한 앰플의 끝단을 밀봉하기 위해 화염을 가하게 되는데 강한 화염을 가하면 밀봉은 잘 되지만 열의 영향을 받아 앰플 속에 들어있는 약액의 품질이 열화된다. 반대로 약액의 품질 열화를 방지하기 위해 약한 화염을 가하면 약액의 품질은 유지되지만 밀봉이 불충분하게 된다. 그림 10.3은 앰플의 제조공정을 나타낸 것이다.

● 단계1(기술적 모순의 정의)

문제를 기술적 모순으로 정의한다.

- TC1 : 화염을 강하게 하면 앰풀의 밀봉은 충분하게 되지만 약액의 품질이 열화된다.
- TC2 : 화염을 약하게 하면 약액의 품질은 유지되지만 앰풀의 밀봉이 불충분하게 된다.

단계1에서 아이디어를 발상하기 위해서는 모순해결을 위한 모순행렬표를 활용한다. 이 단계에서 만족할 만한 아이디어가 나오면 종료하고, 본질적인 문제해결에 이르지 못했다고 판단한 경우는 다음 단계로 진행한다.

● 단계2(초기 물리적모순의 정의)

모순행렬표에서 좋은 아이디어를 도출하지 못하였다면 문제를 물리적 모순의 문제로 변경하는 방향으로 시도해 본다.

- (앰풀의 밀봉을 충분하게 하기 위해서는) 화염은 강하게 하는 것이 바람직하지만, (약품의 품질을 열화를 방지하기 위해서는) 화염은 약하게 하지 않으면 안 된다.
- PC : 화염은 강하게 하는 것이 바람직하지만 약하게 하지 않으면 안 된다.

아이디어의 발상을 위해 분리의 원리를 활용한다. 여기서 발상할 수 있는 아이디어는 해결안의 개념으로서 혁신적인 것이 기대되지만 아이디어가 나오지 않거나 아이디어 자체가 불만족스러우면 다음 단계로 진행한다.

● 단계3(대립점의 명확화)

충돌이 일어나는 영역을 그림 10.4와 같이 구체적으로 정한다.

단계3은 물질-장 분석을 위한 준비단계라 할 수 있다. 단계2에서 정의한 물리적모순을 분석하여 충돌이 일어나는 영역이나 시간구간을 정한다.

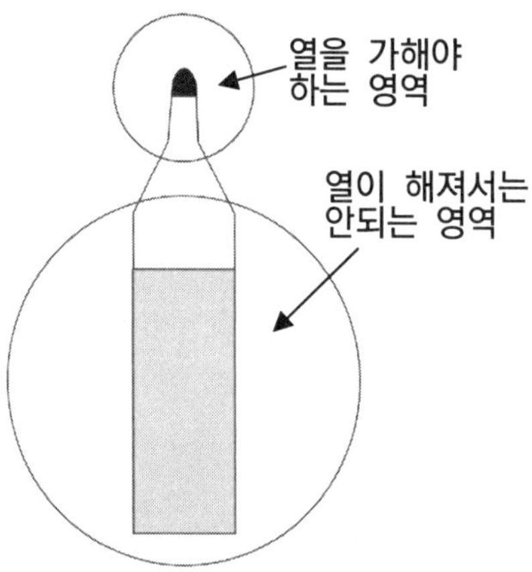

그림 10.4 충돌영역의 명확화

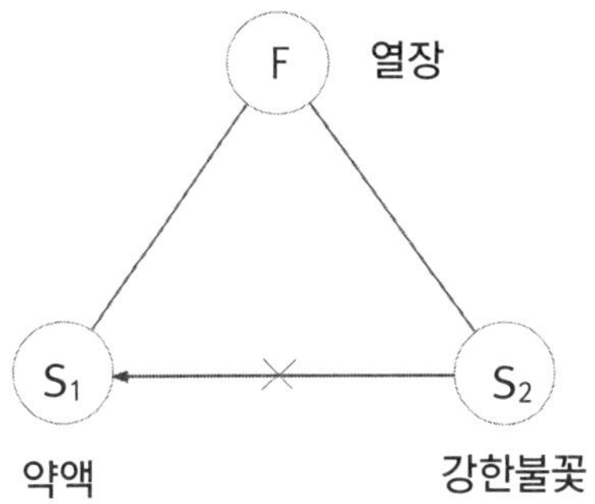

(a) 대립영역1

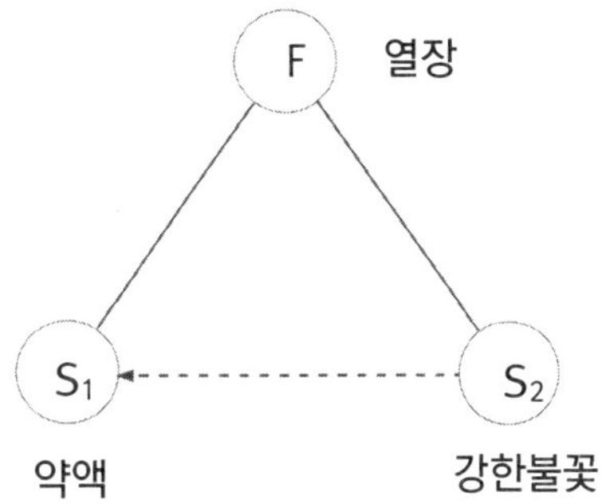

(a) 대립영역2

그림 10.5 앰풀의 물질-장 모형

- **단계4(물질-장 모형의 작성)**

단계3에서 명확하게 된 충돌영역을 기반으로 문제를 '불충분한 유익기능'과 '유해작용의 발생'이라는 관점으로 사고를 변경한 다음 물질 S1과 물질 S2 및 에너지장을 정확하여 물질-장 모형을 작성한다. 단계3의 충돌영역에 대해서 물질-장 삼각모형을 작성하면 그림 10.5와 같다.

물질-장 삼각모형을 분석하여 해결안에 이용할 수 있는 76가지의 표준해를 도출하고, 이것으로부터 문제해결에 유효한 아이디어를 유추 발상한다.

- **단계5(충돌영역과 자원의 분석)**

충돌영역은 실제로 충돌이 발생하고 있는 물리적 장소이다. 이 단계에서는 충돌영역에 손재하는 자원을 파악한다. 유효자원은 유익작용을 증가시켜 유해작용을 감소시키는데 도움을 주는 자원이다. 여러 각도에서 자원을 파악하여 누락이 발생하지 않도록 해야 한다. 일핏 보면 유해하다고 생각되는 자원도 대립영역 내에서 유해작용의 저감 및 유익작용의 강화에 도움을 주는 경우가 있으므로 유효한 자원이 될 수 있는 것이 무엇인가를 명확하게 판단하는 것은 트리즈의 중요한 사고방식이다.

- 대립영역1에서 이용할 수 있는 자원 : 공기, 열, 물 등
- 대립영역2에서 이용할 수 있는 자원 : 공기, 화염 등

이 단계에서도 만족할 만한 아이디어가 나오지 않은 경우에는 다음 단계로 진행한다.

- **단계6(현명소인모형의 활용)**

현명소인모형은 의인화법에 의한 아이디어 발상 기법으로 창조기법의 하나인 시네틱스법의 의인화유추 – 개선이나 개발하고 싶은 개체에 인간의 감정을 이입하여 아이디어를 유추발상 시키는 방법 – 와 유사한 기법이다.

- **단계7(이상최종해의 정의)**

지금까지 유해한 구성요소였던 것(여기서는 강한 화염 등)이 이용 가능한 자원(여기서는 물, 공기 등) 및 현명소인의 행동에 의해 현상과는 다른 행동을 하게 된다. 이러한 상황을 단계6의 현명소인모형으로 묘사할 수 있으면 이상최종해의 정의를 쉽게 할 수 있다.

- **단계8(물리적 모순의 재정의)**

이상최종해를 물리적모순으로 변환한다. 여기서의 물리적 모순은 초기의 물리적 모순에 비교하여 보다 본질적인 특성으로 변경된다(여기서는 화염에서 열로 변경). 재정의한 물리적 모순은 초기의 물리적모순에 비교하여 완성도가 높고 더 상세한 수준에서 정의된다.

이 단계에서 다시 분리의 원칙이나 과학기술효과집을 활용하여 아이디어 발상을 하는 것이 좋다.

- (앰플의 밀봉을 충분하게 행하기 위해서는) 열은 바람직하지만
- (약품의 품질의 열화를 방지하기 위해서는) 열은 바람직하지 않다.
- PC : 열은 바람직하지만 바람직하지 않다.

- **단계9(유해요인의 제거)**

유해작용을 제거하는 방법(표준해)을 활용하여 유해작용을 제거한다.

10.2 현대 트리즈

10.2.1 현대트리즈와 트리즈 소프트웨어

ARIZ-85C 이후의 아리즈는 알츠슐러 이외의 트리즈전문가에 의해서 개선이 되어 왔다. ARIZ-S MVA91는 ARIZ-85C를 기반으로 트리즈의 컴퓨터 소프트웨어화를 고려한 알고리즘이다. 트리즈 소프트웨어로써 많은 고객을 확보하고 있는 인터내셔널 아디에이션사(International Ideation, II)사의 IWB는 ARIZ-S MVA91를 기반으로 하고 있다. IM사의 TOPE는 특허예를 엄선하여 데이터베이스로 구축하고 트리즈 기법들을 활용할 수 있도록 만든 소프트웨어이다.

IM사의 소프트웨어인 TOPE는 그림 10.6과 같이 복수의 모듈로 구성되어 있다. 문제분석도구로 제품분석모듈과 프로세스분석모듈을 제공하고 있으며, 문제해결도구로 효과모듈, 원리모듈, 예상모듈을 제공하고 있다. 특히 문제해결도구의 활용을 지원하기 위해 과거의 대표적 특허예를 데이터베이스로 구축하여 관련된 특허예를 쉽게 확인할 수 있도록 하고 있다.

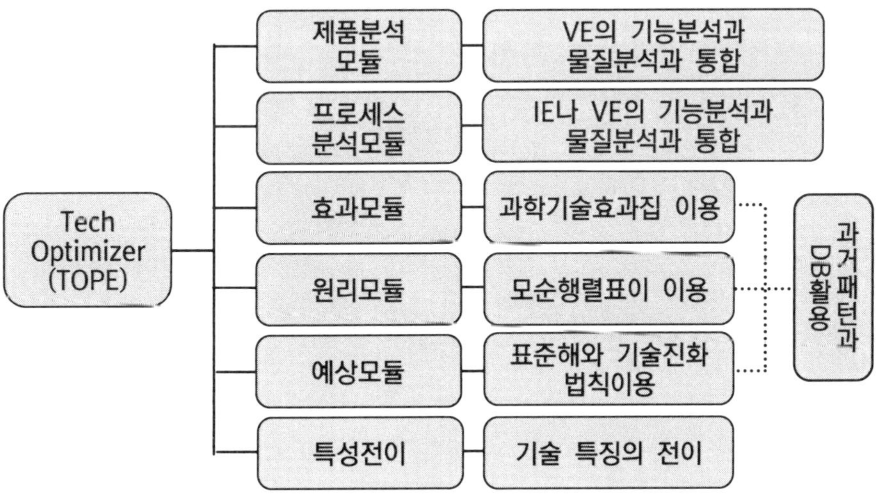

그림 10.6 IM사 트리즈 S/W TOPE의 구성도

10.2.2 I-트리즈

I-트리즈는 II사에서 트리즈를 컴퓨터화하고 친숙하게 사용할 수 있도록 만든 트리즈 방법론이다. I-트리즈 방법론은 전통트리즈 방법론과 그림 10.7과 같은 차이가 있다.

1. 분석적 도구의 추가
   1.1 혁신적인 상황 질문서(ISQ)
   1.2 문제 구조화
2. 지식 기반 도구의 추가
   2.1 원리들과 방법론의 확장(연산자)
   2.2 원리들, 방법론들 그리고 표준 해결안을 하나의 도구로 통합(시스템 연산자)
3. 새로운 응용의 개발
   3.1 잠재적 실패 결정(AFD): 실패 분석(FFA)과 실패예측(FP)
   3.2 방향이 있는 진화(DE)
4. 트리즈소프트웨어 제품군 – 트리즈Soft™
   4.1 Innovation Workbench
   4.2 1Ideation Failure Analysis
   4.3 Ideation Failure Prediction
   4.4 Golden Classical TRIZ
   4.5 Knowledge Wizard

그림 10.7 I-트리즈의 특징

I-트리즈의 문제해결프로세스를 아이디에이션 프로세스(Ideation Process, IP)라 한다. IP는 방대한 소프트웨어 기반 문제해결프로세스로써 문제 상황의 분석과 혁신적인 솔루션 콘셉트의 개발을 지원하도록 설계되어 있다. IP는 다음의 5개의 단계로 구성되어 있다.

단계1 : 혁신상황질문(Innovative Situation Questionnaire, ISQ)

단계2 : 문제설정(Problem Formulation)

단계3 : 혁신지침 우선순위매기기(Prioritize Directions)

단계4 : 해결방안 개발(Develop Concepts)

단계5 : 해결방안 평가(Evaluate Results)

IP를 적용하여 문제를 해결하는 동안에 개발한 아이디어는 실행 준비가 된 완전한 솔루션은 아니다. 이들 아이디어를 개선, 통합하여 혁신적인 설계 콘셉트를 개발한다. II사에서는 다양한 소프트웨어를 출시하고 있다. Innovation Workbench(IWB)는 IP를 적용한 대표적인 소프트웨어이다. 그림 10.8은 IWB의 구조를 나타낸 것이다.

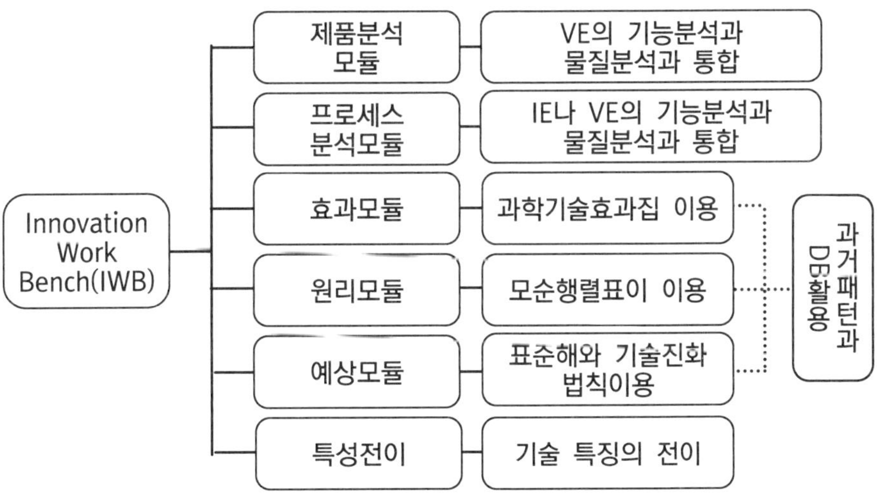

그림 10.8 IWB의 구조

● 단계 1 : 혁신상황질문

단계 1은 문제를 확인하는 단계로써 소위 혁신상황질문지(Innovative Situation Questionnair, ISQ)를 완성함으로써 문제를 완전하게 파악할 수 있다. ISQ의 내용에는 다음이 포함된다.

1. **문제 설명**(Brief description of the problem)
2. **시스템 정보**(Information about the system)
    가. 시스템 이름(System name)
    나. 시스템 구조(System structure)
    다. 시스템의 기능(Functioning of the system)
    라. 시스템 환경(System environment)
3. **문제 상황 정보**(Information about the problem situation)
    가. 해결해야 할 문제(Problem that should be resolved)
    나. 문제 발생 메커니즘(Mechanism causing the problem)
    다. 문제를 해결 못 했을 때 초래되는 바람직하지 않은 결과(Undesired consequences of unresolved problem)
    라. 문제의 이력(History of the problem)
    마. 유사한 문제를 가진 다른 시스템(Other systems in which a similar problem exists)
    바. 해결해야 할 다른 문제(Other problems to be solved)
4. **솔루션의 이상적 비전**(Ideal vision of solution)
5. **가용자원**(Available resources)
6. **허용 가능한 시스템의 변화**(Available changes of the system)
7. **솔루션 콘셉트 선택 기준**(Criteria for selecting solution concepts)
8. **비즈니스 환경**(Company business environment)
9. **프로젝트 데이터**(Project data)

그림 10.9 혁신상황질문지

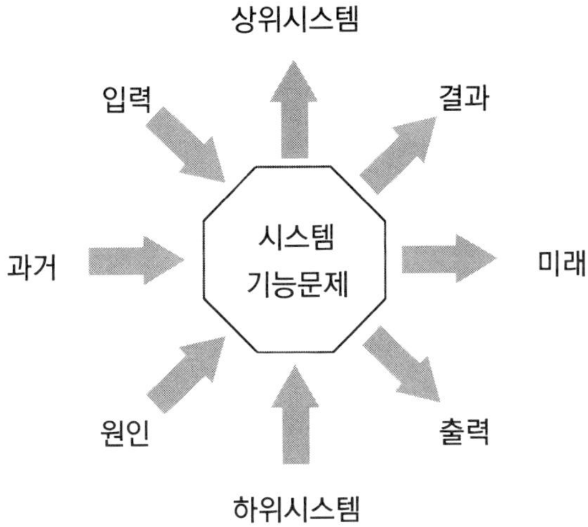

그림 10.10 시스템적 접근방향

문제상황기술은 문제해결의 매우 중요한 단계이다. 일반적으로 트리즈로 해결해야 하는 문제는 매우 복잡하고 난해하며, 세부적인 사항들까지 동시에 염두에 두어야하는 도전적인 과제이다. I-트리즈에서는 트리즈의 기본 전제 중의 하나인 시스템접근법을 사용하여 문제를 정의한다. 이 접근법은 문제를 여러 각도에서 동시에 볼 수 있도록 한다. ISQ는 이 복잡한 프로세스를 단계적인 방법으로 따라갈 수 있도록 한다. 그림 10.10은 I-트리즈에서 문제를 분석하는데 사용하는 시스템적 접근의 방향을 나타낸 것이다.

먼저 과거와 미래의 관점에서 다음의 질문에 응답을 찾는다. 먼저 시스템이 과거에 어떠했는지를 고려한다. 무엇이 변했는가? 미래에 어떻게 변화할 수 있는지를 상상한다. 시스템 진화의 결과로 미래에 현재의 문제가 해결가능한가? 시스템의 기능이 어떻게 진화했는가? 미래에는 어떻게 변화되어야 하는가? 어떤 새로운 기능이 미래에 수행될 가능성이 있는가? 해결하려고 하는 문제가 언제 왜 나타났는가? 문제를 해결하지 않았을 때의 나쁜 결말은 무엇인가? 이 문제를 예방할 수 있는가? 미래에 이 문제의 발생을 예방하거나 나쁜 결과를 예방할 가능성이 있는가?

두 번째로 시스템을 이루고 있는 하위시스템들을 고려한다. 하나 또는 그 이상의 하위시스템이나 이들 간의 연결을 변경하여 문제를 해결할 수 있는가? 다음은 시스템이 구성요소로 포함되는 상위시스템들을 고려한다. 동일한 상위시스템을 공유하고 있는 다른 인접한 시스템은 무엇인가? 다른 시스템이나 그들과의 연결을 변경하여 문제를 해결할 수 있는가?

세 번째로 입력물과 출력물을 고려한다. 입력물은 시스템에 들어가는 모든 것으로 물질, 구성부품, 에너지, 정보 등이 포함된다. 입력은 시스템을 기능하도록 하는 유용한 것과 시스템을 손상시키는 유해한 것(예, 먼지, 유해한 자기장 등)일 수 있다. 출력물은 시스템이 기능한 결과로 시스템을 떠나는 모든 것으로 물질, 구성부품, 에너지, 정보 등이 포함된다. 출력물은 시스템의 목적 달성을 입증하는 유용한 것과 다른 시스템이나 환경을 손상시키는 유해한 것일 수 있다(예, 배기가스, 폐기물, 소음 등).

입력물 또는 출력물을 변경하여 문제를 해결하거나 제거의 가능성을 고려한다. 입력물이 어떻게 출력물로 변환되는지를 고려한다. 변환프로세스에 영향을 줌으로써 문제를 해결할 가능성이 있는가?

네 번째로 문제의 직접적인 원인과 유해한 결과를 파악한다. 원인이 결과로 변환되는 프로세스 즉, 문제발생 메커니즘과 문제 발생에 필요한 조건을 밝힌다. 원인을 없애거나 바람직하지 않은 결과의 발생을 중지하여 시스템을 변경할 수 있는지를 검토한다.

● **단계 2 : 문제설정**

단계2는 문제를 설정하는 단계로써 시스템의 유용작용과 유해작용을 고려하여 문제진술문을 작성한다. 가장 불만족스러운 상황은 상호 관련된 여러 문제들이 결합하여 발생한다. 각각의 문제는 하나 이상의 해결 방향을 갖고 있다. I-트리즈에서는 이를 혁신방향이라 한다.

주어진 문제에 대해 다수의 해결 방향을 얻음으로써 해의 공간이 상당히 확장된다. 또한 최적의 해에 도달할 가능성을 상당히 증가시킨다. I-트리즈의 IWB에서는 다음의 절차로 문제설정을 한다.

1. 문제상황을 나타내는 다이어그램을 작성한다.
2. 문제설정도구(problem formulator)를 사용하여 혁신방향을 얻는다.
3. 각 혁신방향에 제시하는 문제해결을 위한 제안을 읽고 아이디어를 얻는다.

그림 10.11은 고층빌딩의 엘리베이터의 속도가 느린데 대한 불만을 처리하기 위해 도시한 다이어그램을 나타낸 것이다.

그림 10.12는 문제설정도구를 활용하여 혁신방향을 얻은 것으로 그림 10.12의 다이어그램의 유용작용과 유해작용의 관계로부터 다양한 혁신방향을 제시하고 있다.

그림 10.13은 주어진 혁신방향에 대해서 더 세부적인 지침을 나타낸 것으로 각 지침에 대응하는 구체적인 아이디어 발상방법과 예를 찾을 수 있도록 하고 있다.

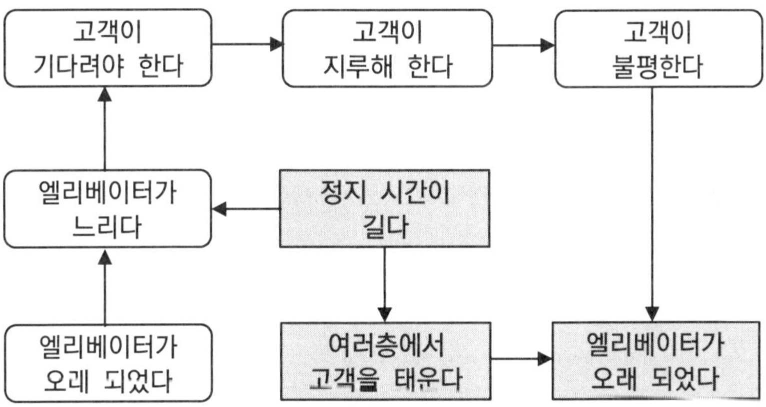

그림 10.11 고층빌딩 엘리베이터 문제의 다이어그램

1. Find a way to eliminate, reduce, or prevent [the] (People have to wait) in order to avoid [the] (People get bored), under the conditions of [the] (Elevators are slow).

2. Find a way to eliminate, reduce, or prevent [the] (People get bored) in order to avoid [the] (People complain), under the conditions of [the] (People have to wait).

3. Find a way to eliminate, reduce, or prevent [the] (People complain) under the conditions of [the] (People get bored).

4. Find a way to eliminate, reduce, or prevent [the] (Elevators are slow) in order to avoid [the] (People have to wait), under the conditions of [the] (Elevators are outdated) and (Many stops).

5. Find a way to eliminate, reduce, or prevent [the] (Elevators are outdated) in order to avoid [the] (Elevators are slow).

6. Find an alternative way to obtain [the] (Many stops) that offers the following: provides or enhances [the] (Picking up people from many floors), does not cause [the] (Elevators are slow).

7. Try to resolve the following contradiction: The useful factor [the] (Many stops) should be in place in order to provide or enhance [the] (Picking up people from many floors), and should not exist in order to avoid [the] (Elevators are slow).

8. Find an alternative way to obtain [the] (Picking up people from many floors) that offers the following: provides or enhances [the] (Satisfaction of people), does not require [the] (Many stops).

9. Find an alternative way to obtain [the] (Satisfaction of people) that offers the following: does not require [the] (Picking up people from many floors), is not influenced by [the] (People complain).

10. Consider transitioning to the next generation of the system that will provide [the] (Satisfaction of people) in a more effective way and/or will be free of existing problems.

그림 10.12 고층빌딩 엘리베이터 문제의 혁신방향

1. Find a way to eliminate, reduce, or prevent [the] (People have to wait) in order to avoid [the] (People get bored), under the conditions of [the] (Elevators are slow).

    1.1. Isolate the system or its part from the harmful effect of [the] (People have to wait).

    1.2. Counteract the harmful effect of [the] (People have to wait).

    1.3. Impact on the harmful action of [the] (People have to wait).

    1.4. Reduce sensitivity of the system or its part to the harmful effect of [the] (People have to wait).

    1.5. Eliminate the cause of the undesired action of [the] (People have to wait).

    1.6. Reduce the harmful results produced by [the] (People have to wait).

    1.7. Apply universal Operators to reduce the undesired factor (People have to wait).

    1.8. Consider resources to reduce the undesired factor (People have to wait).

    1.9. Try to benefit from the undesired factor (People have to wait).

2. Find a way to eliminate, reduce, or prevent [the] (People get bored) in order to avoid [the] (People complain), under the conditions of [the] (People have to wait).

그림 10.13 고층빌딩 엘리베이터 문제의 혁신 세부 지침

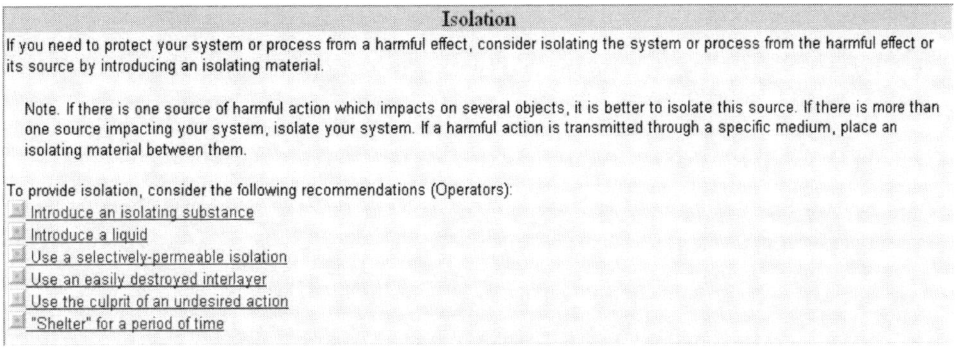
Isolation

If you need to protect your system or process from a harmful effect, consider isolating the system or process from the harmful effect or its source by introducing an isolating material.

Note. If there is one source of harmful action which impacts on several objects, it is better to isolate this source. If there is more than one source impacting your system, isolate your system. If a harmful action is transmitted through a specific medium, place an isolating material between them.

To provide isolation, consider the following recommendations (Operators):

- Introduce an isolating substance
- Introduce a liquid
- Use a selectively-permeable isolation
- Use an easily destroyed interlayer
- Use the culprit of an undesired action
- "Shelter" for a period of time

그림 10.14 분리에 대한 설명 및 세부 제안

예를 들어, 세부지침 “1.1. Isolate the system or its part from the harmful effect of [the] (People have to wait).”에 대응하는 아이디어발상방법은 “분리(Isolation)”이며, 관련된 설명의 내용은 그림 10.14와 같다. 그림 10.14의 세부적인 제안을 선택하면, 구체적인 예와 연관하여 발상할 수 있는 항목들을 확인할 수 있다.

- **단계3 : 혁신지침 우선순위매기기**

단계3에서는 계속해서 고려할 혁신지침을 선택하고, 이들 혁신지침을 다음의 범주에 따라 분류한다.

1. 문제해결 전망이 가장 높은 혁신 방향
2. 장기적으로 이득인 혁신 방향
3. 범위를 벗어나거나 지나치게 일반적인 혁신 방향

후속 작업을 진척시키기 위해서는 문제를 해결하는 동안에 떠오르는 모든 아이디어들을 기록하고 정리해야 한다. 부적절한 아이디어처럼 보이는 경우에도 기록하고 정리한다.

해당 아이디어 관련된 부적절성을 해결하는 알려진 모든 수단을 기록한다. 주어진 특정의 상황에서 적용하는 것이 불가능한 것처럼 보이더라도 기록해 두면 아이디어나

알려진 수단을 약간만 변형시키면 아이디어가 성공적인 해결책이 되게 할 수 있다. 아이디어와 알려진 해결 방법을 몇 개의 범주로 분류하고, 이들을 결합하여 문제해결 콘셉트를 만들 수 있다.

● 단계4 : 콘셉트 개발

문제해결프로세스를 진행하는 과정에서 많은 수의 아이디어를 발상하게 된다. 그렇지만 하나의 아이디어가 전체 문제를 해결하는 것은 드물다. 많은 경우 몇 개의 아이디어를 결합해야 한다.

이 단계에서는 아이디어를 개선하거나 결합하여 혁신적인 콘셉트를 개발하는데 전력을 다한다. 이 단계에서는 다음의 두 개의 과정을 따른다.

1. 아이디어를 결합하여 콘셉트를 만든다.
2. 진화라인을 적용하여 콘셉트를 개선한다.

혁신적인 문제는 대개 복잡하고, 단 한 번의 접근 방법을 사용하여 해결될 수 없는 다면적인 상황이다. 그러므로 하나의 아이디어가 문제 전체를 해결하지 않는다. 대신 문제의 여러 측면을 해결하는 아이디어를 결합하여 혁신콘셉트를 만든다.

콘셉트는 다음의 절차를 따라 개발한다.

1. 동일한 기능을 수행하는 아이디어를 결합한다.
2. 알려진 시스템과 결합하여 콘셉트를 개발한다.
3. 콘셉트의 단순화를 고려한다.

● 단계5 : 해결방안의 평가

문제해결프로세스의 목적은 최소한으로 실행 가능한 콘셉트를 개발하는 것이다. 콘셉트를 평가하는 동안에 결점을 갖고 있거나 실행과정에서 발생할 수 있는 잠재적인 문제점을 예견한 경우에도 콘셉트를 폐기해서는 안 된다. 대신 실질적이거나 잠재하는 결점을 2차문제로 간주하고 2차 문제는 해결할 수 있다는 것을 염두에 두도록 한다.

실행을 시작하기 이전에 R&D실험에서 개선을 요구한 사항이나 거부한 특정의 아이디어뿐만 아니라 전문가가 제기한 의문들 모두를 목록으로 만든다. 그런 다음에 실행준비를 시작하라.

이 단계는 다음의 절차를 따른다.

1. 콘셉트 평가 기준에 부합하도록 한다.

콘셉트가 특정의 기준에 부합하지 않거나 하나 또는 그 이상의 제한사항을 위반한 경우에도 콘셉트를 폐기해서는 안 된다. 대신 이를 콘셉트의 개선을 위해서 해결해야 할 2차문제로 생각한다.

2. 잠재고장을 파악하고 예방한다.

주어진 시스템에 새로운 콘셉트를 실행함에 따라 발생할 수 있는 고장을 예측하기 위해서는 다음의 고장예측 알고리즘을 따른다.

1단계 : 문제를 거꾸로 한다.

2단계 : 이상적 시나리오를 생성한다.

3단계 : 고장 시나리오를 생성한다.

4단계 : 고장예방을 위한 측정을 고려한다.

3. 실행계획을 수립한다.

실행계획을 수립하고 실행한다.

10.3 트리즈 보조기법

10.3.1 트리밍기법

트리밍기법은 제품이나 공정의 최적화에 이상성 개념을 도입한 것이다. 트리밍에서는 기본기능을 제외한 기타 기능을 최소화하여 부품 수를 감소시키도록 한다. 제품이나 공정에는 기본기능과 보조기능이 있다. 진화의 특성상 기술진화에 따라 보조기능이 필요 이상으로 증가하는 경향이 있다. 이는 설계자의 인식 부족이나 심리적 타성에 기인한다.

트리밍의 주목적은 꼭 필요하지 않으면서 비용을 상승시키는 구성요소를 시스템에서 제거하는 것이다. 트리밍기법은 가치공학(VE, value engineering)기법을 이상성 증가 법칙에 도입하여 개발한 것이다.

VE의 기본적인 사고방법은 제품이나 서비스의 기능과 비용의 균형을 개선함으로써 가치향상을 도모하는 것이다. VE에서 가치는 다음 식으로 표현한다.

$$V(\text{가치}) = \frac{F(\text{기능})}{C(\text{비용})} \tag{10.1}$$

가치공학에서는 식(10.1)의 V(가치)가 크게 되도록 시스템을 개선한다. 가치 V는 다음 4가지의 수단을 통해 개선할 수 있다.

1. 기능은 그 상태로 유지하고, 비용을 낮추어 가치를 올린다.
2. 비용은 그 상태로 유지하고, 기능을 높여 가치를 올린다.
3. 비용을 낮추는 기능을 올려서 가치를 올린다.
4. 비용과 기능을 모두 올려서 가치를 올린다.

트리밍은 (1)번 수단인 '기능은 그 상태로 유지하고, 비용을 낮추어 가치를 올리는 것'을 적용한 것이라 할 수 있다. 트리밍을 효율적으로 하기 위해서는 어떤 컴포넌트에 의해 제공되는 기능에 대해서 다음의 질문을 한다.

가. 해당 기능이 필요한가?

나. 시스템 또는 주위에 있는 다른 것을 사용하여 해당 기능을 수행하도록 할 수 없는가?

다. 기존 자원으로 기능을 수행하도록 할 수 없는가?

라. 낮은 비용의 대체품으로 기능을 수행하도록 할 수 없는가?

마. 다른 구성요소와 상대적인 움직임이 필요한가?

바. 다른 구성요소와 일체화가 가능한가?

위의 질문에 대한 응답을 통해 개별 구성요소가 가치를 제공하느냐 여부를 평가할 수 있고, 가치를 제공하지 못하는 기능을 트리밍한다. 트리밍의 일반적인 절차는 다음과 같다.

● 트리밍의 절차

단계 1 : 시스템이나 제품을 요소와 기능으로 분리한다.

단계 2 : 각 요소 간에 작용한 활동을 기능으로 연결하고 기능을 좋은 기능, 나쁜 기능 부족한 기능으로 구분한다.

단계 3: 시스템의 기능 달성과 관련한 각 요소의 가중치를 부여한다. 가중치가 적은 것부터 제거할 수 있는 방법을 생각한다. 특히 나쁜 기능을 제거할 방법을 우선적으로 생각한다.

단계 4: 최적화된 요소와 기능도를 기초로 실제 수행방법을 과학기술효과집, 표준해 등을 이용해 찾는다.

10.3.2 멀티스크린

시스템, 시스템을 구성하는 부품, 시스템 환경은 시간과 함께 변화한다. 시간을 과거, 현재, 미래로 하여 시스템을 보면 아홉 개의 스크린을 볼 수 있다. 알츠슐러는 이를 멀티스크린(multi-screen) 또는 재능사고스크린(talented thinking screening)이라 했다. 일반적으로 사람들은 현 시스템인 하나의 창만을 생각한다. 재능사고를 가진 사람은 최소한 9개의 시스템, 즉 시스템, 상위시스템, 하위시스템(구성요소)와 과거, 현재, 미래의 조합으로 구성된 9개의 멀티스크린으로 사물을 보고 있다고 한다. 그림 9.1은 멀티스크린을 나타낸 것이다.

멀티스크린을 주시함으로써 전체와 부품의 상호 관련을 포함하여 장래의 변화에 대한 지식으로 사물을 이해하는 것이 가능하다.

▶ 예 10.5 달탐사선 루나16호

구소련은 달 뒷면의 사진을 찍기 위해 루나16호를 발사할 예정이었다. 사진을 찍기 위해서는 조명이 필요했다. 착륙 시의 충격과 이동 시의 진동을 견딜 수 있는 강한 전구를 개발해야 했다.

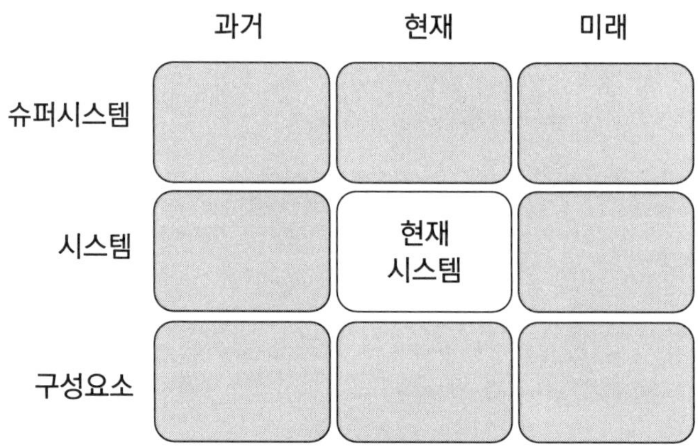

그림 10.15 멀티스크린

그림 10.16 루나16호의 멀티스크린

그러나 매번 실험에서 전구가 깨지는 문제가 발생하였다. 2년 반 동안 깨지지 않는 유리의 개발을 추진했으나 실패하고, 결국에는 유리가 없는 전구를 루나 16호에 장착하였다. 달 표면은 진공이므로 전구 내부를 진공상태로 유지하는 유리가 필요 없다는 것은 나중에 알게 된 것이다.

10.4 최적 콘셉트의 선택

10.4.1 대안의 평가

트리즈기법을 적용하면 많은 수의 아이디어를 얻을 수 있다. 이들 아이디어는 분류와 통합 그리고 발전의 과정을 거쳐서 콘셉트가 된다. 문제해결방법은 다수 개 존재할 수 있으며 이들 중에서 최적의 해결방안을 찾아야 한다.

최적의 해결방안을 찾기 위해서는 대안들을 적합한 기준에 맞추어 평가해야 한다. 일반적으로 다음의 절차에 따라 대안들을 평가한다.

1. 대안들의 평가항목을 설정한다.
2. 평가항목들의 우선순위를 정한다.
3. 각 대안이 평가항목을 달성하는 능력을 기준으로 등급을 정하는 방안을 만든다.
4. 평가항목들에 대한 가중치와 각 대안에 주어진 등급을 종합하여 대안들의 평가점수를 계산한다.
5. 각 대안들이 획득한 총점수를 비교하여 최적 대안을 찾는다.
6. 최적 대안에 잔존할 수 있는 약점을 최소화하거나 제거하고, 재평가하여 대안의 위험요소를 예측한다. 즉, 최종적으로 선택한 대안을 정교하게 다듬는다.

대안에 대한 평가항목은 일반 항목과 특수항목으로 분류할 수 있다. 일반항목은 거의 모든 해결방안에서 적용하는 평가항목이고 특수항목은 주어진 문제에서 특별히 요구하는 평가항목이다.

일반항목에는 다음의 평가항목이 포함된다.

- 안전성(safety)
- 환경보호(environmental protection)
- 대중의 수용도(public acceptance)
- 신뢰도(reliability)
- 성능(performance)
- 작동용이성(작동조건)(ease of operation(operating condition))
- 내구성(durability)
- 표준부품사용(use of standard parts)
- 최소비용(minimum cist)
- 최소보전과 보전용이성(minimum maintenance and ease of maintenance)

특수항목은 문제가 갖고 있는 고유의 요구사항이다. 예를 들어, 자동차 충돌시의 자동차의 운전자와 승객을 안전하게 보호하기 위한 좌석 벨트와 에어백을 개선하는 문제는 충돌 전, 충돌 중, 충돌 후의 시간구간으로 나누어 다음과 같이 요구사항으로 평가항목을 정의할 수 있다.

- 충돌 전, 설계는 사용자의 움직임을 심각하게 제한하거나 불편을 유발해서는 안 된다.
- 충돌 중, 이러한 상황에서 사용자는 기기를 작동하고 통제할 수 없으므로 효과적이며 자동으로 설계가 작동되어야 한다.
- 충돌 후, 설계는 자동차에서 신속하게 탈출할 수 있도록 사용자를 구속하지 않아야 한다.

10.4.2 결정행렬법

결정행렬법(decison matrix method)은 다음의 단계로 대안들의 우선순위를 정한다.

● **단계 1 : 평가항목들의 우선순위 매기기**

각 평가항목의 우선순위는 대안들의 평가와 비교에 매우 큰 영향을 주므로 가능하면 객관적으로 제3자의 입장에서 평가하도록 해야 한다. 표 10.2는 크로스(Cross, 1989[15])가 제안한 순위매기는 방법을 이용하여 신형 컴퓨터 시스템에 대한 평가항목의 우선순위를 매긴 것이다. 이 컴퓨터시스템의 평가항목에는 성능, 최소보전, 미학, 최소비용, 부품가용성, 사용편리성, 다용도성, 휴대성이 포함된다. 표 10.2는 각 평가항목을 다음의 지시에 따라 한 번에 하나씩 다른 평가항목과 비교한 것이다.

1. **표의 행을 따라가면서 해당 항목이 다른 항목(특정의 열에 관계되는)보다 더 중요하다고 파악되면 '1'의 점수를 준다.**
2. **해당 항목이 열의 항목보다 덜 중요한 것으로 파악되면 '0'의 점수를 준다.**
3. **두 항목의 중요성이 동등하면 '1/2'의 점수를 준다.**

15) Cross, N *Engineering Design Methods*, Wiley, 1989.

표 10.2 컴퓨터의 평가항목 우선순위 매기기
(행의 항목이 열의 항목보다 중요하면 '1', 아니면 '0')

	성능	최소 보전	미학	최소 비용	부품 가용성	사용 편리성	다용 도성	휴대성	합계
성능	–	1	1	1/2	1	1	0	0	4.5
최소보전	0	–	1	0	0	0	0	0	1
미학	0	0	–	0	0	0	0	0	0
최소비용	1/2	1	1	–	1	1	0	0	4.5
부품가용성	0	1	1	0	–	0	0	0	2
사용편리성	0	1	1	0	1	–	0	0	3
다용도성	1	1	1	1	1	1	–	1	7
휴대성	1	1	1	1	1	1	0	–	6

표 10.3 컴퓨터의 설계목표들의 최종 우선순위

순위	1	2	3	5	6	7	8
항목	다용도성	휴대성	성능 최소비용	사용편리성	부품가용도	최소보전	미학

이와 같이 평가항목들을 짝으로 비교하는 방법은 (a) 초점을 좁히고; (b) 모든 항목들을 동시에 고려하는 것보다 각 평가항목들의 상대적 중요도를 더 잘 추정할 수 있도록 한다.

각 평가항목에 대해서 부여한 점수를 행방향으로 합하여 총점을 구하고, 총점에 따라 평가항목의 최종순위를 나열하여(표 10.3 참고) 평가항목들의 상대적인 순위를 얻는다. 다음 단계는 각 평가항목들의 중요도에 대한 절대적인 가중치를 부여한다.

표 10.4 설계목표의 가중인자에 대한 중요도 범주의 설정

점수구간	구분
71-100	중대(critical)
31-70	중요(important)
1-30	선택(optional)

● **단계2 : 평가항목들의 가중인자 할당**

각 평가항목에 중요도의 절대 가중치(가중 인자)를 할당하는 방법에는 여러 가지가 있다. 한 가지 접근법은 팀의 모든 구성원 그리고 각 평가항목의 상대적 중요도에 대해서 통찰력을 제공할 수 있는 다른 사람들 - 고객, 경영진, 판매부서의 직원과 평가항목들의 상대적인 중요성을 토론한 후에 절대 눈금자의 적당한 위치에 평가항목들을 두도록 하는 것이다.

이 방법은 다음의 절차로 수행한다.

1. **가중 인자로 사용할 숫자의 범위(예를 들면, 1~100)를 정하라.**

2. **표 10.4와 같이 숫자의 범위를 중요도에 대한 일반적인 범주로 구분하라.**

   표 10.4에서는 가중인자의 범위 71~100을 '성공에 중대한 것으로 판정'으로 정의했다 - 즉, 대안이 유효한 솔루션이 되려면 이들 평가항목은 반드시 달성해야 하는 것임. 이와 같은 중대평가항목은 대개 대안의 기술적 요구사항과 관련이 있다. (예를 들어, 계단을 오를 수 있는 휠체어의 실행 가능한 대안은 "계단 오르기"라는 기술적 요구사항을 반드시 만족시켜야 한다.) 선택평가항목들(1~30의 범위)은 바람지하지만 성공을 위해서는 꼭 필요한 것은 아닌 평가항목이다. 이들 항목들은 대개 대안의 미학적인 면과 관련이 있다. 마지막으로, 중대평가항목도 아니고, 선택평가항목도 아닌 모든 항목들은 중간범위(31~70)의 중요평가항목이다 - 즉, 달성되어야 하는 요구사항이다.

3. 다음 단계에는 가장 중요한 평가항목에 가중인자를 할당하는 것에서부터 시작하여 각 평가항목에 가중인자를 할당한다.

   이 때 팀 구성원의 평가(예, 팀의 각 구성원이 해당 평가항목에 할당한 가중치의 평균으로 나타낸 가중인자)를 정확히 반영하는 가중인자를 이 평가항목에 할당하도록 노력해야 한다. 두 번째는 중요성이 가장 낮은 평가항목에 대하여 적합한 가중인자를 할당한다. 계속해서 가중인자를 할당하지 않은 평가항목들 중에 중요성이 가장 높은 것과 가장 낮은 것을 번갈아 가면서 가중인자를 할당한다.

가중치 범위의 양 극단에서 번갈아 가면서 가중인자를 할당하는 것은 순차적으로 가중인자를 할당하는 것 보다 중요도가 가장 높은 것과 가장 낮은 것에 대한 가중치를 부여하는 것이 참여자들의 합의에 이르기가 쉽기 때문이다. 또한 평가항목들의 수가 많을 수도 있다(20개 이상).

중대평가항목과 선택평가항목에 적합한 가중인자를 할당하고 나면 나머지 중간범위에 속하는 중요평가항목에 가중인자를 할당해야 한다. 이 경우에 중간범위의 중요평가항목들에는 간단하게 평균가중치를 할당할 수도 있다. 중간범위 평가항목들에 대하여 순위를 매길 때 복잡한 수치적인 방법을 사용하더라도 주관적이고 정확하지 않을 수밖에 없다. 평균가중치는 이들 평가항목은 모두 실행 가능한 대안이 달성해야 하는 요구사항이라는 사실을 반영한다.

예를 들어, 표 10.2와 10.3에서 기술한 컴퓨터시스템설계의 경우에 이 팀은 가장 중요한 평가항목인 다용도성에 가중치 100을 주고, 중요도가 가장 낮은 평가항목인 미학에 가중치 15(즉, 선택평가항목 범위 0~30의 중앙값)를 주는데 쉽게 동의한다. 약간의 토론을 거친 후에 이 팀은 "휴대성"이 설계의 성공에 거의 "다용도성" 만큼 중요한 것으로 결정하고 95의 가중인자를 할당한다. 더 토론한 결과 선택평가항목은 더 이상 없으며, 남아 있는 항목들 중에서 중요도가 가장 낮은 목표인 "최소보전"에 가중치 40을 할당한다. 그리고 남아 있는 중대평가항목인 "수행도"와 "비용"에는 상대적인 중요도를 정확하게 평가하는 것이 큰 의미가 없으므로 동일한 가중치 80을 할당한다(즉, 하나의 평가항목에는 가중치 82를 할당하고, 다른 하나에는 79를 할당할 수 있지만 이 방법 자체가 부정확성과 주관성을 갖고 있으므로 가중치를 정확하게 할당하는 것은 큰 의미가 없다).

표 10.5 설계 등급인자의 예(1~10)

점수	내용
10	매우 우수(excellent)
8	우수(good)
6	만족(satisfactory)
4	미흡(mediocre)
2	매우 미흡(unacceptable)
0	실패(failure)

● **단계 3 : 대안의 등급평가**

다음에는 각 대안에 대해서 평가항목의 달성 능력으로 등급을 매긴다. 대안에 대해서 등급인자(rating factor)를 다음과 같이 할당한다.

- 가능하면 각 대안이 특정의 평가항목을 달성할 수 있는가 여부를 측정가능한 파라미터를 이용하여 추정하라. 예를 들어, '비용 최소화'에 대한 대안의 성공 여부는 다른 대안에 대한 상대적인 비용으로 정량적으로 평가할 수 있다. 비슷하게 '부품의 가용성'은 컴퓨터 시스템의 특별히 중요한 부품의 '평균공급자수'와 같은 정량적인 수행도 파라미터로 변환할 수 있다.
- 정량적인 형태로 변환할 수 없는 평가항목들에 대해서는 임의의 등급척도를 사용할 수 있다(표 10.5 참고).

평가항목을 달성하는 대안들의 능력을 반영한 등급인자들을 각 대안에 할당한다.

● **단계 4 : 결정행렬**

평가항목에 대한 가중인자와 각 대안의 등급인자를 표 10.6에서와 같이 결정행렬에 기입한다. 가중인자 WF와 등급인자 RF를 곱하여 소위 결정인자 DF를 얻는다.

표 10.6 결정행렬

	다용도성	휴대성	성능	최소비용	사용편리성	부품가용성	최소보전	미학	합계
	100	95	80	80	60	45	40	15	
XKX모델	7/700	6/570	8/640	7/560	7/420	9/405	6/240	9/135	3,640
경남텍	4/400	3/285	6/480	6/480	7/420	8/360	9/360	4/60	2,845
밸리팩	6/600	7/665	9/720	8/640	4/240	6/270	4/160	5/75	3,370
콤세이브	9/900	6/570	7/560	3/240	6/360	6/270	2/80	8/120	3,100

$$DF = (WF) \times (RF) \tag{10.1}$$

각 안에 대해서 결정인자들을 합하여 행렬의 맨 오른쪽에 기입한다. 표 10.6에서 대안 'XKZ-Model 10'의 총점이 3,630으로써 다른 3개의 대안들 보다 점수가 높다.

두 개 이상의 대안이 서로 10% 이내의 총점을 얻는 경우에는 이들 대안은 동점인 것으로 간주한다. 동점인 대안에 대해서는 평가항목별로 비교하되, 각 대안이 가장 중요한 평가항목을 달성하는 등급을 기준으로 평가한다. 하나의 대안이 중대한 평가항목을 달성할 능력의 측면에서 다른 대안보다 명확하게 우수 – 그러나 덜 중요한 평가항목의 달성 측면에서는 다른 대안들보다 덜 효과적이어서 전체 점수가 동점이 됨 – 하다면 이 대안이 최적 솔루션으로 선택될 것이다.

대안을 평가하는 다른 방법으로 MUST-WANT행렬법이 있다. MUST-WANT행렬법은 결정행렬법을 다음과 같이 변형한 것이다.

1. 평가항목들을 반드시 달성해야 하는 "MUSTS"항목과 달성하면 바람직한 "WANTS"항목으로 나눈다. (MUSTS는 중대평가항목에 대응한다.)
2. 각 대안을 "MUSTS"에 속하는 평가항목을 달성하는 능력으로 평가한다. "MUSTS"항목을 모두 만족시키는 대안에는 "GO"를 부여하고, 그렇지 않으면 "NO GO"를 부여한다. 여기서 "GO"는 "WANTS"항목의 달성능력으로 대안을 평

가할 수 있다는 의미이고, "NO GO"는 더 이상 실행 가능한 대안으로 고려하지 않는다는 의미이다.

3. "WANTS"항목들에 대해서 상대적인 중요도를 나타내는 가중인자(예, 0~10의 척도)를 할당한다.
4. 각 대안들이 "WANT"항목을 달성하는 능력을 등급인자를 할당하는 방법으로 평가한다.
5. 가중인자와 등급인자의 곱을 계산하여 결정인자를 얻고 총합을 구한다. 결정인자의 총합을 비교하여 문제에 대한 최적 솔루션을 결정한다.

표 10.7은 선박이나 비행기의 탑승자가 다치지 않고 탈출하도록 하는 네 개의 대안을 MUST-WANT결정행렬로 비교하는 예를 나타낸 것이다. 이 분석에서는 다음 두 가지의 평가항목은 반드시 만족시켜야 하는 "MUSTS"항목으로 선정하였다.

- **탑승객의 생존과 관련된 요구사항은 모두 만족되어야 한다.**
- **설계는 경제적으로 실현 가능해야 한다.**

대안으로 제시된 문제 해결방안은 "구명동의(floatation device)", "안전 벨트(lifebelts)", "이스케이프포드(escape pods)", "컨버터크래프트(converta-craft)"이다. 대안들을 분석한 결과 "이스케이프 포드"는 경제성 면에서 "NO GO"인 것으로 결정되었다. 나머지 세 개의 대안들을 "WANTS"항목을 만족시키는 능력으로 평가한다. 표 10.7에서 보는 바와 같이 "컨버터크래프트"가 가장 높은 점수를 얻었다.

결정행렬을 사용하여 대안들을 분석할 때 대안 속에 내재되어 있을 수 있는 여러 가지 위험요소에 초점을 맞추지 않고 단순히 최적 솔루션을 확인하는 것으로 끝내 버리는 경우가 많다. 대안들을 평가할 때에는 반드시 잠재문제점분석을 수행하여 각 대안들에 대한 위험도를 비교·대조해야 한다. 이와 같은 작은 노력으로 대안을 실행한 다음에 발생할 수 있는 문제점을 예방할 수 있다.

표 10.7 구명방안에 대한 MUST-WANT결정행렬

		대안							
MUST항목		구명동의		안전벨트		이스케이프포드		컨버터크래프트	
생존요구사항		GO		GO		GO		GO	
경제성		GO		GO		NO GO		GO	
WANTS항목	가중치	등급	점수	등급	점수			등급	점수
간편성	5	9	45	2	10			5	25
환경적 안전	9	2	18	8	72			8	72
재사용성	7	3	21	9	63			9	63
기타	3	3	9	2	6			5	15
합 계			93		151				175

10.4.3 푸콘셉트선택법

푸콘셉트선택법[16](Pugh Concept Selection Process)은 1981년에 스튜어트 푸(Stuart Pugh)가 제안한 콘셉트 선택방법이다. 이 방법은 개발자들이 대안을 선택하거나 애초의 대안들을 더 개선한 콘셉트를 찾아가는데 효과적이다. 특히, 대안의 선정 결과로 나타날 수 있는 팀워크 문제를 발생시키지 않고 문제를 성공적으로 해결하는데 도움이 되는 것으로 알려져 있다.

대안들을 비교할 때 각 콘셉트가 갖고 있는 한 두 개의 강점이나 한 두 개의 약점에 초점을 맞추는 경향이 있다. 예를 들어, 어떤 자동차 설계는 공기역학적인 면에서 우수한 반면에 다른 설계는 제조비용면에서 매우 저렴하다는 강점을 갖고 있는 경우에 공기역학과 제조비용 외의 나머지의 다른 판단 기준이 무시되는 경우가 많다.

하나의 대안이 채택되면 나머지 대안들은 모두 기각된다. 그 결과 대안을 제시한 팀

16) S. Pugh, "Concept Selection — A method that works," Proc. I.C.E.D. Rome, WDK 5 Paper M3/16, 1981, pp.497-506.

원 중의 일부는 자신의 대안이 채택되어 승자가 되고 나머지는 전부 패자가 된다. 이와 같이 대안을 채택할 경우에는 적어도 두 가지의 문제점이 발생할 수 있다. 첫 번째는 기각된 대안이 갖고 있는 좋은 면들이 대안의 기각과 함께 모두 폐기된다는 것이고, 두 번째는 기각된 대안을 제시한 팀원들도 모두 채택된 대안의 성공을 위해 어쩔 수 없이 지원해야 한다는 것이다. 이 경우에 기각된 대안을 준비했던 팀원들은 채택된 대안에 대해서 잘 모를 뿐만 아니라 인간이 갖고 있는 본성 때문에 충분한 지원을 하기가 힘들어 진다.

푸콘셉트선택법은 대안의 선택과정에서 발생할 수 있는 이러한 문제들을 해결하는데 활용할 수 있는 방법으로 모든 대안의 가장 좋은 면이 최종으로 확정한 대안에 최대한 반영되도록 한다. 즉, 최종의 대안은 애초에 제시된 어떤 대안보다 더 나은 대안이 되

표 10.8 푸콘셉트선택프로세스

평가항목	기준콘셉트 자동차	트럭	스포츠카	비행기
반응시간 : 빠를수록 좋음		+	+	+
사용자 보전 : 적을수록 좋음		–	–	–
제조용이성 : 부품이 적을수록 좋음		S	–	–
서비스용이성 : 명확한 메시지일수록 좋음		+	+	–
위험도 : 오래된 기술일수독 좋음		–	–	–
제조 위험도 : 기성부품이 낞을수록 좋음		S	–	–
"+"의 개수		+2	+2	+1
"S"의 개수		S2	S0	S0
"-"의 개수		–2	–4	–5

도록 한다. 푸콘셉트선택법은 또한 팀의 구성원 전원이 최종의 대안을 발전시키는데 참여하게 되므로 최종안의 실행을 지원하는데 더 기꺼이 참여할 수 있도록 한다.

푸콘셉트선택법은 팀원 전원이 참여하여 논의과정을 거쳐서 최종안을 개발하는 프로세스로써 다음의 절차를 따른다. 그림 10.8은 푸콘셉트선택법의 예를 나타낸 것이다.

1. 초기 콘셉트 대안을 파악한다.

모든 콘셉트는 동일한 상세수준으로 기술한다. 이 단계의 콘셉트는 핵심 아이디어가 나타나는 수준에서 대략적으로 기술하면 충분하다.

각각의 콘셉트를 다이어그램, 그림, 혹은 카툰으로 나타낸다. 소프트웨어에 대한 콘셉트와 같이 표현이 어려운 경우도 있다. 이런 경우에는 콘셉트를 대표하는 핵심 단어를 제시한다. 이와 같은 방식으로 대안을 표현하면 팀원은 콘셉트를 한 번에 훑어보고 빠르게 핵심사항을 기억할 수 있게 된다.

2. 대안의 평가 항목을 만든다.

이 기준은 고객요구정보, 제품사양과 관련된 문서, 비즈니스 요구사항으로부터 얻을 수 있다. 각각의 평가항목에 대해서 클수록 좋은지(망대, larger the better), 작을수록 좋은지(망소, smaller the better), 목표값에 가까울수록 좋은지(망목, nominal the better)인지를 확인한다.

평가항목은 10개에서 20개 사이가 적절하다. 개발자들은 전형적으로 많은 평가항목들을 고려하게 된다. 그러나 콘셉트선택 프로세스에서는 모든 평가항목 보다는 핵심적인 평가항목이 더 중요하다. 핵심 평가항목은 AHP법(analytical hieraechy process)나 우선순위행렬법(prioritization matrix method) 를 사용하여 평가항목들의 우선순위를 매기고, 상위 10개에서 20개의 평가항목을 선택한다.

3. 평가항목과 대안의 수에 맞추어 표를 만들고, 맨 왼쪽 열에는 평가항목들을 기입한다.

표는 가능하면 크게 만들어 멀리서도 읽을 수 있도록 한다.

4. 최선의 콘셉트를 “기준 콘셉트(datum)”으로 지정하고, 기준 콘셉트의 다이어그램을 왼쪽 두 번째 열의 첫 번째 행에 둔다. 나머지 콘셉트의 다이어그램을 첫 번째 행의 왼쪽에서 오른쪽으로 기입한다.

5. 각 콘셉트를 기준콘셉트와 비교 · 평가한다.

첫 번째 평가항목에서 시작하여 현재의 콘셉트가 기준콘셉트보다 좋은지, 못한지, 동일한지에 대해서 질문한다. 팀의 판단이 해당 콘셉트가 더 우수하면 해당 셀에 “+”를 기입하고, 못하면 “-”, 거의 동일하면 “S”를 기입한다.

이 단계에서 “훨씬 좋음”과 “약간 좋음”을 구별하기 위해 고민할 필요는 없다. 측정이 가능하거나 비교 데이터가 존재하여 이를 기준으로 평가할 수도 있으나 팀원의 공학적 경험과 전문지식을 활용하여 평가하는 것으로 충분하다.

6. 모든 콘셉트를 기준콘셉트와 비교한 다음에 각 콘셉트의 아랫부분에 “+”, “–”, “S”의 개수를 기입한다.

모든 평가항목이 “+”인 콘셉트는 기준콘셉트를 능가하는 대안이다. 푸콘셉트선택법에서는 이러한 콘셉트를 개발하는 것이 목표이다.

7. 모든 평가항목이 “+”인 콘셉트를 개발한다.

“+”, “-”, “S”의 개수에 근거해서 목표로 하는 콘셉트를 개발하는 요리책 같은 규칙은 없다. 이와 같은 콘셉트를 개발하기 위해서는 다음 두 가지의 방법이 있다.

다른 콘셉트들에 대한 논의와 기록의 과정에서 제안되는 아이디어를 활용한다.

콘셉트들의 상대적인 강점과 약점을 관찰하고, 콘셉트들의 강점을 결합하여 새로운 콘셉트를 개발한다. 이 과정에서 “혼합과 조화(mix and match)”의 방법과 한 콘셉트의 특성을 다른 것과 교환하는 방법을 사용할 수 있다.

8. 기준콘셉트를 능가하는 새로운 콘셉트를 얻은 다음에는 새로운 콘셉트를 기준콘셉트로 하여 콘셉트 개발을 계속한다.

이 단계에서 잠깐의 휴식을 취한 후에 회의를 다시 소집하여 더 나은 새로운 콘셉트를 생성하는 것이 좋다. 언제까지 더 나은 콘셉트를 찾을 것인가는 팀이 가질 수 있는 시간과 노력의 한계에서 찾을 수 있다.

연습문제

10.1 귀하가 선택한 문제를 혁신상황질문지를 사용하여 구체적으로 정의하라.

10.2 귀하가 선택한 문제를 IWB를 사용하여 해결하라.

10.3 트리밍을 적용한 예를 조사하라.

10.4 현재 귀하가 갖고 있는 휴대전화 시스템에 대한 멀티스크린을 작성하라.

10.5 귀하의 현재 상태를 기준으로 멀티스크린을 작성하라.

부 록

A. 기술적 모순

B. 비즈니스모순표

C. 과학기술효과의 종류

D. 표준해

E. 자연계의 장

부록 A. 기술적모순표

	1. 움직이는 물체의 무게	2. 정지상태인 물체의 무게	3. 움직이는 물체의 길이	4. 정지상태인 물체의 길이	5. 움직이는 물체의 면적	6. 정지상태인 물체의 면적	7. 움직이는 물체의 길이	8. 정지상태인 물체의 길피	9. 속도	10. 힘/강도	11. 응력 또는 압력	12. 형상	13. 물체의 구성요소의 안전성
1. 움직이는 물체의 무게			15 8 29 34		29 17 38 34		29 2 40 28		2 8 15 38	8 10 18 37	10 36 37 40	10 14 35 40	1 35 19 39
2. 정지상태인 물체의 무게				10 1 29 35		35 30 13 2		5 35 14 2		8 10 19 35	13 29 10 18	13 10 29 14	26 39 1 40
3. 움직이는 물체의 길이	8 15 29 34				15 17 4		7 17 4 35		13 4 8	17 10 4	1 8 35	1 8 10 29	1 8 15 34
4. 정지상태인 물체의 길이		35 28 40 29				17 7 10 40		35 8 2 14		28 10	1 14 35	13 14 15 7	39 37 35
5. 움직이는 물체의 면적	2 17 29 4		14 15 18 4				7 14 17 4		29 30 4 34	19 30 35 2	10 15 36 28	5 34 29 4	11 2 13 39
6. 정지상태인 물체의 면적		30 2 14 18		26 7 9 39						1 18 35 36	10 15 36 37		2 38
7. 움직이는 물체의 부피	2 26 29 40		1 7 35 4		1 7 4 17				29 4 38 34	15 35 36 37	6 35 36 37	1 15 29 4	28 10 1 39
8. 정지상태인 물체의 부피		35 10 19 14	19 14	35 8 2 14						2 18 37	24 35	7 2 35	34 28 35 40
9. 속도	2 28 13 38		13 14 8		29 30 34		7 29 34			13 28 15 19	6 18 38 40	35 15 18 34	28 33 1 18
10. 힘/강도	8 1 37 40	18 13 1 28	17 19 9 36	28 10	19 10 15	1 18 36 37	15 9 12 37	2 36 18 37	13 28 15 12		18 21 11	10 35 40 34	35 10 21
11. 응력 또는 압력	10 36 37 40	13 29 10 18	35 10 36	35 1 14 16	10 15 36 28	10 15 36 37	6 35 10	35 24	6 35 36	36 35 21		35 4 15 10	35 33 2 40
12. 형상	8 10 29 40	15 10 26 3	29 34 5 4	13 14 10 7	5 34 4 10		14 4 15 22	7 2 35	35 15 34 18	35 10 37 40	34 15 10 14		33 1 18 4
13. 물체의 구성요소의 안정성	21 35 2 39	26 39 1 40	13 15 1 28	37	2 11 13	39	28 10 29 39	34 28 35 40	33 15 28 18	10 35 21 16	2 35 40	22 1 18 4	
14. 내구력	1 8 40 15	40 26 27 1	1 15 8 35	15 14 28 26	3 34 40 29	9 40 28	10 15 14 7	9 14 17 15	8 13 26 14	10 18 3 14	10 3 18 40	10 30 35 40	13 17 35
15. 움직이는 물체의 작용 지속시간	19 5 34 31		2 19 9		3 17 19		10 2 19 30		3 35 5	19 2 16	19 3 27	14 26 28 25	13 3 35
16. 정지 물체의 작용 지속시간		6 27 19 16		1 40 35				35 34 38					39 3 35 23
17. 온도	36 22 6 38	22 35 32	15 19 9	15 19 9	3 35 39 18	35 38	34 39 40 18	35 6 4	2 28 36 30	35 10 3 21	35 39 19 2	14 22 19 32	1 35 32
18. 조도	19 1 32	2 35 32	19 32 16		19 32 26		2 13 10		10 13 19	26 19 6		32 30	32 3 27
19. 움직이는 물체에 의한 에너지 이용	12 18 28 31		12 28		15 19 25		35 13 18		8 15 35	16 26 21 2	23 14 25	12 2 29	19 13 17 24
20. 정지 물체에 의한 에너지 이용		19 9 6 27								36 37			27 4 29 18

	14. 내구력	15. 움직이는 물체의 작용지속시간	16. 정지물체의 작용지속시간	17. 온도	18. 조도	19. 움직이는 물체에 의한 에너지 이용	20. 정지물체에 의한 에너지 이용	21. 동력	22. 에너지 손실	23. 물질의 손실	24. 정보의 손실	25. 시간손실	26. 물질의 양
1. 움직이는 물체의 무게	28 27 18 40	5 34 31 35		6 29 4 38	19 1 32	25 12 34 31		13 36 18 31	6 2 34 19	5 35 3 31	10 24 35	10 35 20 28	3 26 18 31
2. 정지상태인 물체의 무게	28 2 10 27		2 27 19 6	28 19 32 22	35 19 35		18 19 28 1	15 19 18 22	18 19 28 25	5 8 13 30	10 15 35	10 20 35 26	19 6 18 26
3. 움직이는 물체의 길이	8 35 29 34	19		10 15 19	32	8 35 24		1 35	7 2 35 39	4 29 23 10	1 24	15 2 29	29 35
4. 정지상태인 물체의 길이	15 14 28 26		1 40 35	3 35 38 18	3 25			12 8	6 28	10 28 24 35	24 26	30 29 14	
5. 움직이는 물체의 면적	3 15 40 14	6 3		2 15 16	15 32 19 13	19 32		19 10 32 18	15 17 30 26	10 35 2 39	30 26	26 4	29 30 6 13
6. 정지상태인 물체의 면적	40		2 10 19 30	35 39 38				17 32	17 7 30	10 14 18 39	30 16	10 35 4 18	2 18 40 4
7. 움직이는 물체의 부피	9 14 15 7	6 35 4		34 39 10 18	10 13 2	35		35 6 13 18	7 15 13 16	36 39 34 10	2 22	2 6 34 10	29 30 7
8. 정지상태인 물체의 부피	9 14 17 15		35 34 38	35 6 4				30 6		10 39 35 34		35 16 32 18	35 3
9. 속도	8 3 2614	3 19 35 5		28 30 36 2	10 13 19	8 15 35 38		19 35 38 2	14 20 19 35	10 13 28 38	13 26		10 19 28 38
10. 힘/강도	35 10 14 27	19 2		35 10 21		19 17 10	1 16 36 37	19 35 18 37	14 15	8 35 40 5		10 37 36	14 29 18 36
11. 응력 또는 압력	9 18 3 40	19 3 27		35 39 19 2		14 24 10 37		10 35 14	2 36 25	10 36 3 37		37 36 4	10 14 36
12. 형상	30 14 10 40	14 26 9 25		22 14 19 32	13 15 32	2 6 34 14		4 6 2	14	35 29 3 5		14 10 34 17	36 22
13. 물체의 구성요소의 안정성	17 9 15	13 27 10 35	39 3 35 23	35 1 32	32 3 27 15	13 19	27 4 29 18	32 35 27 31	14 2 39 6	2 14 30 40		35 27	15 32 35
14. 내구력		27 3 26		30 10 40	35 19	19 35 10	35	10 26 35 28	35	35 28 31 40		29 3 28 10	29 10 27
15. 움직이는 물체의 작용 지속시간	27 3 10			19 35 39	2 19 4 35	28 6 35 18		19 10 35 38		28 27 3 18	10	20 10 28 18	3 35 10 40
16. 정지 물체의 작용 지속시간				19 18 36 40				16		27 16 18 38	10	28 20 10 16	3 35 31
17. 온도	10 30 22 40	19 3 39	19 18 36 40		32 30 21 16	19 15 3 17		2 14 17 25	21 17 35 38	21 36 29 31		35 28 21 18	3 17 30 39
18. 조도	35 19	2 19 6		32 35 19		32 1 19	32 35 1 15	32	19 16 1 6	13 1	16	19 1 26 17	1 19
19. 움직이는 물체에 의한 에너지 이용	5 19 9 35	28 35 6 18		19 24 3 14	2 15 19			6 19 37 18	12 22 15 24	35 24 18 5		35 38 19 18	34 23 16 18
20. 정지 물체에 의한 에너지 이용	35				19 2 35 32					28 27 18 31			3 35 31

	27. 신뢰성	28. 측정의 정확도	29. 제조의 정밀도	30. 물체가 영향받는 유해한 인자	31. 물체 생성한 유해한 인자	32. 제조의 편이성	33. 동작의 편이성	34. 유지보수의 편이성	35. 적응성 또는 다양성	36. 장치의 복잡성	37. 감지 및 측정의 난이성	38. 자동화의 정도	39. 생산성
1. 움직이는 물체의 무게	3 11 1 27	28 27 35 26	28 35 26 18	22 21 18 27	22 35 31 39	27 38 1 36	35 3 2 24	2 27 28 11	29 5 15 8	26 30 36 34	28 29 26 32	26 35 18 19	35 3 24 37
2. 정지상태인 물체의 무게	10 28 8 3	18 26 28	10 1 35 17	2 19 22 37	35 22 1 39	28 1 9	6 13 1 32	2 27 28 11	19 15 29	1 10 26 39	25 28 17 15	2 26 35	1 28 15 35
3. 움직이는 물체의 길이	10 14 29 40	28 32 4	10 28 29 37	1 15 17 24	17 15	1 29 17	15 29 35 4	1 28 10	14 15 1 16	1 19 26 24	35 1 26 24	17 24 26 16	14 4 28 29
4. 정지상태인 물체의 길이	15 29 28	32 28 3	2 32 10	1 18		15 17 27	2 25	3	1 35	1 26	26		30 14 7 26
5. 움직이는 물체의 면적	29 9	26 28 32 3	2 32	22 33 28 1	17 2 18 39	13 1 26 24	15 17 13 16	15 13 10 1	15 30	14 1 13	2 36 26 18	14 30 28 23	10 26 34 2
6. 정지상태인 물체의 면적	32 35 40 4	26 28 32 3	2 29 18 36	27 2 39 35	22 1 40	40 16	16 4	16	15 29	1 18 36	2 35 30 18	23	10 15 17 7
7. 움직이는 물체의 부피	14 1 40 11	25 26 28	25 28 2 16	22 21 27 35	17 2 40 1	29 1 40	15 13 30 12	10		26 1	29 26 4	35 34 16 24	10 6 2 34
8. 정지상태인 물체의 부피	2 35 16		35 10 25	34 39 19 27	30 18 35 4	35		1	15 10 26	1 31	3 34 27 16		35 37 10 2
9. 속도	11 35 27 28	28 35 1 24	10 28 32 25	1 28 35 23	2 24 35 21	35 13 8 1	32 28 13 12	34 2 28 27	15 17 18 20	10 28 4 34	36 37 10 19	10 18	
10. 힘/강도	3 35 13 21	35 10 23 24	28 29 37 36	1 35 40 18	13 3 36 24	15 37 18 1	1 28 3 25	15 1 11	35	26 35 10 18	2 36 37	2 35	3 28 35 37
11. 응력 또는 압력	10 13 19 35	6 28 25	3 35	22 2 37	2 33 27 18	1 35 16	11	2	1 15 29	19 1 35	15 13 39	35 24	10 14 35 37
12. 형상	10 40 16	28 32 1	32 30 40	22 1 2 35	35 1	1 32 17 28	32 15 26	2 13 1	35 30 34 2	16 29 1 28	35 22 39 23	15 1 32	17 26 34 10
13. 물체의 구성요소의 안정성		13	18	35 24 18 30	35 40 27 39	35 19	32 35 30	12 15 10 16	15 32 3	2 35 22 26	27 3 15 40	1 8 35	23 35 40 3
14. 내구력	11 3	3 27 16	3 27	18 35 37 1	15 35 22 2	11 3 10 32	32 40 28 2	27 11 3	1 35 13	2 13 28	19 29 39 35	15	29 35 10 14
15. 움직이는 물체의 작용 지속시간	11 2 13	3	3 27 16 40	22 15 33 28	21 39 16 22	27 1 4	12 27	29 10 27	2	10 4 29 35	25 14 6 35	6 10	35 17 14 19
16. 정지 물체의 작용 지속시간	34 27 6 40	10 26 24		17 1 40 33	22	35 10	1	1	2 18 27		3 27 35 31	1	20 10 16 38
17. 온도	19 35 3 10	32 19 14	24	22 33 35 2	22 35 2 24	26 27	26 27	4 10 16	15 1 19	12 17 16	32 15	26 2 19 16	15 28 35
18. 조도		11 15 32	3 32	15 19	35 19 32 39	19 35 28 26	28 26 19	15 17 13 16	15 17 13 16	6 32 13	35 38	2 26 10	2 25 16
19. 움직이는 물체에 의한 에너지 이용	19 21 11 27	3 1 32		1 35 6 27	2 35 6	28 26 30	19 35	1 15 17 28		2 29 27 28	19 35 16 25	32 2	12 28 35
20. 정지 물체에 의한 에너지 이용	10 36 23			10 2 22 37	19 22 18	1 4							1 6

	1. 움직이는 물체의 무게	2. 정지상태인 물체의 무게	3. 움직이는 물체의 길이	4. 정지상태인 물체의 길이	5. 움직이는 물체의 면적	6. 정지상태인 물체의 면적	7. 움직이는 물체의 길이	8. 정지상태인 물체의 길피	9. 속도	10. 힘/강도	11. 응력 또는 압력	12. 형상	13. 물체의 구성 요소의 안정성
21. 동력	8 36 38 31	19 26 17 27	1 10 35 37		19 38	17 32 13 38	35 6 38	30 6 25	15 35 2	26 2 36 35	22 10 35	29 14 2 40	35 32 15 31
22. 에너지 손실	15 6 19 28	19 6 18 9	7 2 6 13	6 38 7	15 26 17 30	17 7 30 18	7 18 23	7	16 35 38	36 38			14 2 39 6
23. 물질의 손실	35 6 23 40	35 6 22 32	14 29 10 39	10 28 24	35 2 10 31	10 18 39 31	1 29 30 36	3 39 18 31	10 13 28 38	14 15 18 40	3 36 37 10	29 35 3 5	2 14 30 40
24. 정보의 손실	10 24 35	10 35 5	1 26	26	30 26	30 16		2 22	26 32				
25. 시간 손실	10 20 37 35	10 20 26 5	15 2 29	30 24 14 5	26 4 5 16	10 35 17 4	2 5 34 10	35 16 32 18		10 37 36 5	36 37 4	4 10 34 17	35 3 22 5
26. 물질의 양	35 6 18 31	27 26 18 35	29 14 35 18		15 14 29	2 18 40 4	15 20 29		35 29 34 28	35 14 3	10 35 14 3	35 14	15 2 17 40
27. 신뢰성	3 8 10 40	3 10 8 28	15 9 14 4	15 29 28 11	17 10 14 16	32 35 40 4	3 10 14 24	2 35 24	21 35 11 28	8 28 10 3	10 24 35 19	35 1 16 11	
28. 측정의 정확도	32 35 26 28	28 35 25 26	28 26 5 16	32 28 3 16	26 28 32 3	26 28 32 3	32 13 6		28 13 32 24	32 2	6 28 32	6 28 32	32 35 13
29. 제조의 정밀도	28 32 13 18	28 35 27 9	10 28 29 37	2 32 10	28 33 29 32	2 29 18 36	32 28 2	25 10 35	10 28 32	28 19 34 36	3 35	32 30 40	30 18
30. 체가 영향 받는 유해한 인자	22 21 27 39	2 22 13 24	17 1 39 4	1 18	22 1 33 28	27 2 39 35	22 23 37 35	34 39 19 27	21 22 35 28	13 35 39 18	22 2 37	22 1 3 35	35 24
31. 물체가 생성한 유해한 인자	19 22 15 39	35 22 1 39	17 15 16 22		17 2 18 39	22 1 40	17 2 40	30 18 35 4	35 28 3 23	35 28 1 40	2 33 27 18	35 1	35 40 27 39
32. 제조의 편이성	28 29 15 16	1 27 36 13	1 29 13 17	15 17 27	13 1 26 12	16 40	13 29 1 40	35	35 13 8 1	35 12	35 19 1 37	1 28 13 27	11 13 1
33. 동작의 편이성	25 2 13 15	6 13 1 25	1 17 13 12		1 17 13 16	18 16 15 39	1 16 35 15	4 18 39 32	18 13 34	28 13 35	2 32 12	15 34 29 28	32 35 30
34. 유지보수의 편이성	2 27 35 11	2 27 35 11	1 28 10 25	3 18 31	15 13 32	16 25	25 2 35 11	1	34 9	1 11 10	13	1 13 2 4	2 35
35. 적응성 또는 다양성	1 6 15 8	19 15 29 16	35 1 29 2	1 35 16	35 30 29 7	15 16	15 35 29		35 10 14	15 17 20	35 16	15 37 1 8	35 30 14
36. 장치의 복잡성	26 30 34 36	2 26 35 39	1 19 26 24	26	14 1 13 16	6 36	34 26 6	1 16	34 10 28	26 16	19 1 35	29 13 28 15	2 22 17 19
37. 감지 및 측정의 난이성	27 26 28 13	6 13 28 1	16 17 26 24	26	2 13 18 17	2 39 30 16	29 1 4 16	2 18 26 31	3 4 16 35	36 28 40 19	35 36 37 32	27 13 1 39	11 22 39 30
38. 자동화의 정도	28 26 18 35	28 26 35 10	14 13 28 17	23	17 14 13		35 13 16		28 10	2 35	13 35	15 32 1 13	18 1
39. 생산성	35 26 24 37	28 27 15 3	18 4 28 38	30 14 26 7	10 26 34 31	10 35 17 7	2 6 34 10	35 37 10 2		28 15 10 36	10 37 14	14 10 34 40	35 3 22 39

	14. 내구력	15. 움직이는 물체의 작용지속시간	16. 정지물체의 작용지속시간	17. 온도	18. 조도	19. 움직이는 물체에 의한 에너지이용	20. 정지물체에 의한 에너지이용	21. 동력	22. 에너지 손실	23. 물질의 손실	24. 정보의 손실	25. 시간 손실	26. 물질의 양
21. 동력	26 10 28	19 35 10 38	16	2 14 17 25	16 6 19	16 6 19 37			10 35 38	28 27 18 38	10 19	35 20 10 6	4 34 19
22. 에너지 손실	26			19 38 7	1 13 32 15			3 38		35 27 2 37	19 10	10 18 32 7	7 18 25
23. 물질의 손실	35 28 31 40	28 27 3 18	27 16 18 38	21 36 39 31	1 6 13	35 18 24 5	28 27 12 31	28 27 18 38	35 27 2 31			15 18 35 10	6 3 10 24
24. 정보의 손실		10	10		19			10 19	19 10			24 26 28 32	24 28 35
25. 시간 손실	29 3 28 18	20 10 28 18	28 20 10 16	35 29 21 18	1 19 26 17	35 38 19 18	1	35 20 10 6	10 5 18 32	35 18 10 39	24 26 28 32		35 38 18 16
26. 물질의 양	14 35 34 10	3 35 10 40	3 35 31	3 17 39		34 29 16 18	3 35 31	35	7 18 25	6 3 10 24	24 28 35	35 38 18 16	
27. 신뢰성	11 28	2 35 3 25	34 27 6 40	3 35 10	11 32 13	21 17 27 19	36 23	21 11 26 31	10 11 35	10 35 29 39	10 28	10 30 4	21 28 40 3
28. 측정의 정확도	28 6 32	28 6 32	10 26 24	6 19 28 24	6 1 32	3 6 32		3 6 32	26 32 27	10 16 31 28		24 34 28 32	2 6 32
29. 제조의 정밀도	3 27	3 27 40		19 36	3 32	32 2		32 2	13 32 2	35 31 10 24		32 26 28 18	32 30
30. 체가 영향 받는 유해한 인자	18 35 37 1	22 15 33 28	17 1 40 33	22 33 35 2	1 19 32 13	1 24 6 27	10 2 22 37	19 22 31 2	21 22 35 2	33 22 19 40	22 10 2	35 18 34	35 33 29 31
31. 물체가 생성한 유해한 인자	15 35 22 2	15 22 33 31	21 39 16 22	22 35 2 24	19 24 39 32	2 35 6	19 22 18	2 35 18	21 35 22 2	10 1 34	10 21 29	1 22	3 24 39 1
32. 제조의 편이성	1 3 10 32	27 1 4	35 16	27 26 18	28 24 27 1	28 26 27 1	1 4	27 1 12 24	19 35	15 34 33	32 24 18 26	35 28 34 4	35 23 1 24
33. 동작의 편이성	32 40 3 28	29 3 8 25	1 16 25	26 27 13	13 17 1 24	1 13 24		35 34 2 10	2 19 13	28 32 2 24	4 10 27 22	4 28 10 34	12 35
34. 유지보수의 편이성	1 11 2 9	11 29 28 27	1	4 10	15 1 13	15 1 28 16		15 10 32 2	15 1 32 19	2 35 34 27		32 1 10 25	2 28 10 25
35. 적응성 또는 다양성	35 3 32 6	13 1 35	2 16	27 2 3 35	6 22 26 1	19 35 29 13		19 1 29	18 15 1	15 10 2 13		35 28	3 35 15
36. 장치의 복잡성	2 13 28	10 4 28 15		2 17 13	24 17 13	27 2 29 28		20 19 30 34	10 35 13 2	35 10 28 29		6 29	13 3 27 10
37. 감지 및 측정의 난이성	27 3 15 28	19 29 25 39	25 34 6 35	3 27 35 16	2 24 26	35 38	19 35 16	19 1 16 10	35 3 15 19	1 18 10 24	35 33 27 22	18 28 32 9	3 27 29 18
38. 자동화의 정도	25 13	6 9		26 2 19	8 32 19	2 32 13		28 2 27	23 28	35 10 18 5	35 33	24 28 35 30	35 13
39. 생산성	29 28 10 18	35 10 2 18	20 10 16 38	35 21 28 10	26 17 19 1	35 10 38 19	1	35 20 10	28 10 29 35	28 10 35 23	13 1 5 23		35 38

	27. 신뢰성	28. 측정의 정확도	29. 제조의 정밀도	30. 물체가 영향받는 유해한 인자	31. 물체가 생성한 유해한 인자	32. 제조의 편이성	33. 동작의 편이성	34. 유지보수의 편이성	35. 적응성 또는 다양성	36. 장치의 복잡성	37. 감지 및 측정의 난이성	38. 자동화의 정도	39. 생산성
21. 동력	19 24 26 31	32 15 2	32 2	19 22 31 2	2 35 18	26 10 34	26 35 10	35 2 10 34	19 17 34	20 19 30 34	19 35 16	28 2 17	28 35 34
22. 에너지 손실	11 10 35	32		21 22 35 2	21 35 2 22		35 32 1	2 19		7 23	35 3 15 23	2	28 10 29 35
23. 물질의 손실	10 29 39 35	16 34 31 28	35 10 24 31	33 22 30 40	10 1 34 29	15 34 33	32 28 2 24	2 35 34 27	15 10 2	35 10 28 24	35 18 10 13	35 10 18	28 35 10 23
24. 정보의 손실	10 28 23			22 10 1	10 21 22	32	27 22				35 33	35	13 23 15
25. 시간 손실	10 30 4	24 34 28 32	24 26 28 18	35 18 34	35 22 18 39	35 28 34 4	4 28 10 34	32 1 10	35 28	6 29	18 28 32 10	24 28 35 30	
26. 물질의 양	18 3 28 40	3 2 28	33 30	35 33 29 31	3 35 40 39	29 1 35 27	35 29 10 29	2 32 10 25	15 3 29	3 13 27 10	3 27 29 18	8 35	13 29 3 27
27. 신뢰성		32 3 11 23	11 32 1	27 35 2 40	35 2 40 26		27 17 40	1 11	13 35 8 24	13 35 1	27 40 28	11 13 27	1 35 29 38
28. 측정의 정확도	5 11 1 23			28 24 22 26	3 33 39 10	6 35 25 18	1 13 17 34	1 32 13 11	13 35 2	27 35 10 34	26 24 32 28	28 2 10 34	10 34 28 32
29. 제조의 정밀도	11 32 1			26 28 10 36	4 17 34 26		1 32 35 23	25 10		26 2 18		26 28 18 23	10 18 32 39
30. 체가 영향 받는 유해한 인자	27 24 2 40	28 33 23 26	26 28 10 18			24 35 2	2 25 28 39	35 10 2	35 11 22 31	22 19 29 40	23 19 29 40	33 3 34	22 31 13 24
31. 물체가 생성한 유해한 인자	24 2 40 39	3 33 26	4 17 34 26							19 1 31	2 21 27 1	2	22 35 18 39
32. 제조의 편이성		1 35 12 18		24 2			2 5 13 16	35 1 11 9	2 13 15	27 26 1	6 28 11 1	8 28 1	35 1 10 28
33. 동작의 편이성	17 27 8 40	25 13 2 34	1 32 35 23	2 25 28 39		2 5 12		12 26 1 32	15 34 1 16	32 25 12 17		1 34 12 3	15 1 28
34. 유지보수의 편이성	11 10 1 16	10 2 13	25 10	35 10 2 16		1 35 11 10	1 12 26 15		7 1 4 16	35 1 13 11		34 35 7 13	1 32 10
35. 적응성 또는 다양성	35 13 8 24	35 3 1 10		35 11 32 31		1 13 31	15 34 1 16	1 16 7 4		15 29 37 28	1	27 34 35	35 28 6 37
36. 장치의 복잡성	13 35 1	2 26 10 34	26 24 32	22 19 29 40	19 1	27 26 1 13	27 9 26 24	1 13	29 15 28 37		15 10 37 28	15 1 24	12 17 28
37. 감지 및 측정의 난이성	27 40 28 8	26 24 32 28		22 19 29 28	2 21	5 28 11 29	2 5	12 26	1 15	15 10 37 28		34 21	35 18
38. 자동화의 정도	11 27 32	28 26 10 34	28 26 18 23	2 33	2	1 26 13	1 12 34 3	1 35 13	27 4 1 35	15 24 10	34 27 25		5 12 35 26
39. 생산성	1 35 10 38	1 10 34 28	32 1 18 10	22 35 23 24	35 22 18 39	35 28 2 24	1 28 7 19	1 32 10 25	1 35 28 37	12 17 28 24	35 18 27 2	5 12 35 26	

부록 B. 비즈니스모순표

	1. R&D 명세, 역량, 방법	2. R&D 비용	3. R&D 시간	4. R&D 위험도	5. R&D 인터페이스	6. 생산 명세, 역량, 방법	7. 생산 비용	8. 생산 시간
1. R&D 명세, 역량, 방법		2 4 15 38	21 38 35 23 15	3 9 24 23 36 11	3 13 24 33 38 25	23 29 35 4 13 5	2 26 29 40	35 6 10 2 20
2. R&D 비용	2 4 15 38		26 9 34 1 10 3	27 9 34 16 37	13 26 35 10 1	26 35 1 7 27 34 3	26 35 1 7 27 34 3	10 2 6 15
3. R&D 시간	21 38 35 23 15	26 34 1 10 3		1 29 10 40 11	15 25 35 1 40	5 6 20 35 2	5 29 35 2	7 26 10 15 3
4. R&D 위험도	3 9 24 23 36 11	27 9 34 16 37	1 29 10 40 11		6 29 15 14 17 25	24 35 10 3 13 11	5 35 40 23 1 12	5 40 20 15
5. R&D 인터페이스	3 13 24 33 38 25	13 26 35 10 1	15 25 35 1 40	6 29 15 14 17 25		5 6 17 40 33 10 26	15 23 29 5 13	15 40 23 3 24 13
6. 생산 명세, 역량, 방법	23 29 35 4 13 5	5 2 27 1	5 6 20 35 2	24 25 10 3 13 11	5 6 17 40 33 10 26		15 25 3 10 5 8	1 35 21 15 4 10
7. 생산 비용	2 26 29 40	26 35 1 7 27 34 3	5 29 35 2	5 35 40 23 1 12	15 23 29 5 13	15 25 3 10 5 8		1 24 29 10 27 3 14
8. 생산 시간	35 6 10 2 20	10 2 6 15	7 26 10 15 3	5 40 20 15	15 40 23 3 24 23	1 35 21 15 4 10	1 24 29 10 27 3 14	
9. 생산 위험도	3 5 10 2 23 12	6 7 23 26 13	6 15 7 37 13 9	11 23 39 7 9 33	7 5 3 37 10	6 27 35 22 12 37	26 10 1 3 25 12	10 27 15 6 3 22 29
10. 생산 인터페이스	5 7 37 1 4	15 35 10 25 24	25 23 35 29 2 13	7 3 17 23 24	28 40 6 29 13 31 30	3 25 17 35 12 13	26 1 37 25 2 28	10 15 38 20 27 6 3
11. 공급 명세, 역량, 방법	6 2 35 25 3	23 6 11 28	11 6 23 19 18 2	5 35 13 26 6	6 35 15 13 14	7 13 22 6 35	5 2 30 35 17 8 25	5 17 16 3 10
12. 공급 비용	15 6 1 5 13	10 5 35	5 13 23 25	1 11 2 34	2 33 3 15 10	15 35 13 22	5 35 31 2 17 24	5 2 35 13 25
13. 공급 시간	21 35 2 39	10 19 35 22	10 25 7 2	1 2 11 38 15	5 2 35 10 12	35 5 13 22	2 35 24 10 13 5	3 10 23 40 13 4
14. 공급 위험도	11 39 30 31	11 13 2 16	23 7 29 2 24 37	13 22 25 9 35 26	5 35 13 40 39	15 16 3 2 24 6	2 13 10 26 29	13 2 35 10 24
15. 공급 인터페이스	11 26 2 5 13	10 38 13	11 7 40 38 24 2	13 22 25 9 35 26	28 40 6 15 29	10 25 3 33	12 3 35 5 10 7	23 12 3 24 13 7

	9. 생산 위험도	10. 생산 인터 페이스	11. 공급 명세, 역량, 방법	12. 공급 비용	13. 공급 시간	14. 공급 위험도	15. 공급 인터 페이스	16. 지원 명세, 역량, 방법
1. R&D 명세, 역량, 방법	3 5 10 2 23 12	5 7 37 1 4	6 2 35 25 3	15 6 1 5 13	21 35 2 39	11 39 30 31	11 26 2 5 13	36 11 2 35 27
2. R&D 비용	6 7 23 26 13	15 35 10 25 24	23 6 11 28	10 5 35	10 19 35 22	11 13 2 16	10 38 13	27 6 1 10
3. R&D 시간	6 15 7 37 13 9	25 23 35 29 2 13	11 6 23 19 18 2	5 13 23 25	10 25 7 2	23 7 29 2 24 37	11 7 40 38 24 2	6 10 3 35 20
4. R&D 위험도	11 23 39 7 9 33	7 3 17 23 24	5 35 13 26 6	1 11 2 34	1 2 11 38 15	13 22 25 9 35 26	35 13 22 25 9 26	6 1 26 37 15
5. R&D 인터페이스	7 5 3 37 10	28 40 6 29 13 31 30	6 35 15 13 14	2 33 3 15 10	5 2 35 10 12	5 35 13 40 3 9	28 40 6 15 29	6 1 3 35 21 12
6. 생산 명세, 역량, 방법	6 27 35 22 12 37	3 25 17 35 12 13	7 13 22 6 35	15 35 13 22	35 3 13 22	15 16 3 2 24 6	10 25 3 33	35 23 1 24
7. 생산 비용	26 10 1 3 25 12	26 1 37 25 2 28	5 2 30 35 17 8 25	5 35 31 2 17 24	2 35 24 10 13 5	2 13 10 26 29	12 3 35 5 10 7	1 35 10 29 27
8. 생산 시간	10 27 15 6 3 22 29	10 15 38 20 27 6 3	5 17 16 3 1 0	5 2 35 13 25	3 10 23 40 13 4	13 2 35 10 24	23 12 3 24 13 7	1 35 10 38 28 25 13
9. 생산 위험도		5 6 23 20 7 10 25	5 25 3 35 2 10	5 35 23 25 2	13 22 25 1 10	5 26 35 2 25	5 10 40 2 4 25	13 35 2 15 24
10. 생산 인터페이스	5 6 23 20 7 10 25		6 2 3 7 40 10	5 30 10 15 2 12	5 35 6 13 17 10 24	23 33 5 26 2	33 5 2 26 10	23 11 40 2 32 29
11. 공급 명세, 역량, 방법	5 25 3 35 2 10	6 2 37 40 10		7 35 19 1 10 29	35 1 13 2 24	7 8 11 10 24 12 25	6 30 15 40 12 2	11 23 35 1 29 17
12. 공급 비용	5 35 23 25 2	5 30 10 5 2 12	7 35 19 1 10 29		3 24 38 10 19	27 3 19 24 8	1 28 6 38 4	35 24 5 13 27 17
13. 공급 시간	13 22 25 1 10	5 35 6 13 17 10 24	35 1 13 2 24	3 24 38 10 19		10 29 15 13 2 3	5 19 3 15 10 18	25 10 29 19 4
14. 공급 위험도	5 26 3 5 2 25	23 33 5 26 2	7 8 11 10 24 12 25	27 3 19 24 8	10 29 15 13 2 3		5 10 25 37 2 14 38	1 35 6 24 25
15. 공급 인터페이스	5 10 40 2 4 25	33 5 2 26 10	6 30 15 40 12 2	1 28 6 38 4	5 19 3 15 10 18	5 10 25 37 2 14 38		10 31 24 35 3

	17. 지원 비용	18. 지원 시간	19. 지원 위험도	20. 지원 인터페이스	21. 고객 수익, 요구, 피드백	22. 정보의 양	23. 커뮤니케이션 흐름	24. 시스템에 영향을 주는 유해인자
1. R&D 명세, 역량, 방법	15 35 28 25 29	5 2 6 27 25	15 27 40 12 27	11 2 5 9 26	14 13 22 7 10	37 13 25 10 39	6 25 31 29 7 23	11 25 2 26 3
2. R&D 비용	6 1 25 10 27	6 1 25 10 27	10 25 22 2	6 10 1 7 20	7 25 30 21 10 9 2	37 25 28 2 32	6 18 37 13 25 22	35 27 3 28 2
3. R&D 시간	7 15 40 26 5	7 40 1 26 15	23 24 2 37 7	6 10 26 24 2 38	7 19 21 29 30	7 2 37 20 25	6 26 18 19 40	26 2 35 24 11
4. R&D 위험도	11 7 28 35	1 2 32 28 7	40 36 6 10 26 13	6 10 7 26 13	36 13 25 22 37 3	1 3 10 26 25 4 37	30 6 31 4 9 13 22	35 2 15 26 3
5. R&D 인터페이스	6 7 40 38 13	6 38 20 10 37	5 35 40 13	28 40 6 7 30	4 7 25 40 13 35 28	1 6 3 40 25	2 6 35 3 25 18	3 26 35 28 24
6. 생산 명세, 역량, 방법	13 10 17 2 27 34	5 6 10 12 27 25	6 10 2 27 12	6 40 10 2 7	5 15 35 25 33	13 32 15 23 24 18 16	6 2 13 25 10	22 24 35 13 24 2
7. 생산 비용	3 2 35 10 27	27 3 10 25 24	10 25 27 3 35	10 35 7 24 25	7 13 1 24 25	26 27 25 34 37	6 35 37 18	2 35 5 34 15
8. 생산 시간	3 13 25 5 35	35 25 5 4 19	35 29 13 25 2 31	13 9 26 23 7	13 1 37 17 31 29	13 15 23 25 3 37	2 37 18 19 25	22 35 3 13 24
9. 생산 위험도	3 35 19 24	24 14 13 35 2	7 5 3 10 25	5 35 33 7 25 10	13 22 7 13 24 39	5 25 3 37 32 26 13	25 38 3 26 10 13	35 2 26 34 25
10. 생산 인터페이스	23 10 3 13 22	23 13 10 1 2	10 14 2 25 29	40 33 6 10 26 2	7 5 10 40 4 2 25	2 37 4 13 37 25	2 28 3 37 32 25 10	3 26 35 28 10
11. 공급 명세, 역량, 방법	23 11 2 6 26	23 11 26 2 7	11 23 24 2 9 17	23 11 2 25 35 32	10 3 25 5 15	13 4 28 37 17 7	5 25 23 10 35 28	13 17 29 2 35 15
12. 공급 비용	27 5 35 25 10 2	10 27 30 35 2 5	10 12 2 27 7 5	10 24 25 1 6	2 35 13 25 26 16	28 35 2 37 34 7	35 6 1 27 25 12 28	11 35 2 12 31 30
13. 공급 시간	25 27 10 2	27 2 13 35 10	10 25 35 6 13	24 5 35 25 7 10	35 13 25 1 22 26	28 2 37 32 35 7	6 31 25 35 37 16	35 3 29 2 10 12
14. 공급 위험도	19 20 5 27 2	2 27 10 5 25	24 25 10 7 1	5 35 2 13 19	25 22 2 35 10 17	5 37 15 6 32	6 16 13 35 7 2	2 13 35 31 24 12
15. 공급 인터페이스	5 10 26 1 13 25	29 30 2 25 5 32	5 25 10 9 2 35	5 6 38 40 25 10	13 25 39 24 7 17	3 6 37 28 32 35	2 3 13 4 12 25	3 35 13 14 39

	25. 시스템이 생성한 유해인자	26. 편리성	27 적응성 과 다능성	28. 시스템 복잡성	29. 통제 복잡성	30. 긴장/ 스트레스	31. 착실성
1. R&D 명세, 역량, 방법	25 29 2 37 13	15 35 25 16 28	30 25 29 1 35	17 25 1 19 35	25 15 19 35	3 2 25 35 9	25 2 15 36 29
2. R&D 비용	28 26 2 22 8 35	25 2 35 1 29	35 28 19 1 8	5 2 35 1 29	25 19 35 27 2 18	1 19 35 27 2 18	11 25 27 15 2
3. R&D 시간	26 2 15 19 35 40	1 2 15 19 25 28	15 1 35 14 4	5 6 25 10 2 37	25 28 15 2 6 37	2 39 24 10 4 13	10 3 35 22 27
4. R&D 위험도	2 3 35 15 12 9	26 3 11 24 5 13 40	2 40 31 28 35 29 7	28 30 35 1 17	25 1 3 37 40 12	1 23 2 25 13 39	9 14 1 12 4
5. R&D 인터페이스	3 26 35 37 2 40	16 13 25 28 37	29 37 40 1 35 17 30	25 28 1 3 10	6 28 1 3 40 25 13 9	35 3 37 32 9 18	15 17 25 3 4 36
6. 생산 명세, 역량, 방법	35 22 18 39	2 15 1 5 28 7 10 13 16 12	1 15 17 2 28 38	12 17 27 26 1 28 24 13	28 1 13 16 25 37	35 1 3 10 16	35 1 23 3 19 13 5 39 40
7. 생산 비용	1 35 27 10 2	1 25 2 27 29	1 30 10 38 29	35 5 1 2 29 25	6 3 25 10 32 37	1 35 2 25 13 17	10 1 35 27
8. 생산 시간	35 22 18 10 24 2	19 2 35 26 13 30	10 15 30 7 2 29 25 13	25 28 2 35 10 15	25 37 3 13 28	2 20 12 25 3 13 14	10 15 29 2 19 7
9. 생산 위험도	25 10 39 24 29	3 26 6 11 35	2 40 38 30 35 29	25 2 26 5 29 35	30 12 25 40 2 37	25 9 24 39 7 19	9 1 37 3 19
10. 생산 인터페이스	3 26 35 29 24	5 19 28 32 2 10	29 1 17 40 38	10 18 28 2 35	18 28 19 15 40 2 25	3 40 19 1 24	11 25 1 3 4
11. 공급 명세, 역량, 방법	10 1 34 35 15 13	35 3 13 2 15	13 17 7 15 19	29 30 35 17 3	6 5 28 37 3 25	2 23 5 30 10 13 35	15 5 25 10 35
12. 공급 비용	30 2 15 3 5 13	10 35 2 12 31 30	1 17 40 3 29	35 19 1 25 2	22 2 37 4 32 25	10 3 25 7 40	19 3 25 10 4
13. 공급 시간	25 10 29 13 12 21	24 35 28 1 29	15 1 10 27 7	38 24 16 15 3	28 32 25 2 37	1 10 15 25 24 2 19	35 3 5 27 20 18
14. 공급 위험도	2 15 19 23 41 24	5 16 10 13 25 2	15 17 40 3 29 25	2 4 15 28 35 32	2 28 15 24 37	1 19 13 10 39	9 13 1 25 14
15. 공급 인터페이스	2 30 40 22 26	5 25 3 40 20	29 28 30 3 15	28 5 3 25 37 40	25 8 22 28 32 37	5 3 17 29 13 35 2	33 15 23 17 7

	1. R&D 명세, 역량, 방법	2. R&D 비용	3. R&D 시간	4. R&D 위험도	5. R&D 인터페이스	6. 생산 명세, 역량, 방법	7. 생산 비용	8. 생산 시간
16. 지원 명세, 역량, 방법	36 11 2 35 27	27 6 1 10	6 10 3 35 20	6 1 26 37 15	6 1 3 35 21 12	35 23 1 24	1 35 10 29 27	1 35 10 38 29 25 13
17. 지원 비용	15 35 28 25 29	6 1 25 10 27	7 15 40 26 5	11 7 28 35	6 7 40 38 13	13 10 17 2 27	3 2 35 10 27	3 13 25 5 35
18. 지원 시간	5 2 6 27 25	6 1 25 10 27	7 40 1 26 15	1 2 32 28 7	6 38 20 10 37	5 6 10 12 27 25	27 3 10 25 24	35 25 5 4 19
19. 지원 위험도	15 27 40 12 27	10 25 22 2	23 24 2 37 7	40 36 6 10 26 13	5 35 40 13	6 10 2 27 12	10 25 27 3 35	35 29 13 25 2 31
20. 지원 인터페이스	11 2 5 9 26	6 10 1 7 20	6 10 26 24 2 38	6 10 7 26 13	28 40 6 7 30	6 40 10 2 7	10 35 7 24 25	13 9 26 23 7
21. 고객 수익, 요구, 피드백	14 13 22 7 10	7 25 30 21 10 9 2	7 19 21 29 30	36 13 25 22 37 3	4 7 25 40 13 35 28	5 15 35 25 33	7 13 1 24 25	13 1 37 17 31 29
22. 정보의 양	37 13 25 10 39	37 25 28 2 32	7 2 37 20 25	1 3 10 26 25 4 37	1 6 3 40 25	13 32 15 23 24 18 16	26 27 25 34 37	13 15 23 25 3 37
23. 커뮤니케이션 흐름	6 25 31 29 7 23	6 18 37 13 25 22	6 26 18 19 40	30 6 31 4 9 13 22	2 6 35 3 25 18	6 2 13 25 10	6 35 37 18	2 37 18 19 25
24. 시스템에 영향을 주는 유해인자	11 25 2 26 3	35 27 3 28 2	26 2 35 24 11	35 2 15 26 3	3 26 35 28 24	22 24 35 13 24 2	2 35 5 3 4 15	22 35 3 13 24
25. 시스템이 생성한 유해인자	25 29 2 37 13	28 26 2 22 8 35	26 2 15 19 35 40	2 3 35 15 12 9	3 26 35 37 2 40	35 22 18 39	1 35 27 10 2	35 22 18 10 24 2
26. 편리성	15 35 25 16 28	25 2 35 1 29	1 2 15 19 25 28	26 3 11 24 5 13 40	16 13 25 28 37	2 15 1 5 28 7 10 13 16 12	1 25 2 27 29	19 2 35 26 13 30
27. 적응성과 다능성	30 25 29 1 35	35 28 19 1 8	15 1 35 14 4	2 40 31 28 35 29 7	29 37 40 1 35 17 30	1 15 17 2 28 38	1 30 10 38 29 35	10 15 30 7 2 29 25 13
28. 시스템 복잡성	17 25 1 19 35	5 2 35 1 29	5 6 25 10 2 37	28 30 35 1 17	25 28 1 3 10	12 17 27 26 1 28 24 13	35 5 1 2 29 25	25 28 2 35 10 15
29. 통제 복잡성	25 15 19 35	25 19 35 27 2 18	25 28 15 2 6 37	25 1 3 37 40 12 24	6 28 1 3 40 25 13 9	28 1 13 16 25 37	6 3 25 10 32 37	25 37 3 13 28
30. 긴장/스트레스)	3 2 25 35 9	1 19 35 27 2 18	2 39 24 10 4 13	1 23 2 25 13	35 3 37 32 9 18	35 1 3 10 16	1 35 2 25 13 17	2 20 12 25 3 13 14
31. 착실성	25 2 15 36 29	11 25 27 15 2	10 3 35 22 27	9 14 1 12 4	15 17 25 3 4 36	35 1 23 3 19 13 5 39 40	10 1 35 27	10 15 29 2 19 7

	9. 생산 위험도	10. 생산 인터 페이스	11. 공급, 명세, 역량, 방법,	12. 공급 비용	13. 공급 시간	14. 공급 위험도	15. 공급 인터 페이스	16. 지원, 명세, 역량, 방법,
16. 지원 명세, 역량, 방법	13 35 2 15 24	23 11 40 2 32 29	11 23 35 1 29 17	35 24 5 13 27 17	25 10 29 19 4	1 35 6 24 25	10 31 24 35 3	
17. 지원 비용	3 35 19 24	23 10 3 13 22	23 11 2 6 26	27 5 35 10 2	25 27 10 2	19 10 5 27 2	5 10 26 1 13 25	2 25 10 35 15
18. 지원 시간	24 14 13 35 2	23 13 10 1 2	23 11 26 2 7	10 27 30 35 2 5	27 2 13 35 10	2 27 10 5 25	29 30 2 25 5 32	22 25 15 3 32
19. 지원 위험도	7 5 3 10 25	10 14 2 25 29	11 23 24 2 9 17	10 12 2 27 7 5	10 25 35 6 13	24 25 10 7 1	5 25 10 9 2 35	13 22 10 35 4 6
20. 지원 인터페이스	5 35 33 7 25 10	40 33 6 10 26 2	23 11 2 25 35 32	10 24 25 1 6	24 5 35 25 7 10	5 35 2 13 19	5 6 38 40 25 10	28 25 5 7 2 24
21. 고객 수익, 요구, 피드백	13 22 7 13 24 39	7 5 10 40 42 25	10 3 25 5 15	2 35 13 25 26 16	35 13 25 1 22 26	25 22 2 35 10 17	13 25 39 24 7 17	28 25 7 22 5 13
22. 정보의 양	5 25 3 37 32 28 13	2 37 4 13 37 25	13 4 28 37 17 7	28 35 2 37 34 7	28 2 37 32 35 7	5 37 15 6 32	3 6 37 28 32 35	10 28 3 25 37 4
23. 커뮤니케이션 흐름	25 38 3 26 10 13	2 28 3 37 32 25 10	5 25 23 10 35 28	35 6 1 27 25 12 28	6 31 25 35 37 16	6 16 13 35 7 2	2 3 13 4 12 25	10 28 37 3 7
24. 시스템에 영향을 주는 유해인자	35 2 26 34 25	3 26 35 28 10 24	13 17 29 2 35 15	11 35 2 12 31 30	35 3 29 2 10 12	2 13 35 31 24 12	3 35 13 14 39	27 35 34 2 40
25. 시스템이 생성한 유해인자	25 10 39 24 29	3 26 35 29 24	10 1 34 35 15 13	30 2 15 3 5 13	25 10 29 13 12 21	2 15 19 23 40	2 30 40 22 26	2 35 40 2 4 26 39
26. 편리성	3 26 6 11 35	5 19 28 32 2 10	35 3 13 2 15	10 35 2 12 31 30	24 35 28 1 29	5 16 10 13 25 2	5 25 3 40 20	27 17 40 3 8
27. 적응성과 다능성	2 40 38 30 35 29	29 1 17 40 38	13 17 7 15 19	1 17 40 3 29	15 1 10 27 7	15 17 40 3 29 25	29 28 30 3 15	35 13 8 24 29
28. 시스템 복잡성	25 2 26 5 29 35	10 18 28 2 35	29 30 35 17 3	35 19 1 25 2	38 24 16 15 3	2 4 15 28 35 32	28 5 3 25 37 40	13 35 1 2 9
29. 통제 복잡성	30 12 25 40 2 37	18 28 19 15 40 2 25	6 5 28 37 3 25	22 2 37 4 32 25	28 32 25 2 37	2 28 15 24 37	25 8 22 28 32 37	11 13 2 35 25
30. 긴장/스트레스)	25 9 24 39 7 19	3 40 19 1 24	2 23 5 30 10 13 35	10 3 25 7 40	1 10 15 25 24 2 19	1 19 13 10 39	5 3 17 29 13 35 2	11 35 24 19 2 25
31. 착실성	9 1 37 3 19	11 25 1 3 4	15 5 25 10 35	19 3 25 10 4	35 3 5 27 20 18	9 13 1 25 14	33 15 23 17 7	25 26 1 10 12

	17. 지원 비용	18. 지원 시간	19. 지원 위험도	20. 지원 인터페이스	21. 고객 수익 요구 피드백	22. 정보의 양	23. 커뮤니케이션 흐름	24. 시스템에 영향을 준는 유해인자
16. 지원 명세, 역량, 방법	2 25 10 35 15	22 25 15 3 32	13 22 10 35 4 6	28 25 5 7 2 24	28 25 7 22 5 13	10 28 3 25 37 4	10 28 37 3 7	27 35 34 2 40
17. 지원 비용		5 4 25 10 17 14 13	27 35 25 14 1 31	26 25 37 3 24 2	24 25 37 3 7 28	28 3 17 37 32 4	25 1 28 32 20 35	1 35 22 25 17
18. 지원 시간	5 4 25 10 17 14 13		15 29 9 19 1 18 35 31	15 29 10 1 35 30	7 20 24 35 25 26	6 31 2 35 28 37	6 31 2 35 28 37	35 15 1 3 10
19. 지원 위험도	27 35 25 14 1 31	15 29 9 19 1 18 35 31		5 6 40 33 7 24	20 7 4 13 35 25 24	29 31 6 2 30 15 10	29 31 6 2 30 15	25 35 11 15 19 1
20. 지원 인터페이스	26 25 37 3 24 2	15 29 10 1 35 30	5 6 40 33 7 24		16 17 40 13 10 25	2 3 15 18 25	2 3 15 18 25	11 24 35 5 21 24
21. 고객 수익, 요구, 피드백	24 25 37 3 7 28 18	7 20 24 35 25 26	20 7 4 13 35 25 24	16 17 40 13 10 25		29 31 30 7 13 17 38	29 31 30 7 13 17 38	39 3 5 17 26 35
22. 정보의 양	28 3 17 37 32 4	1 2 15 35 25 4 37	25 3 28 35 37 10	1 3 37 2 28 7 4	2 29 3 35 13 1 37 28 4	2 37 3 4 31 28 7	2 37 3 4 31 28 7	22 10 1 2 35
23. 커뮤니케이션 흐름	25 1 28 32 20 35	6 31 2 35 28 37	29 31 6 2 30 15 10	2 3 15 18 25	29 31 30 7 13 17 38			6 30 15 28 13 36 2
24. 시스템에 영향을 주는 유해인자	1 35 22 25 17	35 15 1 3 10	25 35 11 15 19 1	11 24 35 5 21 14	39 3 5 17 26 35	6 30 15 28 13 36 2	6 30 15 28 13 36 2	
25. 시스템이 생성한 유해인자	2 24 35 22 13 31 10	35 15 29 3 1 19	25 3 4 35 15 19	25 13 22 10 17	38 10 6 5 35 24	1 28 4 35 7 24	1 28 4 35 7 24	35 3 24 4 13 31 15
26. 편리성	25 1 12 26 10 15	5 25 13 2 10	2 3 25 10 16 5	7 5 6 20 26 2 31	28 27 35 40 1 30	25 1 19 35 18	25 1 19 29 35 18	2 25 28 39 15 10
27. 적응성과 다능성	17 35 15 1 3 2	3 30 40 29 17	1 30 40 17 14 15	29 30 17 14 18 1	40 17 16 14 15 1	25 6 37 40 15 19	25 6 37 40 15 19	35 11 22 32 31
28. 시스템 복삽성	35 1 25 2 17	28 15 17 32 37	13 35 4 2 37	28 17 29 37 10 4 13	25 1 2 19 10 4 19	1 25 4 37 6 18	1 25 4 37 6 18	22 19 29 40 35 15 10
29. 통제 복잡성	15 25 19 28 37	28 25 37 15 3 1 4	10 15 1 34 37	25 15 10 30 29	25 2 7 37 6 4 19	25 1 19 37 10	25 1 19 37 10	3 15 2 22 25 9 28 26
30. 긴장/스트레스)	35 24 10 2 25 31 19	2 24 10 40 25 8	10 11 39 1 24 35	10 8 2 24 6 21 13	2 10 12 24 25	3 4 6 7 13 36	3 4 6 7 13 36	11 25 30 2 35 28
31. 착실성	1 35 2 29 10	10 15 2 30 29 12	10 35 7 9 19 1	11 1 40 13 22 23	10 40 29 30 28 26	27 1 39 40 9 31	37 1 39 4 9 31	35 24 30 18 33

	25. 시스템이 생성한 유해인자	26. 편리성	27 적응성과 다능성	28. 시스템 복잡성	29. 통제 복잡성	30. 긴장 / 스트레스	31. 착실성
16. 지원 명세, 역량, 방법	2 35 40 24 26 39	27 17 40 3 8	35 13 8 24 29	13 35 1 2 9	11 13 2 35 25	11 35 24 19 2 25	25 26 1 10 12
17. 지원 비용	2 24 35 22 13 31 10	25 1 12 26 10 15	17 35 15 1 3 2	35 1 25 2 17	15 25 19 28 37	35 24 10 2 25 31 19	1 35 2 29 10
18. 지원 시간	35 15 29 3 1 19	5 25 13 2 10	3 30 40 29 17	28 15 17 32 37	28 25 37 15 3 1	2 24 10 40 25 8	10 15 2 30 29 12
19. 지원 위험도	25 3 4 35 15 19	2 3 25 10 16 5	1 30 40 17 14 15	13 35 4 2 37	10 15 1 34 37	10 11 39 1 24 35	10 35 7 9 19 1
20. 지원 인터페이스	25 13 22 10 17	7 5 6 20 26 2 31	29 30 17 14 18 1	28 17 29 37 10 4 13	25 15 10 30 29	10 8 2 24 6 21 13	11 1 40 13 22 23
21. 고객 수익, 요구, 피드백	38 10 6 5 35 24	28 27 35 40 1 30	40 17 16 14 15 1	25 1 2 19 10 4	25 2 7 37 6 4 19	2 10 12 24 25	10 40 29 30 28 26
22. 정보의 양	10 21 22 29 19	27 25 4 10 22 13 6 19	15 10 2 13 29 3 4	10 25 13 40 2	2 7 25 19 1 40 37	2 28 35 10 24 31	11 13 25 2 24
23. 커뮤니케이션 흐름	1 28 4 35 7 24	25 1 19 29 35 18	25 6 37 40 15 19	1 25 4 37 6 18	25 1 19 37 10	3 4 6 7 13 36	37 1 39 40 9 31
24. 시스템에 영향을 주는 유해인자	35 3 24 4 13 31 15	2 25 28 39 15 10	35 11 22 32 31	22 19 29 40 35 15	3 15 2 22 25 9 28 26	11 25 30 2 35 28	35 24 30 18 33
25. 시스템이 생성한 유해 인자		1 15 13 34 31 16	3 1 29 15 10 24	25 3 15 22 10 23 13	25 3 15 22 10 23 13	11 25 12 8 37 35	35 40 27 39 2
26. 편리성	1 15 13 34 31 16		15 34 1 16 29 36 19	26 27 32 9 12 24 17	25 5 10 12 24 28 3	10 5 14 12 13 35	32 35 30 25 13 19 3
27. 적응성과 다능성	3 1 29 15 10 24	15 34 1 16 29 36 19		15 29 28 5 37 6 35 25	25 15 1 2 8 37 3	17 40 30 3 15 19 16	35 30 14 34 2 19 10
28. 시스템 복잡성	25 3 15 22 10 23 13	26 27 32 9 12 24 17	15 29 28 5 37 6 35 25		25 19 1 28 37 3 26	1 10 2 24 4 19	2 22 35 17 19 26 24
29. 통제 복잡성	25 3 15 22 10 23 13	25 5 10 12 24 28 3	25 15 1 28 37 3	25 19 1 28 37 3 26		11 24 35 2 40 25	11 28 32 37 25 24
30. 긴장/스트레스)	11 25 12 8 37 35	10 5 14 12 13 35	17 40 30 3 15 19 16	1 10 2 24 4 19	11 24 35 2 40 25		29 35 11 24 19 13
31. 착실성	35 40 27 39 2	32 35 30 25 13 19 3	35 30 14 34 2 19 10	2 22 35 17 19 26 24	11 28 32 37 25 24	29 35 11 24 19 13	

부록 C. 과학기술효과의 종류

기능	물리적 효과	화학적 효과	기하학적 효과
냉기의 축적		기체 수화물의 분해, 수소화물, 수소, 흡열반응, 용해	
역학적 에너지의 축적	관성, 변형, 자이로스코프 효과, 상전이		
열의 축적	복사, 상전이	수소, 운반 반응.	
하나의 물질에 다른 물질을 적용		운반 반응, 수산화 상태, 수소화물을 가진, 산화반응, 광변색현상, 감전발색, 분자 자기조립, 액체막, 박막 플라즈마 도포, 친수성-소수성	
물질의 농도 변화		운반 반응, 흡착-탈착, 화학적으로 속박된 상태로 변이, 화학적 평형의 바이아스, 반투막, 액체막, 착이온	
밀도의 변화	자기와 전장 하에서 밀도와 유체 점성의 변화	기체 수산화물	
거리의 변화			타원
전기성의 변화		수화작용, 산화물의 환원, 염의 용해, 자체전달 고온합성 (SHS), 화학적 평형의 바이아스, 산화에 의한 일렉트리제이션 , 전기크롬, 착이온, 친수층	
자성의 변화	가리기, 퀴리점	수화작용, 송이 , 지체전달 고온합성(SHS)	
질량 변화		운반 반응, 열화학적 방법, 화학적 속박 상태로 전이, 수화물 상태로 전이, 수소화물 상태로 전이, 발열 반응	
광학적 특성의 변화		산화물의 환원, 색깔의 변화, 광발생, 투명도의 변화, 분자층	

기능	물리적 효과	화학적 효과	기하학적 효과
형상의 변화	합금과 고분자에서 형상 기억 효과	운반 반응, 열화학적 과정, 기체 수산화물, 수소화물, 용융-응고	
면적의 변화			단일면체(뫼비우스 띠)
크기의 변화	열팽창, 합금과 고분자에서 형상 기억 효과, 변형, 자기변형, 전기변형, 압전효과		
표면 특성의 변화	마찰, 흡착, 퍼짐, 바우싱거 효과, 방전, 역학적 진동과 음향 진동, 자외선		
속도의 변화	관성, 수착	기체 수산화물, 전기분해	
체적의 변화	상전이, 자장과 전장하에서 밀도와 유체점성의 변화, 열복사, 전장에 의한 이온화, 자외선, 퍼짐, 바우싱거 효과, 열전현상, 열자기 현상, 광자기 현상, 공동현상, 광변색 현상, 고유 광효과	운반 반응, 압축된 기체의 용해, 수화물 상태로 전이, 수산화물 상태로 전이, 열화학 반응, 화학적 속박 상태로 전이, 발열반응, 용해	타원
두 물건 사이의 간격 조절	열팽창, 전기변형, 자기변형, 압전효과		
분산입자의 운동 조절	정전기장, 전기와 자기장, 광압		
고체(물질)의 변위 조절	열팽창, 전기와 자기변형, 압전효과, 기억형상 효과, 자기장, 액체와 기체에 의해 발생된 압력, 역학적 진동, 원심력, 음향 충격과 수중 충격, 전자기 유도, 전하의 상호작용, 광압	기체 수화물, 수산화물, 전기분해	구면체, 브러쉬, 부드러운 몸체
액체와 기체의 변위 조절	세관의 증발, 모세관의 압력, 삼투현상, 전기삼투, 톰슨 효과, 베르누이 효과, 파동 운동, 원심력, 와이센베르크 효과		

기능	물리적 효과	화학적 효과	기하학적 효과
전자기장의 조절	가리기, 매질의 전기 전도도 변화, 전자기장을 조건으로 하여 물체의 형상 변화		
마찰의 조절	존슨-라벡 효과, 복사, 액체,고리층의 안정성 효과. 진동. 마찰이 없는 크라겔스키 효과	전기분해	
액체 표면의 조절	관성, 중력		
열의 흐름 조절	열관		
빛의 흐름 조절	광 수축과 반사, 광전현상, 광자기 현상, 광탄성, 케르 효과, 페러데이 효과, 건 효과		
물체의 변형	관성, 원심력, 변형, 포인팅 효과, 알렉산드로프 효과, 합금에서 기억 형상 효과, 고분자에서 기억 형상 효과, 열팽창, 상전이, 자기장, 적외선 방출		
물체(물질)의 파괴	알렉산드로프 효과,기억 형상 효과, 공동현상, 역학적 진동, 유전성 깨짐, 전기 방전, 음향 충격과 수중 충격, 공명, 초음파, 결맞는 광, 변형, 압력	운반 반응, 열화학적 반응, 수소화 반응, 산화물의 파괴, 연소, 폭발, 액화, 화학적 균형의 바이아스, 산화, 착이온	
물질의 조제	열팽창, 세관 다공질 재질, 유체 압축장치, 압전효과, 코로나 방전	기체 수화물	
고체의 고착	마찰, 세관 다공질 재질, 자석의 사용, 강자성 분말과 자기장의 사용	전기분해	구면체, 편심기, 브러쉬, 부드러운 몸체

기능	물리적 효과	화학적 효과	기하학적 효과
압력(힘)의 발생	관성, 알렉산드로프 효과, 상전이, 열팽창, 원심력, 자기 유체 밀도 변화, 기억 형상 효과, 수중 충격파, 수중 방전 충격파, 자기와 전기유변 유체에서 압력 기울기, 폭발, 음향충격파와 수중 충격파, 삼투현상, 자기장, 금속의 팽윤	기체 수화물의 분해, 수소화물의 분해, 액체 오존의 분해, 금속의 비강화	
냉기의 발생 (시스템으로 열에너지 도입)	열관, 세관 다공질 재질, 상전이, 주울-톰슨 효과, 일렉트릿, 강자성, 랑끄 효과, 자기열 효과, 열전기, 뒤포 효과, 코로나 방전, 스터링 원리	기체 수화물의 분해, 수소화물, 흡열반응, 용해	
열의 발생 (시스템으로 열에너지 도입)	마찰, 열관, 역학적 진동, 적외선, 전자기 유도, 표면 효과, 유전체, 강자성, 전기 방전, 물질에 의한 복사선 흡수, 전기 가열, 열전기, 뒤포 효과	기체 수화물과 수소의 연소, 수소화물, 발열반응, 강한 산화제, 오존의 분해, 자체전달 고온합성(SHS),	
전자기 에너지의 발생	전기 방전, 조셉슨 효과, 유도 복사, 터널 효과, 냉광, 건 효과, 체렌코프-바비로프 효과		
물질의 감소하는 활동도		기체의 화학적 속박, 수화물 상태로 전이, 압축된 기체 내에서, 수소화물 내에서, 용융-응고, 흡착제 내에서, 착이온	
액체와 혼합한 기체	역학적 진동, 일렉트릿, 확산		
연소의 강화		오존	
불균일 물질들의 연결	기억 형상 효과	수화물과 수소화물의 사용, 용접, 용융/응고, 분자 자기 조립	

기능	물리적 효과	화학적 효과	기하학적 효과
다른 물질 내부에 하나의 물질이 놓임		운반 반응, 기체의 화학적 속박, 기체 수화물, 압축된 기체 내에서, 수소화물 내에서, 흡착제 내에서, 용해, 착이온, 액체막, 분자 자기 조립	
물질의 정제와 획득되는 순수물질	전하의 상호작용, 코로나 방전	기체 수화물, 오존, 전기분해, 운반 반응, 압축된 기체로부터 추출, 수소화물로부터 추출, 분자 자기 조직화, 액체막, 착이온	
열의 재생	열관		
물질의 분리	관성력, 세관 다공질 재질, 초음파, 음향 파동, 압전효과, 원심력, 일렉트릿, 코로나 방전, 자기장, 흡착, 확산, 삼투현상, 전기삼투, 전기이동	운반 반응, 화학적으로 속박된 기체의 추출, 압축된 기체로부터 추출, 오존화물로부터 추출, 수소화물로부터 추출, 산화제로부터 환원, 화학적인 평형의 바이아스, 흡수체, 소수성과 친수성 물질, 반투막, 착이온, 액체막	
분무 물질	전하의 상호작용, 압전효과, 일렉트릿, 코로나 방전,		브러쉬
역학적 에너지의 억압	세관 다공질 재질, 공동현상, 외형, 역학적 진동, 전자기 유도, 압전효과, 전기분해		원, 타원, 브러쉬, 부드러운 몸체
안정화 온도	상전이, 퀴리점, 외형, 전자기 유도, 강자성 분말		
열적 스위치	열관		
열에너지에서 역학적 에너지로의 변환	기억 형상 효과, 열팽창, 상전이, 열관, 퀴리점을 지난 전이		

기능	물리적 효과	화학적 효과	기하학적 효과
전기 에너지에서 역학적 에너지로 변환	압전 효과		
두 물질에서 하나의 물질로 결합		운반 반응, 열화학적 반응, 기체의 화학적 속박, 기체 수화물, 산화반응, 발열 반응, 열화학적 반응, 용해, 활성 물질의 결합, 오존화, 착이온, 광변색 현상	
다른 물질을 통해 하나의 물질 운반	상전이, 세관 다공질 재질, 삼투현상, 확산	운반반응, 수화물과 수소화물, 금속을 통과한 수소, 열역학 반응, 화학적 평형의 바이아스, 흡수, 반투막, 액체막, 착이온	
역학적 에너지의 운반	변형, 진동, 알렉산드로프 효과, 파동		
빛 에너지의 운반	광 전도, 유도 복사		
전기적 에너지의 운반	전자기 유도, 전도도, 초전도성		
열 운반	열관, 복사, 열전도도, 대류		
정전기의 철회	코로나 방전	직물에 금속입힘, 오존, 친수성 코팅	

검출과 측정 문제

기능	물리적 효과	화학적 효과	기하학적인 효과
가속도	역학적 진동, 압전효과		
기체와 액체의 양	공동현상		
공기 긴축	간섭, 가시광, 자외선과 냉광 물질		
취성	압전효과		
소비률	공동현상, 역학적 진동		
기체의 압축률	유전 투과율		
코로나 방전	오존		
결함	분자의 빈공간, 전기저항, 엑스선, 초음파		
밀도와 점성	아르키메데스 힘, 역학적 진동, 초음파		
변위	일렉트릿, 간섭, 광 반사, 광 방출, 열 복사, 변형, 엑스레이, 냉광, 전기장과 자기장의 변화, 도플러 효과		
거리	일렉트릿		
힘	관성, 압전효과		
마찰	관성		
습도	코로나 방전, 자외선		
누전	외형		
준위	아르키메데스 힘, 역학적 진동		
질량	역학적 진동, 자기 유체, 음향 파동		
역학적 변형력	가시광		

기능	물리적 효과	화학적 효과	기하학적인 효과
압력	역학적 진동, 전하의 상호작용, 압전효과, 일렉트릿, 코로나 방전	겔	구면체
펄스 작용	압전 효과		
복사	음향광학 효과, 열팽창, 광효과, 냉광, 광소성 효과		
거칠기	박편, 난류, 베르누이 효과		
연삭	코로나 방전		
크기	코로나 방전, 전기 저항, 가시광, 무아레 효과		
온도	열팽창, 상전이, 가시광, 퀴리점을 지난 전이		
장력	자기장		
초음파		겔	
자외선		광변색 현상	
진공	코로나 방전		
진동			구면체
가시광		광변색 현상	
체적	전기 저항, 광반사, 수축 계수의 변화, 광자기 현상, 광전 현상, 편광, X-선 복사, 핵자기 공명, 상자성공명, 퀴리점을 지난 전이, 홉킨즈 효과, 바크하우젠 효과, 자연 진동수의 측정, 초음파, 홀효과		
소모	역학적 진동		
엑스선		오존, 방사변색 현상	

부록 D. 표준해

- **분류 1 : 물질-장의 합성과 파괴**
  - 1-1 : 물질-장의 합성
  - 1-2 : 물질-장의 파괴
- **분류 2 : 물질-장의 전개**
  - 2-1 : 복합 물질-장으로 변화
  - 2-2 : 물질-장의 강화
  - 2-3 : 리듬부합에 의한 물질-장의 강화
  - 2-4 : 자성물질-장으로 변화
- **분류 3 : 상위시스템/미세수준으로 변화**
  - 3-1 : 이중/다중시스템으로 변화
  - 3-2 : 미시수준으로 변화
- **분류 4 : 검출 및 측정 표준해**
  - 4-1 : 간접적 방법을 사용한 검출 및 측정문제 해결
  - 4-2 : 물질-장 측정시스템의 합성
  - 4-3 : 측정 물질-장의 강화
  - 4-4 : 자성 물질-장 시스템으로 변화
  - 4-5 : 측정 시스템 진화의 방향
- **분류 5 : 표준해 사용을 위한 표순**
  - 5-1 : 물질-장의 구축, 재구축, 파괴에 물질의 추가
  - 5-2 : 물질-장의 구축, 재구축, 파괴에 장의 추가
  - 5-3 : 상전이
  - 5-4 : 물리효과의 특이성 적용
  - 5-5 : 입자의 창조

분류 1 : 물질-장의 합성과 파괴

● 1-1 : 물질-장의 합성

[표준 1-1-1(**물질-장의 완성**)]

대상을 변경해야 하지만 변경이 어렵고, 물질이나 장을 도입하는 것에는 어려움이 없는 경우, 누락된 요소를 도입하여 물질-장을 완성함으로써 해결할 수 있다.

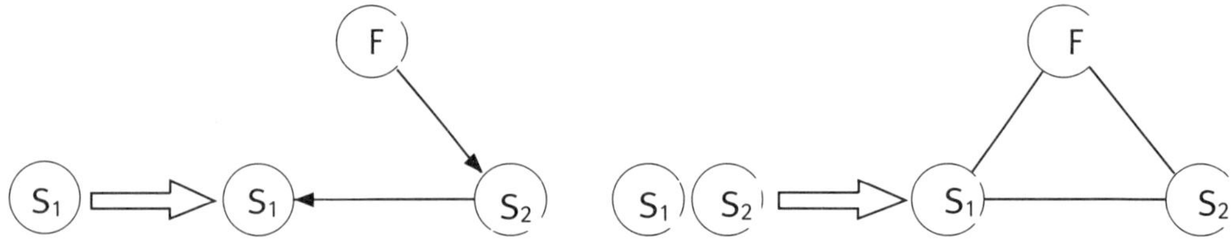

▶ 예 : 가루로 된 물질에서 공기를 제거해야 하는 문제(대상:공기, 도구:가루)에서 물질에 원심력(장:기계장)을 작용시킨다.

[표준 1-1-2(**내부복합 물질-장**)]

물질-장의 작용을 요구수준까지 충분히 변경하는 것은 어렵지만 주어진 물질에 첨가제를 도입할 수 있는 경우, 내부복합 물질-장으로 일시 또는 영구적으로 변화시켜 해결할 수 있다. 기존의 물질에 첨가제를 도입하여 제어능력을 강화시키거나 또는 요구하는 성질을 물질-장에 전달할 수 있다.

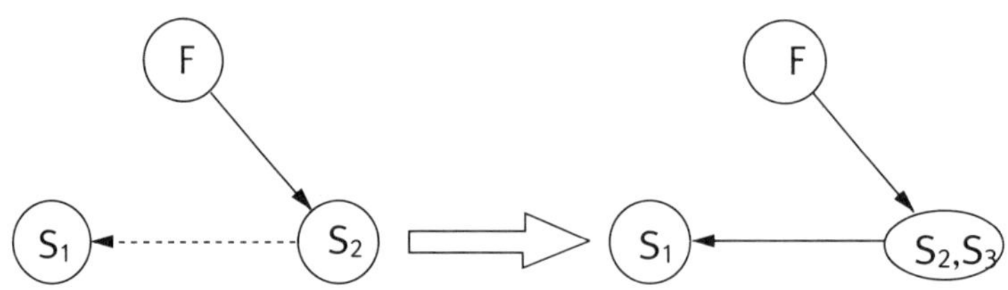

▶ 예 : 매우 작은 액체방울을 검출하기 위해, 사전에 액체에 발광성 물질을 사전에 첨가하여, 자외선 빛을 사용해서 쉽게 검출한다.

[**표준 1-1-3(외부복합 물질-장)**]

물질-장의 작용을 요구수준까지 충분히 변경하는 것이 어렵고, 물질에 첨가제를 도입하는 것도 불가능한 경우, 외부복합 물질-장으로 일시 또는 영구적으로 변화시켜 해결할 수 있다.

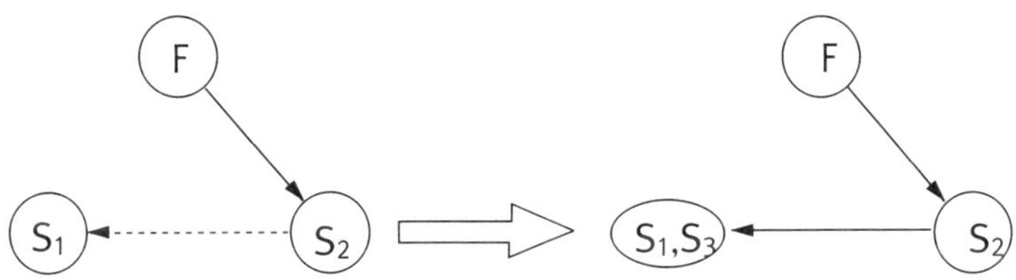

▶ 예 : 파이프에서 가스 누출을 검출하기 위해, 파이프의 외면에 가스와 반응하면 거품을 생성하는 물질을 씌우면 눈으로 쉽게 검출할 수 있다.

[**표준 1-1-4(외부환경 물질-장)**]

물질-장의 작용을 요구수준까지 충분히 변경하는 것이 어렵고, 물질에 첨가제를 도입하거나 부착시키는 것이 불가능한 경우, 외부환경을 물질로 활용하여 물질-장을 합성하여 해결할 수 있다.

▶ 예 : 회전속도를 측정하는 원심력게이지는 레버와 추로 구성되어있다. 추의 무게를 줄이되 힘은 감소시키지 않기 위해 추를 비행기 날개 모양으로 만든다.

[표준 1-1-5(**첨가제가 있는 외부환경 물질-장**)]

외부환경이 물질-장의 합성에서 요구하는 물질을 가지고 있지 않은 경우, 외부 환경을 다른 것으로 대체하거나 환경을 분해하거나 환경에 첨가제를 도입하여 필요한 물질을 얻을 수 있다.

▶ 예 : 미끄럼효과(sliding effect)의 계수를 개선하기 위해서, 기포액체윤활유(aerated liquid lubricant)를 적용한다.

[표준 1-1-6(**최소작용**)]

대상에 최소의 작용(minimum (measured, optimal) mode)이 요구되지만 문제에 주어진 조건 때문에 실행하는 것이 불가능한 경우, 최대를 작용(maximum mode)시킨 후에 초과한 작용을 제거한다. 물질이 초과한 경우에는 장을 사용하여 제거하고, 장이 초과한 경우에는 물질을 사용하여 제거한다.

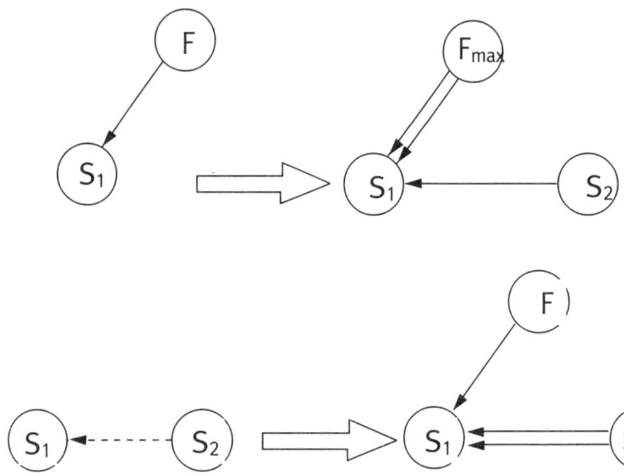

▶ 예 : 부품을 페인트 도장할 때 페인트가 담긴 용기에 부품을 담근 후 빼내서 원심력을 이용하여 과잉의 페인트를 제거한다.

[표준 1-1-7(최대작용)]

대상에 최대의 작용을 해야 하지만 실행이 불가능한 경우, 물질과 연결된 다른 물질에 최대의 작용을 적용한다.

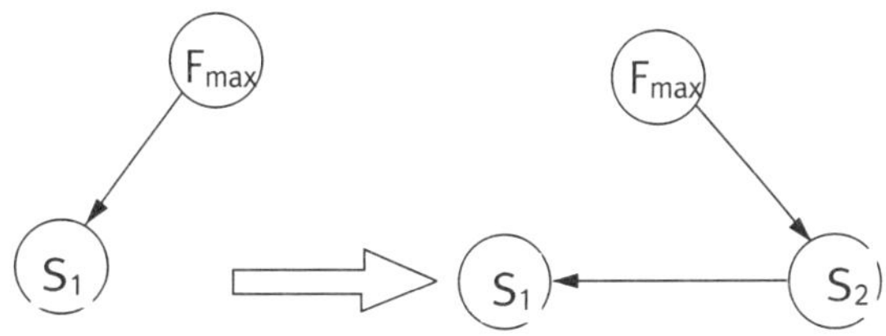

▶ 예 : 강화 콘크리트를 제조할 때 철근대신에 금속와이어를 사용할 수 있다. 금속와이어를 연신하기 위해서 약 700℃정도로 가열해야 한다. 그러나 이렇게 가열하는 경우에 기구적 물성이 변화한다. 금속와이어의 물성변화를 일으키지 않고 인장하기 위해서는 철근에 금속와이어를 연결하여 철근을 가열하면 된다.

[표준 1-1-8(선택적 최대작용)]

(1) 최대작용을 선택적으로 요구하는 경우(특정 지역에는 최대모드, 다른 지역에는 최소모드), 최소작용을 요구하는 부분에는 보호물질을 도입하고 나머지 부분에는 최대작용을 적용한다.

▶ 예 : 주사용 앰풀을 밀봉할 때, 앰풀을 가열하면 약액의 성질이 변화될 수 있으므로 밀봉되는 팁(tip)을 제외한 나머지 부분은 물속에 담근다. 물이 팁 이외의 부분이 가열되지 않도록 하므로 약액의 변실문세를 해결할 수 있다.

(2) 최대작용을 선택적으로 요구하는 경우(특정 지역에는 최대적용, 다른 지역에는 최소작용), 최대작용을 요구하는 부분에는 국부적인 장을 생성시킬 수 있는 물질을 도입하고 나머지 부분에는 최소작용을 적용한다.

▶ 예 : 두 개의 금속부품을 용접할 때 발열분말(exothermic powder)을 사용한다. 이 발열분말은 추가 열을 발생시켜 두개 부품에 열을 전달한다.

● 1-2 : 물질-장의 파괴

[표준 1-2-1(**새로운 물질의 추가에 의한 유해작용의 제거**)]

물질-장의 두 물질사이에 유용작용과 유해작용이 동시에 발생하고, 두 물질 사이에 직접적인 접촉을 유지하지 않아도 되는 경우, 제3의 외부물질을 두 물질 사이에 도입하여 해결할 수 있다(이 물질은 비싸지 않아야 함).

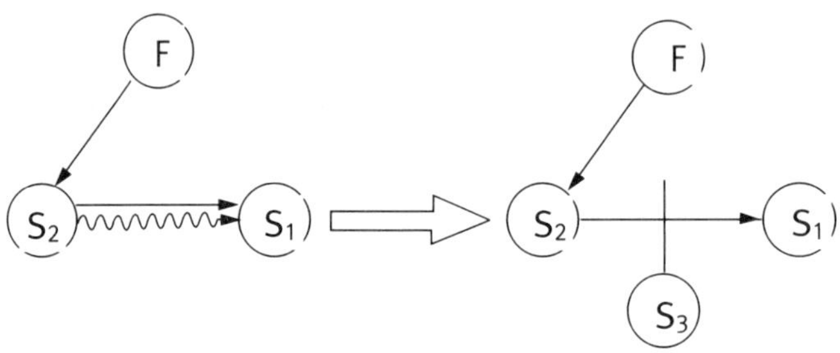

※ **주의 :** 시스템에 도입하는 제3의 물질은 외부에 존재하는 기존의 물질 또는 현재 존재하는 물질에 존재하는 장을 노출하여 얻는다. 도입하는 물질에는 공간(void), 거품 등이 포함될 수 있다.

▶ 예 : 시추공의 벽면을 견고하게 만들기 위해 폭발 중에 발생하는 가스를 활용한다(유용작용). 그러나 이 가스가 시추공의 벽면에 크랙(crack)을 발생시킨다(유해작용). 이 경우 제3의 물질인 점토를 시추공 벽면에 씌워 크랙이 발생하지 않도록 한다.

[표준 1-2-2(기존 물질의 변형에 의한 유해작용의 제거)]

물질-장의 두 물질사이에 유용작용과 유해작용이 발생하고, 두 물질 사이에 직접적인 접촉을 유지하지 않아도 된다. 또한 외부 물질을 활용하지 못하도록 되어 있거나 불편한 경우, 시스템 내부에 존재하는 두 물질을 변형한 제3의 물질을 생성하여 해결할 수 있다.

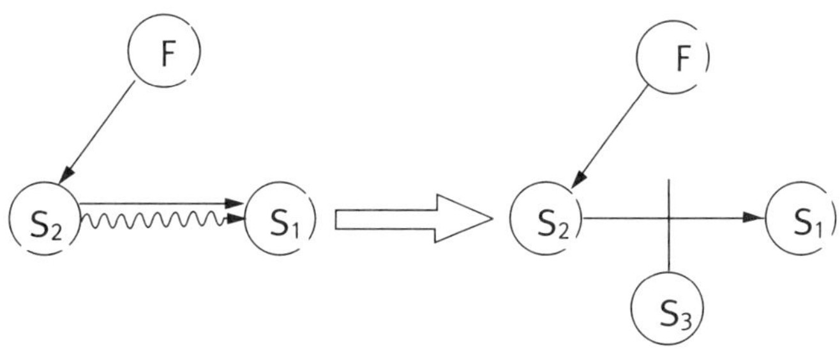

※ **주의** : 시스템에 도입하는 제3의 물질은 외부에 존재하는 기존의 물질 또는 현재 존재하는 물질에 존재하는 장을 노출하여 얻을 수 있다. 도입하는 물질에는 공간(void), 거품 등이 포함될 수 있다. 이 때 물질의 변형은 물질-장 내부 물질의 운동원리나 운동법칙을 변화시킬 수 있다.

▶ 예 : 호일 속에서 유체가 고속으로 흐를 때, 호일(foil)과 유체 사이에 작용하는 마찰력 때문에 발생하는 진공(cavitation)은 호일을 파손시키는 문제를 일으킨다. 이 문제는 호일을 냉각시켜 해결할 수 있다. 호일과 접촉한 유체가 냉각되어 얼음 층을 형성하여 호일의 파손을 방지한다.

[표준 1-2-3(유해직용의 단절)]

물질에 작용하는 장이 유해작용을 할 때 이를 제거하기 위해 장의 유해작용을 자신에게 돌릴 수 있는 제2의 물질을 도입하여 해결할 수 있다.

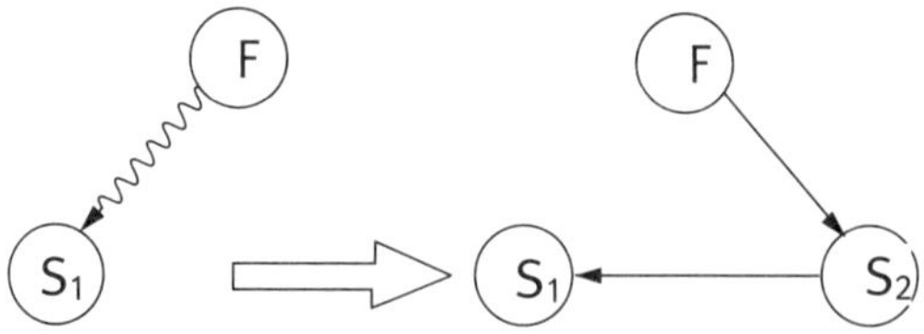

▶ 예 : 땅속에 매설된 통신케이블이 동절기에 파손되는 것을 방지하기 위해 케이블을 매설하기 이전에 공동(空洞, cavity)을 만들어 두면 된다.

[**표준 1-2-4(새로운 장의 도입에 의한 유해작용의 제거)**]

물질-장에서 두 물질사이에 유용작용과 유해작용이 동시에 발생하고, 두 물질이 직접적으로 접촉해야 하는 경우, 유용작용은 주어진 장을 이용하여 유지하고, 유해작용은 새로운 장으로 중화하는(또는 유해작용을 유용작용으로 변환하는) 이중 물질-장으로 변화하여 해결할 수 있다.

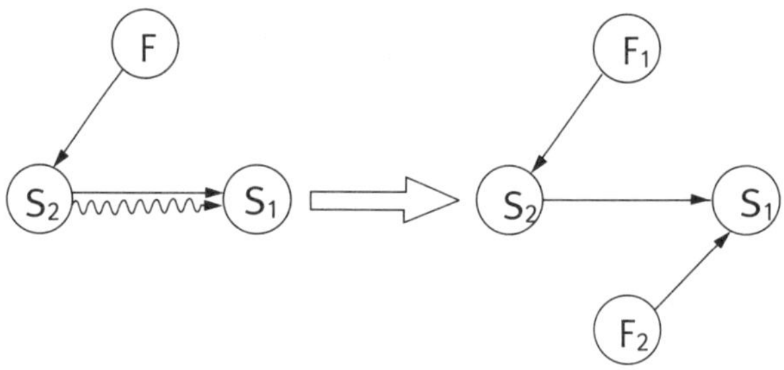

▶ 예 : 꽃의 수분작용을 돕기 위해 공기흐름을 이용한다. 그러나 이렇게 할 경우에 꽃이 꽃봉오리를 닫아버리도록 하는 문제가 발생한다. 이 문제를 해결하기 위해 정전기방전(ESD, electrostatic discharge)을 이용하여 꽃을 개화시키는 방법을 사용한다.

[표준 1-2-5(**자기작용의 정지**)]

자기장을 이용하여 물질-장을 분해해야 하는 경우, 물리적 효과인 "물질의 강자성 성질" (예를 들어, 충격이나 퀴리점(Curie point) 이상의 가열에 의한 소자(消磁, demagnetizing))을 이용하여 해결할 수 있다.

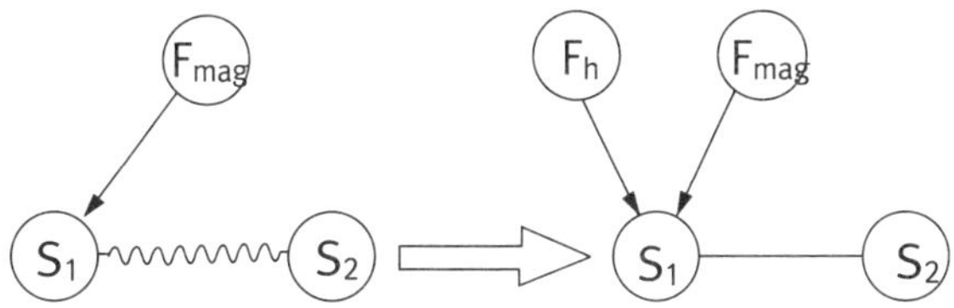

※ **주의** : 자기장은 자석 시스템은 이미 사용하고 있는 다른 시스템의 장의 효과를 보상하는 순간에 발생한다. 자기장을 잃을 때 시스템 내에서 자기장이 발생할 것이 다.

▶ 예 : 용접을 하는 중에 강자성분말을 용접 부위에 삽입하는 것은 매우 어렵다(용접 전류에 의해 생성되는 전자기장으로 인해 분말입자를 용접 부위에 정확히 위치시키는 것이 어려움). 이 문제는 분말을 퀴리점 이상으로 가열하여 비자성체로 만들어 해결할 수 있다.

분류 2 : 물질-장의 전개

● 2-1 : 복합 물질-장으로 변화

[표준 2-1-1(**사슬 물질-장**)]

물질-장의 효율을 향상시켜야 하는 경우, 물질-장을 구성하고 있는 물질 하나를 독립적으로 제어되는 새로운 물질-장으로 변화시킨 사슬 물질-장을 만들어 해결할 수 있다.

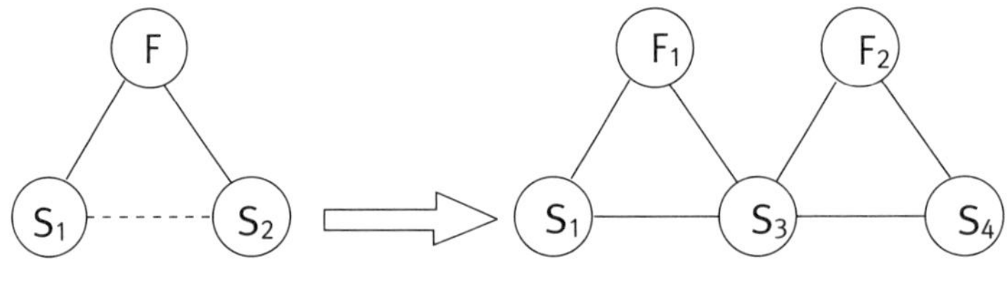

▶ 예 : 가파른 경사지에서 트랙터를 작동할 때 무게중심을 변화시킬 수 있도록 만든 트랙터

[표준 2-1-2(**이중 물질-장**)]

물질-장의 제어능력을 향상시켜야 하지만 물질-장의 구성 요소를 교체할 수 없는 경우, 제어가 용이한 제2의 물질-장을 도입한 이중 물질-장을 만들어 해결할 수 있다.

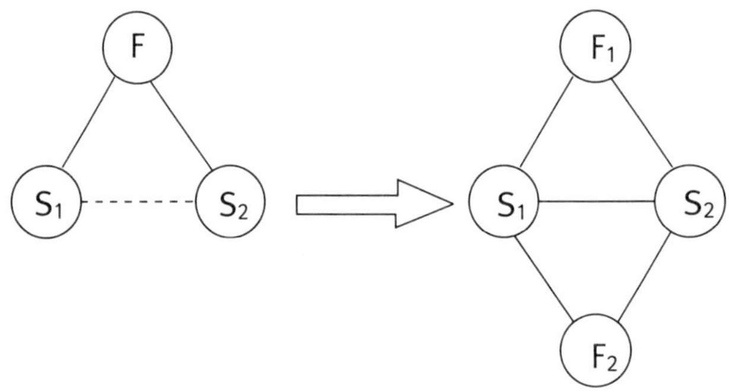

▶ 예 : 용융된 금속의 제어 용이성을 확보하기 위해 금속을 원심분리기에서 회전시킴.

● 2-2 : 물질-장의 강화

[표준 2-2-1(**장의 제어성 향상**)]

제어가 불가능하거나 어려운 장을 제어가 용이한 장으로 교체하여 물질-장의 효율을 향상시킬 수 있다. 예를 들어, 중력장은 기계장으로, 기계장은 전기장으로 교체한다.

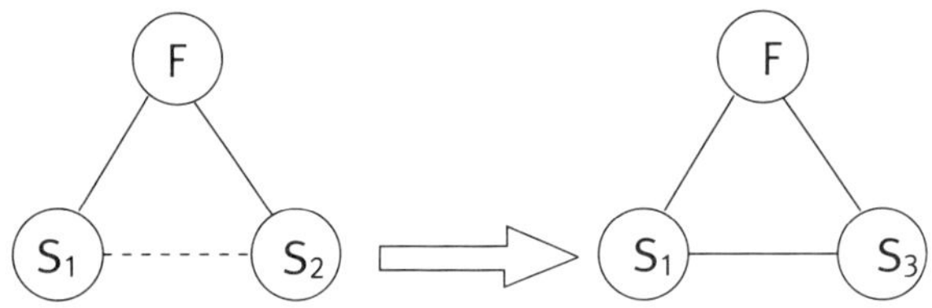

▶ 예 : 비균질 금속의 절단을 위해 금속날 대신 물분사(waterjet)방식을 사용할 수 있다.

[**표준 2-2-2(도구의 분할)**]

도구에 해당하는 물질의 분할 정도를 증가시켜 물질-장의 효율을 향상시킬 수 있다.

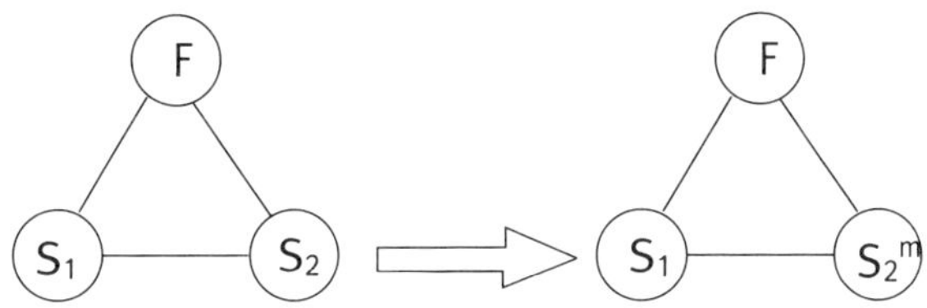

▶ 예 : 연마분으로 코팅처리한 칼은 이빨을 가진 일반 칼 보다 효율이 높다.

[**표준 2-2-3(다공성 물질로 변화)**]

고형물질을 모세관 또는 다공성물질로 변화하여 물질-장의 효율을 향상시킬 수 있다. 이 경우 다음의 진화라인에 따라 변화한다. 고형물질 → 단일구멍을 가진 물질 → 다중구멍을 가진 물질 → 다공성 모세관 물질 → 특수 세공(Pore) 구조를 가진 다공성모세관물질

▶ 예 : 접착제를 표면에 더 정확하게 접착시키기 위해 평탄한 물질보다 많은 모세관을 가진 물질을 사용한다.

[표준 2-2-4(동적수준의 증대)]

동적수준을 증가시켜면 물질-장의 효율이 향상된다. 즉, 물질을 2개의 연결부분으로 나누는 것에서부터 시작하여 다음의 라인을 따라 발전한다 : 하나의 연결고리 → 여러 개의 연결고리 → 유연한 물질

▶ 예 : 경첩과 같이 접을 수 있는 문

[표준 2-2-5(장의 구조)]

균일한 장은 비균일 장으로, 무질서한 장은 공간-시간이 제한된 구조(definite spatial-temporal structure(constant or variable))를 가진 장으로 변화하면 물질-장의 효율이 향상된다.

▶ 예 : 자석가루를 혼합할 때 첫 번째 분말층을 두 번째 분말층 위에 놓고 비균일 자기장을 가한다.

[표준 2-2-6(물질의 구조)]

균일한 장(uniform fields)은 비균일 장으로, 무질서한 장은 공간-시간이 미리 정의된 구조(pre-defined spatial-temporal structure(constant or variable)를 가진 물질로 변화하면 물질-장의 효율이 향상된다.

▶ 예 : 다공성 내화물을 만들기 위해 기공이 있는 물질을 섞은 후 소결하면 기공이 있는 물질은 타 없어지고 다공성 내화벽돌만 남는다.

● 2-3 : 리듬부합에 의한 물질-장의 강화

[표준 2-3-1(**물질과 장의 주파수 조정**)]

장의 작용 주파수를 대상 또는 도구의 고유진동수와 동조 또는 비동조함으로써 물질-장의 효율을 향상시킬 수 있다.

▶ 예제 : 1. 안마치료에서 마사지(massage) 리듬을 환자의 맥박과 동기화 한다. 2. 아크용접 시 자기장의 주파수를 용해전극봉(melting electrode)의 고유진동수와 동일하게 한다.

[표준 2-3-2(**장과 장의 주파수 조정**)]

사용하고 있는 장의 주파수를 다른 장의 주파수와 동조 또는 비동조함으로써 복합물질-장의 효율을 향상시킬 수 있다.

▶ 예 : 분말형태의 재료로 부품을 코팅할 때 전류와 자기장의 진동 주파수를 동일하게 하는 방법으로 고정도의 균일한 코팅품질을 확보한다.

[표준 2-3-3(**독립적인 리듬의 조화**)]

변경과 측정과 같이 두 가지 작용이 양립할 수 없는 경우, 하나의 작용이 정지하는 동안에 다른 작용을 수행한다. 일반적으로 한 작용의 정지기에는 다른 유용작용으로 채워야 효율이 증가한다.

▶ 예 : 용접의 정도 확보를 위해 측정을 해야 한다. 이때 측정은 전류의 진동주파수 사이의 일시정지 동안에 수행한다.

● 2-4 : 자성 물질-장으로 변화

[표준 2-4-1(**초기 자성 물질-장의 완성**)]

강자성 물질과 자기장을 사용하여 물질-장의 효율을 향상시킬 수 있다. 미세하게 분쇄되지 않은 강자성 물질에 적용하는 표준이다.

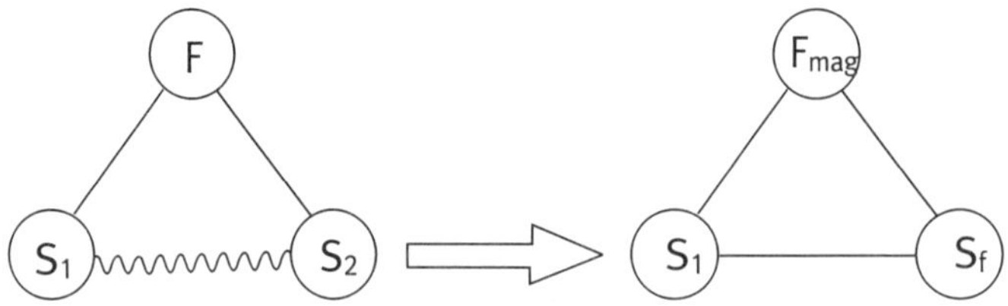

▶ 예 : 자성물질이 삽입된 망치는 못을 잡고 있을 수 있다.

[표준 2-4-2(**자성 물질-장의 완성**)]

물질 중의 하나를 자성입자로 대체하거나 칩, 작은 낟알, 낟알과 같은 강자성입자를 첨가하고 자기장 또는 전자기장을 적용하여 물질-장의 제어 효율을 향상시킬 수 있다.

※ **주의 :** 제어 효율은 도입된 물질의 세분화 또는 강자성입자의 세분화 정도가 높을수록 향상된다.

- 강자성입자 : 작은 낟알 → 분말 → 미세입자 → 마그네틱 액체
- 물질 : 고형물 → 작은 낟알 → 분말 → 액체

▶ 예 : 분무기는 전극과 노즐로 구성된다. 분무기의 성능을 향상하기 위해 용기를 코일로 감싸고 용기 내에 강자성입자를 첨가한다.

[표준 2-4-3(**자성유체**)]

자기유변유체 - 석유, 실리콘, 또는 물에 떠있는 콜로이드 강자성입자 등 - 로 변화하면 자성 물질-장의 효율을 향상시킬 수 있다.

▶ 예 : 파이프의 압력누출을 방지하기 위해 저밀도 용액을 사용한다. 이 용액의 낭비를 막기 위해 자성유체를 자장과 함께 사용한다.

[표준 2-4-4(**다공성 자성 물질-장**)]

다공성모세관구조를 사용하면 자성 물질-장의 효율을 향상시킬 수 있다.

▶ 예 : 연속 납땜 장비는 강자성 재료로 덮여진 실린더를 가지고 있다. 초과한 용재를 흡수하기 위해 미세기공 구조의 실린더를 사용한다.

[표준 2-4-5(**복합 자성 물질-장**)]

시스템의 제어 효율을 향상시켜야 하지만 강자성물질로 교체하는 것이 불가능한 경우, 물질 중의 하나에 강자성 입자를 첨가하여 내부 또는 외부 복합 자성 물질-장을 구성하여 제어능력을 향상시킬 수 있다.

▶ 예 : 비자성 물질을 자석으로 운반하기 위해 자성물질을 사용한다.

[표순 2-4-6(**환경 자싱 물질-장**)]

시스템 제어 효율을 향상시켜야 하지만 물질-장의 물질을 강자성 물질로 교체하는 것이 어려운 경우, 강자성 입자는 외부환경에 도입하고 자기장을 이용하여 외부 파라메타를 변경시켜 시스템을 제어할 수 있다.

▶ 예 : 자극 사이를 움직이는 금속, 비강자성 요소를 사용하여 기계적 진동 충격을

흡수한다. 완화시간을 줄이기 위해 자극 사이를 자성유체로 채운다.

[표준 2-4-7(물리적 효과의 사용)]

자성 물질-장의 제어성은 물리적 효과를 사용하여 향상시킬 수 있다.

▶ 예 : 자장증폭기의 감도를 올리면 코어가 가열된다. 절대온도에서 자장잡음을 줄이기 위해 코어는 퀴리점이 0.92-0.99가 되기 위해 홉킨슨효과(Hopkinson effect)를 사용한다.

[표준 2-4-8(자성 물질-장 동적수준 증가)]

자성 물질-장의 효율은 시스템의 동적수준을 증가시킴으로써 향상된다. 장의 동적수준은 장(또는 물질과 장)의 연속적인 효과를 펄스효과(Pulsed Effect)로 변화하는 과정에서 증가한다.

▶ 예 : 벽 두께를 측정하기 위해 한쪽 벽에 강자성 물질을 놓고 다른 쪽에 측정을 위한 유도 변환기를 설치한다. 측정의 감도를 높이기 위해 강자성 물질을 필름 형태로 만들어 유연성을 높인다.

[표준 2-4-9(자성 물질-장 구조)]

자성 물질-장의 효율은 균이한 구조의 장을 비균일 구조를 갖는 장으로, 무질서한 구조를 갖는 장을 공간-시간이 제한된 구조(Constant or Variable)를 갖는 장으로 변화함으로써 향상시킬 수 있다.

▶ 예 : 플라스틱으로 파일을 만들기 위해 플라스틱을 가열하고 늘린 다음 냉각시킨다. 이 시스템의 성능을 올리기 위해 강자성 재료를 표면에 적용하면 표면이 녹을 때 자장에 의해 표면이 더욱 늘어나게 한다.

[표준 2-4-10(자성 물질-장에서 리듬부합)]

자성 물질-장의 효율은 시스템 구성요소들의 리듬부합으로 향상시킬 수 있다.

▶ 예 : 자장 내의 진동이 물체를 분리한다. 가루의 부착력을 감소시키기 위해 자장을 역동기화한다.

[표준 2-4-11(전기 물질-장)]

강자성체의 도입이나 자화시키는 것이 어려운 경우, 직접 전도 또는 유도전류와 외부 전자기장의 상호작용 또는 그러한 전류들 사이의 상호작용을 사용해야 한다.

자성 물질-장이 강자성을 도입한 시스템이라면 전기 물질-장은 강자성입자 대신에 전류를 도입한 시스템이다. 자성 물질-장과 유사하게 물질-전기장의 진화는 다음과 같은 진화라인을 따른다. 단일 전기 물질-장 → 복합 전기 물질-장 → 외부 매체를 포함한 전기 물질-장 → 역동화된 전기 물질-장 → 구조화된 전기 물질-장 → 리듬부합의 전기 물질-장

▶ 예 : 금속에서 비자성 부분의 고착력을 증가시키려면 내부에 전기와 자기가 통과하도록 하면 특성이 증가한다.

[표준 2-4-12(전기유동유체)]

자기장을 사용할 수 없는 경우, 전기유동유체(electrorheologic fluid)를 사용할 수 있다. 예를 들어, 톨루엔에 미세한 석영 분말을 첨가하면 전기장을 이용해서 점도를 조정할 수 있다.

▶ 예 : 조정된 점도를 가지는 전기유동유체는 충격 흡수에 사용한다.

분류 3 : 상위시스템/미세수준으로의 변화

● 3-1 : 이중/다중시스템으로 변화

[표준 3-1-1(**이중시스템과 다중시스템의 생성**)]

시스템 진화의 어떤 단계에서 다른 시스템이나 동일한 시스템과 결합하여 이중시스템 또는 다중시스템을 형성함으로써 시스템 효율을 향상시킬 수 있다.

▶ 예 : 얇은 유리판의 측면을 연마 가공할 때, 여러 개의 유리판을 동시에 가공함으로써 파손을 방지한다.

[표준 3-1-2(**연결의 개발**)]

이중시스템 또는 다중시스템의 효율은 시스템 요소 사이의 연결 도구나 방법을 개발함으로써 향상시킬 수 있다.

▶ 예 : 3대의 기중기를 이용하여 무거운 물체를 들어 올리는 경우에 작용을 개선하기 위해 3대 기중기의 작용을 동기화하는 삼각형태의 고정된 물체를 사용한다.

[표준 3-1-3(**시스템 요소간의 차이 증가**)]

이중시스템 또는 다중시스템의 효율은 시스템 구성요소 간의 다양성이 다음의 진화라인을 따라 증가할 때 향상된다 : 동일한 성분들 → 변형된 특성을 갖는 성분들 → 다른 성분들 → 성분과 반대 성분과 같이 반대특성의 조합

▶ 예제 : 전기음향 변환기의 구동부분은 분할설계로 제작한다. 전기/음향적 파라미터의 열적 안정성을 확보하기 위해 인접한 부분은 반대의 열특성을 가진 재료를 사용한다.

[표준 3-1-4(둘둘 말림)]

이중시스템 또는 다중시스템의 효율은 시스템의 융합과정의 보조 부품의 감소에 의해 향상된다. 이중시스템 또는 다중시스템이 다시 단일시스템이 되고, 진화시스템은 새로운 수준에서 반복된다.

▶ 예 : 계기판에서 3가지의 서로 다른 표시판을 사용하고 있으나 하나의 표시판에 색깔이 서로 다른 바늘 침을 사용할 수 있다.

[표준 3-1-5(반대성질)]

이중시스템 또는 다중시스템의 효율은 시스템과 그 성분들 사이에 모순특성을 분배함으로써 향상시킬 수 있다. 전체시스템은 특성 C를 갖는 반면, 성분들은 반대 특성 -C를 갖는 시스템을 사용한다.

▶ 예 : 바이스(vice)의 동작부를 세분화된 판으로 서로 상대 운동을 할 수 있도록 고안함으로써 여러 가지 형상의 부품을 신속하게 고정시킬 수 있다.

● 3-2 : 미시수준으로 변화

[표준 3-2-1(미시수준으로 이동)]

진화의 어떤 단계에서 시스템의 효율은 거시수준에서 미시수준으로 변화함으로써 향상시킬 수 있다. 이 때 시스템과 시스템의 부품들은 장이 제어하는 유용작용을 할 수 있는 물질로 대체한다.

▶ 예 : 미세나사를 사용하여 기구적으로 제어하는 것보다 금속봉을 사용하여 열로써 제어함으로써 미세한 조정이 가능하다. 열팽창효과에 의해 금속봉의 수축과 팽창을 미세하게 제어하는 것이 가능하다.

분류 4 : 검출 및 측정 표준

● 4-1 : 간접적 방법을 사용한 겸출 및 측정 문제 해결

[표준 4-1-1(측정 대신 변경)]

시스템에 검출이나 측정과 관련된 문제가 있는 경우, 측정이나 검출이 필요 없도록 시스템을 변경한다.

▶ 예 : 영구 전기 모터의 과열을 막기 위해 온도센서를 사용하여 모터의 온도를 감지할 수 있다. 모터의 극을 과열 임계 온도점과 동일한 퀴리점을 가지는 합금으로 제작한다면 온도감지를 할 필요 없이 과열이 발생할 경우에 스스로 동작을 멈추게 할 수 있다.

[표준 4-1-2(복사물)]

시스템에 검출이나 측정과 관련된 문제가 있고, 검출이나 측정이 필요 없도록 시스템을 변경시키는 것이 불가능할 경우, 대상에 직접적으로 작용하는 것 대신에 복사품이나 사진을 대용하여 검출이나 측정을 한다.

▶ 예 : 살아있는 뱀이 길이를 측정하는 것은 매우 위험한 일이다. 이 경우에 사진을 찍어 길이를 측정할 수 있다.

[표준 4-1-3(순차적 검출)]

시스템에 검출이나 측정과 관련된 문제가 있고, 검출이나 측정이 필요 없도록 시스템을 변경하는 것이 불가능하고, 또한 복사물이나 사진을 이용하는 것조차 곤란한 경우, 특성치의 변화를 연속적으로 검출하는 문제로 변경한다.

▶ 예 : 온도에 따라 색깔이 변하는 물질을 사용하는 것이 가능한 경우, 이러한 물질

을 여러 개 사용하면 다른 여러 온도를 측정할 수 있다.

● 4-2 : 물질-장 측정 시스템의 합성

[표준 4-2-1(측정 물질-장의 생성)]

불완전한 물질-장에서 요소의 검출이나 측정이 어렵고, 표준 4-1-1을 사용할 수 없는 경우, 단순 또는 이중 물질-장을 합성하여 산출되는 장을 이용하여 문제를 해결할 수 있다. 즉 파라미터를 직접 검출하거나 측정하는 방법 대신에 장에 의해서 생성될 수 있는 다른 파라미터를 검출하거나 측정하는 방법을 적용하는 것이다. 이 경우 시스템 내에 도입되는 장은 파라미터를 쉽게 검출하거나 측정할 수 있어야 하며, 이 파라미터의 상태나 값은 원래 측정하고자 하는 파라미터의 값을 나타낼 수 있어야 한다.

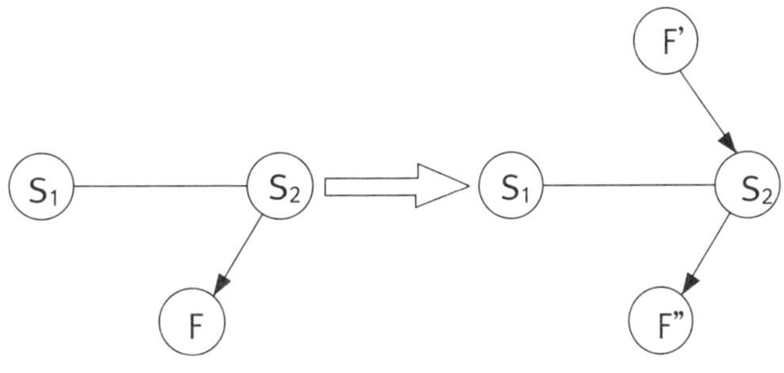

▶ 예 : 액체가 끓기 시작하는 순간을 검출하기 위해서 전류를 액체에 통과시키는 방법을 사용할 수 있다. 액체가 끓는 동안에 거품이 발생되어 액체의 전기저항이 급격하게 줄어든다.

[표준 4-2-2(복합 측정 물질-장)]

시스템이나 그 구성요소의 검출이나 측정이 어려운 경우, 검출이 쉬운 첨가물을 도입하여 문제를 내부 또는 외부의 복합 물질-장으로 전이한다.

▶ 예 : 냉장고의 누출 검출을 위해서 발광하는 파우더 물질을 냉매에 혼합시킨다.

[표준 4-2-3(환경 측정 물질-장)]

어떤 순간에 시스템의 검출과 측정이 어렵고, 쉽게 검출하거나 측정할 수 있는 장을 일으키는 첨가제를 도입하는 것이 곤란하거나 불가능한 경우, 쉽게 검출/측정 가능한 장을 발생시키는 첨가물을 시스템의 외부에 도입하여야 한다.

▶ 예 : 다른 디스크와 접촉하여 회전하는 금속 디스크의 마모를 검출하기 위해서 오일 윤활제에 발광 파우더를 첨가하는 방법을 사용할 수 있다. 오일에 의해 마모된 금속입자들이 모이게 됨에 따라 오일의 발광도가 떨어지게 된다.

[표준 4-2-4(환경 첨가제)]

표준 4-2-3에서처럼 쉽게 검출 가능한 첨가물을 외부 매체에 도입하는 것이 불가능한 경우, 물질-장의 물질을 그 구성요소로 분해하거나 물질의 응집상태를 바꿈으로써 물질-장의 물질에서 첨가제를 만들어야 한다. 전기분해, 공동현상(空洞現象, vavitation) 등에 의해 생성되는 기체나 증기 기포가 첨가제로 자주 사용된다.

▶ 예 : 파이프를 흐르는 물의 속도는 공동현상의 결과로써 발생되는 공기방울의 수로 측정하는 것이 가능하다.

- 4-3 : 측정 물질-장의 강화

[표준 4-3-1(물리적 효과의 사용)]

측정 물질-장의 효율은 물리효과를 사용함으로써 향상시킬 수 있다. 어떤 경우에는 기존 물질로 열전쌍을 만들 수 있어서 시스템에 관한 필요한 정보를 "공짜"로 얻을 수 있다. "정보 장"은 유도에 의해서도 얻을 수 있다.

▶ 예 : 액체의 수축계수는 온도에 따라 변한다. 액체의 온도는 수축계수의 변화를 측정하여 산정할 수 있다.

[표준 4-3-2(공진)]

시스템의 변화를 직접적으로 측정하거나 검출하는 것이 불가능하고, 장에 시스템을 적용할 수 없는 경우, 시스템 또는 구성요소에서 공진을 일으켜 문제를 해결할 수 있다. 진동주파수의 변화를 기록하여 시스템의 변화를 감시할 수 있다.

▶ 예 : 용기 안에 들어있는 물질의 질량을 측정하기 위해 기계적인 공진을 이용할 수 있다. 시스템의 공진주파수는 시스템의 질량과 밀접한 관계를 갖는다.

[표준 4-3-3(첨가물의 공진)]

표준 4-3-2를 적용할 수 없는 경우, 제어하고자 하는 시스템에 연결된 물체(또는 외부 매체)의 고유진동수의 변화를 측정함으로써 시스템 상태를 평가할 수 있다.

▶ 예 : 끓는 액체로부터 증발하는 가스의 고유진동수를 측정함으로써 끓는 물의 질량을 측정할 수 있다.

- 4-4 : 자성 물질-장 시스템으로 변화

[표준 4-4-1(**초기 측정 자성 물질-장**)]

자기장이 없는 측정 물질-장의 효율은 강자성 물질이나 자기장을 이용하여 향상시킬 수 있다.

▶ 예 : 선박 표면의 구멍을 찾기 위해 자석을 이용한다. 내부에 영구자석을 움직이면서 자기력계(megnetometer)로 자성을 측정하면 구멍을 쉽게 찾을 수 있다.

[표준 4-4-2(**측정 자성 물질-장**)]

검출이나 측정의 효율은 물질 중의 하나를 강자성입자로 대치하거나 강자성입자를 추가하는 형태의 자성 물질-장으로 변화하여 자기장을 검출하거나 측정함으로써 향상시킬 수 있다.

▶ 예 : 플라스틱의 연화 경화 정도를 측정하기 위해 강자성물질을 첨가하여 자성투과도를 측정한다.

[표준 4-4-3(**복합 측정 자성 물질-장**)]

표준 4-4-2를 사용할 수 없는 경우, 시스템의 물질 내부에 강자성 첨가제를 도입하거나 부착하여 복합 자성 물질-장을 합성하여 실행한다.

▶ 예 : 지층은 가압 액체에 의해 파괴될 수 있다. 이를 제어하기 위해 강자성 물질을 부가한다.

[표준 4-4-4(환경 측정 자성 물질-장)]

표준 4-4-3을 사용할 수 없는 경우, 시스템의 외부 환경에 강자성 입자를 도입하여야 한다.

▶ 예 : 모형 배가 움직이면 파도가 생긴다. 이를 연구하기 위해 강사성 분말을 물에 첨가한다.

[표준 4-4-5(자기장과 관련된 물리적 효과)]

측정 자성 물질-장의 검출이나 측정의 효율은 퀴리점(Curie point), 홉킨슨 효과(Hopkinson effect), 바크하우젠효과(Barkhausen effect), 자기탄성효과(Magnetoelastic effect) 와 같은 물리적 효과를 사용함으로써 향상시킬 수 있다.

▶ 예 : 비자성 용기에 액체 수위계가 있고, 용기 내부에 자석이 있으며, 용기 바깥에는 자기감지 물질로 되어 있다. 이 경우 감도를 올리기 위해서는 자석 표면을 액체의 온도보다 낮은 퀴리점을 가진 자석물질로 덮는다.

● 4-5 : 측정시스템 진화의 방향

[표준 4-5-1(측정 이중/다중 시스템)]

진화의 단계에서 측정시스템의 효율은 이중 또는 다중시스템을 형성함으로써 향상시킬 수 있다. 이중 또는 다중시스템을 형성하기 위해서는 2개 또는 그 이상의 요소들을 결합한다. 결합되는 요소는 물질, 장, 물질-장의 결합요소 또는 물질-장이 될 수 있다.

▶ 예 : 작은 벌레의 체온을 정확히 측정하기 위해 여러 마리의 벌레를 한 곳에 모아 놓고 측정할 수 있다.

[표준 4-5-2(진화라인)]

측정시스템은 다음의 방향으로 진화한다 : 기능의 측정 → 기능의 일차 미분계수의 측정 → 기능의 이차 미분계수의 측정.

▶ 예 : 암석에서의 응력의 변화는 암석에서 전기저항이 변화되는 속도를 이용하여 측정한다.

분류 5 : 표준해 사용을 위한 표준

● 5-1 : 물질-장의 구축, 재구축, 파괴에 물질의 추가

[표준 5-1-1-1(물질 대신 빈공간)]

시스템에 물질을 도입할 필요가 있지만 금지하고 있거나 시스템의 성능조건 때문에 수용할 수 없는 경우, 물질 대신에 공간(void)을 사용한다.

※ **주의** : 공간은 일반적으로 공기 또는 고체로 형성된 빈 공간과 같은 가스 상태의 물질을 의미한다. 경우에 따라서 공간은 액체(거품) 또는 유리된(loose) 상태의 물질과 같은 다른 물질에 의해서도 생성이 가능하다.

[표준 5-1-1-2(**물질 대신 장**)]

시스템에 물질을 도입할 필요가 있지만 금지하고 있거나 시스템의 성능조건 때문에 수용할 수 없는 경우, 물질 대신에 장을 적용한다.

▶ 예 : 움직이는 축의 이완 상태를 확인하기 위해서 전하를 부가하고 선형저장 밀도를 측정한다.

[표준 5-1-1-3(**내부첨가물 대신에 외부첨가물**)]

시스템에 물질을 도입할 필요가 있지만 금지하고 있거나 시스템의 성능조건 때문에 수용할 수 없는 경우, 내부첨가제 대신에 외부첨가제를 적용한다.

▶ 예 : 세라믹 용기 벽의 두께를 측정하기 위해 전도성 액체를 용기 안에 채우고 벽과 안의 전기저항을 측정한다.

[표준 5-1-1-4(**미량의 활성이 높은 첨가제**)]

시스템에 물질을 도입할 필요가 있지만 금지하고 있거나 시스템의 성능조건 때문에 수용할 수 없는 경우, 극히 활성이 높은 첨가제를 아주 적게 도입한다.

▶ 예 : 액체의 수류저항을 줄이기 위해 0.2~0.8%의 폴리메탈아크릴레이트를 첨가한다.

[표준 5-1-1-5(**미량의 물질**)]

시스템에 물질을 도입할 필요가 있지만 금지하고 있거나 시스템의 성능조건 때문에 수용할 수 없는 경우, 보통의 첨가제를 물체의 필요한 부분에 전략적으로 집중해서 아주 적게 도입한다.

▶ 예 : 플라스틱에 전기저항을 주기 위해 전기전도 금속 조각을 첨가한 후 자기장을 부가한 상태에서 고화시킨다.

[표준 5-1-1-6(**잠깐 동안 첨가제 사용**)]

시스템에 물질을 도입할 필요가 있지만 금지하고 있거나 시스템의 성능조건 때문에 수용할 수 없는 경우, 일시적으로 첨가제를 도입한다.

▶ 예 : 비자성 중공물질(中空物質)을 자기적으로 정렬하기 위해 강자성 물질을 미리 첨가한다.

[표준 5-1-1-7(**하위시스템 대신 복사물**)]

시스템에 물질을 도입할 필요가 있지만 금지하고 있거나 시스템의 성능조건 때문에 수용할 수 없는 경우, 물체 대신에 첨가물의 삽입이 가능한 대체품(실물 크기의 모형, 모조품)을 사용한다.

▶ 예 : 고체의 부피를 측정하기 위해 2차원 평면상에 부분적 상을 투사한 후 이를 측정한다.

[표준 5-1-1-8(**화학적 조성물**)]

시스템에 물질을 도입할 필요가 있지만 금지하고 있거나 시스템의 성능조건 때문에 수용할 수 없는 경우, 화학조성물 형태로 첨가제를 도입하고, 조성물의 분해에 의해 필요한 첨가제를 얻는다.

▶ 예 : 나무는 암모니아에 의해 연화된다. 나무에 암모니아 염을 부가한 후 온도에

의해 분해 되도록 한다.

[표준 5-1-1-9(하위시스템 자체에서 얻은 첨가물)]

시스템에 물질을 도입할 필요가 있지만 금지하고 있거나 시스템의 성능조건 때문에 수용할 수 없는 경우, 주위 매체 또는 물체를 분해(예를 들어 전기분해) 또는 물체 일부분 또는 주위매체의 응집상태를 바꿈으로써 첨가제를 만든다.

▶ 예 : 정밀한 전기화학 공정 중 전기퇴적물을 제거하기 위해 전극 내의 거품을 사용한다.

[표준 5-1-2(물질의 분할)]

시스템이 바람직한 변화에 반응하지 않고, 도구의 변경과 첨가제의 도입이 불가능한 경우, 대상을 상호작용할 수 있는 부분으로 분할한다.

▶ 예 : 먼지를 응집하기 위해 흐름을 두 개로 나눈다. 각 흐름을 반대의 전하를 부가한 후 충돌시키면 먼지가 응집된다.

[표준 5-1-3(물질의 소산)]

시스템에 도입된 물질은 기능을 수행한 후에 사라지거나, 시스템이나 환경에 이미 존재하는 물질과 구분할 수 없도록 해야 한다.

※ **주의** : 시스템내부에 도입된 물질은 화학작용이나 상태변화 등에 의해 제거해야 한다.

▶ 예 : 알루미나를 녹이기 위해 알루미늄을 도입하여 가열한다.

[표준 5-1-4(많은 첨가물)]

많은 양의 물질을 도입해야 하지만 금지하고 있거나 시스템의 성능조건 때문에 도입할 수 없는 경우, 물질 대신에 빈 공간(팽창하는 구조 또는 거품)을 도입한다.

※ 주의 : 이러한 물질은 일반적으로 물질이 많아야 함과 동시에 적어야 하는 모순을 해결하는데 적용된다.

▶ 예제 : 사고 난 비행기를 견인하기 위해 에어백을 이용한다.

● 5-2 : 물질-장의 구축, 재구축, 파괴에 장의 추가

[표준 5-2-1(기존 장의 사용)]

물질-장 내부에 장을 도입할 필요가 있는 경우, 이미 존재하고 있는 장을 우선적으로 사용한다. 사용시스템이나 구성요소를 형성하는 물질이 이러한 장의 원천이다.

※ 주의 : 시스템 내부에 존재하고 있는 물질과 장을 이용함으로써 구성요소의 수를 증가시키지 않고 시스템이 수행하는 기능의 수를 증가시킬 수 있으므로 시스템의 이상성을 개선할 수 있다.

▶ 예 : 액체 산소 안에 가스가 들어 있을 경우 둘 다 기계적 장에 의해 처리할 수 있다. 이 경우 액체를 회전 운동 시키면 가스가 분리된다.

[표준 5-2-2(환경으로부터 얻는 장)]

물질-장에 장을 도입할 필요가 있으나 표준 5-2-1을 적용할 수 없는 경우, 시스템의 외부환경에서 이용 가능한 장을 사용한다.

※ 주의 : 외부 환경의 장(중력, 열, 압력 등)을 이용하는 것은 구성요소 증가 없이 기능의 수를 증가시킬 수 있으므로 시스템의 이상성을 향상시킬 수 있다.

▶ 예 : 커다란 다리에서 흡수에 의한 배수 시스템이 설치되어 있다. 연속적인 흡입력을 만들기 위해 강의 흐름을 이용한다.

[표준 5-2-3(**장의 원천으로써 물질**)]

물질-장에 장을 도입할 필요가 있으나 표준 5-2-1을 적용할 수 없는 경우, 시스템이나 외부 환경에 존재하는 물질이 유도하는 장을 이용한다.

※ **주의** : 시스템에 강자성 물질이 존재하고 이들이 기계적인 목적에 사용되고 있다면 이들의 자기특성을 이용하여 구성요소간의 작용을 개선하거나 시스템의 상태에 대한 정보를 얻는 등 추가적인 효과를 생성할 수 있다.

▶ 예 : 공작물과 공구는 열전효과에 의해 열을 측정할 수 있다.

● 5-3 : 상전이

[표준 5-3-1(**상 상태의 변경**)]

다른 물질의 도입이 없이 물질의 상전이를 이용하여 물질 사용의 효율을 향상시킬 수 있다.

▶ 예 : 지뢰 기동 장치의 경우 압력가스 대신 액화가스가 사용된다.

[표준 5-3-2(**두 번째 유형의 상전이**)]

작업조건에 따라 하나의 상 상태에서 또 다른 상 상태로 전이할 수 있는 물질을 이용함으로써 이중특성을 실현할 수 있다.

▶ 예 : 유전온도를 조절할 수 있는 장치를 가진 두 개의 전극간에 유전물질을 가지는 축전지는 축전량의 범위를 늘리기 위해서 유전체는 두 개의 층으로 되어있다. 한 층은 투자율을 가지고 온도에 독립이다. 다른 한 층은 금속-유전 상태 변이층을 가진다.

[표준 5-3-3(**상전이와 함께 존재하는 현상**)]

상전이에 의해 생성되는 물리적 현상을 이용함으로써 시스템의 효율을 개선할 수 있다.

※ **주의 :** 상전이에 의해 전체상태가 변함에 따라 물질의 구조, 밀도, 열전도 등이 달라진다. 또한 상전이의 과정에서 에너지의 흡수 또는 방출이 일어난다.

▶ 예 : 물건을 이동시키는 매개체를 얼음으로 만든다. 얼음이 마찰을 줄여준다.

[표준 5-3-4(**두 개의 상 상태**)]

하나의 상 상태를 가진 시스템을 두 개의 상 상태를 가진 시스템으로 대치함으로써 시스템의 이중특성을 향상시킬 수 있다.

▶ 예 : 절단 중의 소음을 줄이기 위해 절단면을 거품으로 싼다.

[표준 5-3-5(**상 간의 상호작용**)]

하나의 상태를 가진 물질을 두개의 상태를 가진 물질로 대체함으로써 시스템의 구성요소(상태)간의 상호작용(물리 또는 화학적)이 도입된 결과를 유도하므로 시스템의 효율을 개선할 수 있다.

▶ 예 : 액체수송 파이프시스템에서 동력원의 작동매체를 가열하면 분해되고, 열을 흡

수하며, 분자량이 감소하고, 냉각하면 다시 원 상태로 돌아오는 화학물질로 만든다.

● 5-4 : 물리효과의 특이성 적용

[표준 5-4-1(**자체전이**)]

물질이 주기적으로 물리적으로 다른 조건에 존재해야 하는 경우, 물체 스스로 상전이, 이온화/재결합, 분해/결합과 같은 물리적 가역변형에 따른 전이를 해야 한다.

▶ 예 : 열에 민감한 밸브를 만들기 위해 형상기억합금을 사용한다.

[표준 5-4-2(**출력장의 증대**)]

약한 입력장에 반응하여 강력한 출력장이 필요한 경우, 변환물질(transformer substance)을 임계조건에 가깝게 해야 한다. 그러면 약한 신호도 강해진다.

▶ 예 : 기밀성을 확인하기 위해 용기를 액체에 담근다. 감도를 높이기 위해 액체를 과열(overheat)시킨다.

● 5-5 : 입자의 창조

[표준 5-5-1(**물질의 파괴**)]

이온과 같은 입자가 문제 해결을 위해 필요하지만 문제의 조건에 때문에 얻을 수 없는 경우, 분자와 같은 상위구조 수준의 물질을 분해해서 필요한 입자를 얻어야 한다.

▶ 예 : 수소를 고압으로 얻기 위해서 물을 분해하는 장치를 추가하여 고압의 수소를 얻는다.

[표준 5-5-2(입자의 집적)]

분자와 같은 입자가 문제 해결을 위해 필요하지만 직접 또는 표준 5-5-1을 사용해서 얻을 수 없는 경우, 이온과 같이 하위구조 수준에 존재하고 있는 입자를 늘리거나 결합시켜 만들어야 한다.

▶ 예 : 배의 저항을 줄이기 위해 토머스효과(Thomas effect)를 사용한다. 이것은 폴리머를 많이 소비하므로 전자기장 하에서 물과 복합해 사용한다.

[표준 5-5-3(표준 5-5-1, 5-5-2의 사용방법)]

표준 5-5-1을 적용하는 가장 간단한 방법은 가장 가까운 상위 "완전한" 또는 "초과" 수준을 파괴하는 것이다. 표준 5-5-2를 적용하는 가장 간단한 방법은 가장 가까운 하위 "불완전한" 수준을 완전한 것이 되게 하는 것이다.

▶ 예 : 안테나를 번개로부터 보호하기 위해 내부의 감압 공기를 사용한다. 벼락이 치면 이것이 이온화하여 전기를 전달한다.

부록 E. 자연계의 장

장	종 류	물 성
기계장 (Mechanical Field)	• 압력 • 압력의 차이 • 압축력 • 장력 • 회전우력(torque) • 중력 • 부력 (아르키메데스의 원리) • 운동력, 속력, 추진력, • 회전우력, 위치에너지 : 직선 운동, 추진 운동, 회전 운동, 순환 운동, 분출력 • 동적 마찰력 • 정적 마찰력 • 복원력 • 진동 : 운전 진동, 공명, 정상파, 초저주파, 음파, 초음파 • 유동 : 정상 유동, 베르누이 효과, 불안정 유동 • 추진력 (알력) • 충격파 • 표면력 • 표면 장력 • 모세관 현상 • 삼투력 • 확산 • 흡수력 • 흡착력 • 반데르발스의 힘 • 힘의 차이	• 기하학적 특성 : 크기, 모양, 부피, 중심, 궤도 • 밀도, 중량 • 자연 주파수 • 이동성 • 탄성 • 취성(Brittleness) • 마모 • 변형성, 가단성, 연성 • 구조 • 액체 특성 : 압축 불가능성, 점성 • 기체 특성 : 압축가능

장	종 류	물 성
열장 (Thermal Field)	• 온도 • 열 • 냉각 • 온도 차이	• 온도 • 열용량 • 특수 열, 온도에 따른 특수 열 • 열 팽창 (선형 및 부피 팽창) • 상변화점 : 융점, 비등점, 고체 변태점, 퀴리 온도, 3중점, 임계점 • 변형열 : 융해열, 기화열 • 열전도 • 열 저항
화학장 (Chemical Field)	• 화학 반응 : 합성, 분해, 대체 (단일 대체 및 이중 대체) • 화학 반응 조정 : 촉매 작용, 억제 • 잠재 전극 : 활성 물질, 불활성 물질, 잠재 전극의 차이 • 반응을 일으키기 위해 필요한 에너지 • 반응으로 발생할 수 있는 에너지 • 냄새 • 맛	• 합성 • 구조 • 활동도(잠재 전극 및 전기화학 시리즈 중의 위치) • 산화수 • 수소 이온 농도 • 제조나 분해 가능성 • 대체 가능성 • 촉매나 억제제로서 화학 반응 조정 가능성 • 불활성 물질 • 반응을 일으키기 위해 필요한 에너지 • 반응으로 발생할 수 있는 에너지 • 냄새 • 맛

장	종 류	물 성
전기장 (Electric Field)	• 전하, 정전기 장, 특이한 전기 잠재력 : 배전, 전하 밀도, • 표면 전하 밀도, 방전, 코로나 방전 • 전류 : 직류, 교류, 전류 밀도 • 전기 추진력 • 전해액을 통과하는 전류 : 전기 분해, 전기 도금, 전기 영동	• 저항력 • 반전도력 • 용량, 용량 리액턴스 • 유도, 유도 저항 • 공진 주파수 • 유전체 (유전체 상수 및 절연 파괴 장)
자기장 (Magnetic Field)	• 자기 장 • 자기장의 차이	• 대자율 (강자성, 상자성, 혹은 반자성) • 자성체의 상대적 투자율 • 퀴리점
전자기장 (Electromagnetic Field)	• 전파 • 극초단파 • 적외선 • 가시광선 (무지개색) • 자외선 • 엑스선 • 감마선	• 파장 • 색상 • 광택 • 광도 • 투명성 • 방사율 • 반사 • 굴절 • 산란 • 편광 • 이미지 형성 (집중, 확대)

찾아보기

ㄹ

ㅁ

ㅇ

ㅈ

ㅊ

ㅋ

ㅌ

ㅍ

TRIZ를 활용한
창의적 문제해결 방법

2011년 2월 20일 초판 인쇄

2013년 9월 10일 2 쇄 발행

저　　자 전영록

발 행 인 송기수

발 행 처 도서출판 GS인터비전

편 집 처 도서출판 GS인터비전

인 쇄 처 대일문예사

등록번호 제 313-2011-120 호

I S B N 978-89-93668-74-2 (92530)

주　소 서울 마포구 신수동 448-6

전　화 02-976-7898, 02-3272-7898. 0707-720-7898

팩　스 02-6468-7898

홈페이지 gsintervision.co.kr

E-Mail gsinter7@gmail.com

정 가 24,000원